张中行

著

顺生論

北 京 出 版 集 团
北京十月文艺出版社

目　录

我与读书（代前言）　

第一分　天心

第三分 己身

这是一篇不该写而终于决定写的文章。不该写的原因，比喻说，居室内只有几件多年伴随的破桌子、烂板凳之类，而视为奇珍，并拦住过路人，请人家进来欣赏，这说轻些是愚陋，重些是狂妄。而又决定写，如文题所示，是因为先与"读书"，后与《读书》，有些关系。后来居上，且说近一两年来，不知道以何因缘，我的一些不三不四的文章，竟连续占了《读书》的宝贵篇幅。根据时风加市风，印成铅字的名字见三次以上，就有明眼人或不明眼人大注其意。自然，也因为文中总不免有些不三不四，或说野狐禅气，有些认真的人就不淡然置之。于是，据说，有人发问了："这新冒出来的一位是怎么回事？"又据说，这问是完全善意的。何以为报？想来想去，不如索性把不三不四的来路和情况亮一下；看了家底，也就不必再问了吧？这家底，大部分由"读书"来，小部分由"思考"来；思考的材料、方法以及动力也是由读书来，所以也无妨说，一切都是由读书来。这样说，没有推卸责任之意，因为书是我读，思考是我思考，辫子具在，跑不了。

语云，言者无罪，说是这样，希望实际也是这样。以下入正文，围绕着读书和思考，依老习惯，想到哪里说到哪里。

由呱呱坠地说起。遗憾也罢，不遗憾也罢，我未能有幸生在书香门第，因而就不能写王引之《经义述闻》那样的书；还不只我没闻过，就我及见的人说，祖父一辈和父亲一辈都没闻过。家庭是京、津间一个农户，虽然不至缺衣少食，却连四书五经也没有。到我该读蒙书的时候，三味书屋式的私塾已经几乎绝迹，只好顺应时势，入镇立的新式学堂。读的不再是三、百、千，而是共和国教科书。国文是重点课，开卷第一回是"人手足刀尺，山水田，狗牛羊"，比下一代的"大狗叫，小狗跳"死板得多。时代不同，据说总是越变越好。是否真值得这样乐观，我不知道；但不同确是不错，大不同是：现在一再呼吁甚至下令减轻学生负担，我们那时候却苦于无事可做。忝为学生，正当的消闲之法是找点书看，学校没有图书馆，镇上也没有；又不像江南，多有藏书之家，可以走宋濂的路，借书看。但那时候的农村有个优越条件，是不入流的"小说家者流"颇为流行，譬如这一家有《济公传》，那一家有《小五义》，就可以交换着看。于是，根据生物，为了活，最能适应或将就的原理，就东家借，西家换，大量地看旧小说。现在回想，除了《红楼梦》《金瓶梅》之外，通行而大家熟知的，历史，侠义，神魔，公案，才子佳人，各类的，不分文白，绝大部分是石印的小本本，几乎都看了。有的，如《聊斋志异》《三国演义》《镜花缘》等，觉得特别有意思，还不只看一遍。

这样盲人骑瞎马地乱读，连续几年，现在问，得失如何？失难说，因为"不如怎样怎样"是空想，不可能的事，不管也罢。只说得（当然是用书呆子的眼看出来的），如果教训也算，可以凑成三种。一种是初步养成读书习惯，后来略发展，成为不以读书为苦，再发展，成为以眼前无书为苦。另一种是学了些笔下的语言，比如自己有点什么情意想表达，用白，用文，都像是不很费力。还有一种是教训。古人说，诗穷（多指不能腾达）而后工。我想可以扩而充之，说书也是穷（多指财货少）而后能读。专说我的幼年，依普通农家的传统，是衣仅可蔽体，食仅可充腹。娱乐呢，现在还记得清清楚楚，家里一件玩具也没有，冬闲的时候，男顽童聚在一起，只能用碎瓦片、断树枝做投掷、撞击的游戏。这很单调，而精力有余，只好谋消磨之道，于是找到最合用的，书。何以最合用？因为可以供神游，而且长时间。总之，因为穷，就读了不少。现在，也可算作进步之一桩吧，不要说幼儿园，就是小家庭里，如果有小孩，也是玩具满坑满谷，据说其中还有电气发动、会唱会闹的。我老了，步伐慢，跟不上，总有杞人之忧，像这样富而好乐，还会有精力和兴趣读书吗？——不好再说下去，否则就要一反韩文公之道，大作其《迎穷文》了。

二

总有七八年吧，小学不好再蹲下去。农、士、商，三条路，受了长兄毕业于师范学校的影响，走熟路，考入官费的通县师范学校。成文规定，六年毕业；不成文规定，毕业后到肯聘用的小学当孩子王。不知为什么，那时候就且行善事，莫问前程。课程门类不少，但考试及格不难，可以临阵磨枪，所以还是常常感到无事可做。学校多年传统，两种权力或自由下放给学生，一种是操办肉体食粮，即用每人每月四元五角的官饭费办伙食；一种是操办精神食粮，即每月用固定数目的图书费办图书馆。专说所谓图书馆，房间小，书籍少，两者都贫乏得可怜。但毕竟比小学时期好多了，一是化无为有，二是每月有新的本本走进来。其时是二十年代后期，五四之后十年左右，新文学作品（包括翻译和少数新才子佳人）大量上市的时期，又不知道以何因缘，我竟得较长时期占据管理图书馆的位置。近水楼台先得月，于是选购、编目、上架、借收等事务之余，就翻看。由于好奇加兴趣，几年时光，把这间所谓馆的旧存和新购，绝大部分是新文学作品，小部分是介绍新思想的，中的，由绍兴周氏弟兄到张资平、徐枕亚，外的，俄国、日本、英、法、德，还有西班牙（因为生产了堂吉诃德），凡是能找到的，几乎都看了。

与小学时期相比，这是由温故而走向维新。有什么获得呢？现在回想，半瓶醋，有时闭门自喜，不知天高地厚。但究竟是睁开眼，瞥了一下新的中外，当时自信为有所见。就算是狂妄吧，比如，总的说，搜索内心，似乎怀疑和偏见已经萌了芽。这表现在很多方面，如许多传统信为真且正的，上大人的冠冕堂皇的大言，以至自己的美妙遐想，昔日赞而叹之的，变为半信半疑，或干脆疑之了。这是怀疑的一类，还有偏见的一类，专就文学作品说，比如对比之下，总觉得，散文，某某的不很高明，因为造作，费力；小说，某某的，远远比不上某些翻译名著，因为是适应主顾需求，或逗笑，或喊受压，缺少触动灵魂的内容。这类的胡思乱想，对也罢，错也罢，总而言之，都是由读书来的。

三

三十年代初我师范学校毕业，两种机缘，一堵一开，堵是没有小学肯聘用，开是毕业后必须教一年学才许升学的规定并不执行，合起来一挤就挤入北京大学。考入的是文学院，根据当时的自由主义，入哪一系可以自己决定。也许与过去的杂览有关吧，胡里胡涂就选了中国语言文学系。其时正是考证风刮得很厉害的时候，连许多名教授的名也与这股风有关，如钱玄同，把姓也废了，改为疑古；顾颉刚越疑越深，以至推想夏禹王是个虫子；胡适之的博士是吃洋饭换来的，却也钻入故纸堆，考来考去，说儒的本职原来是吹鼓手；等等。人，抗时风是很难的，何况自己还是个嘴上无毛的青年。于是不经过推理，就以为这考证是大学问，有所知就可以得高名，要加紧步伐，追上去。

追，要有本钱，这本钱是依样葫芦，也钻故纸堆。在其时的北京大学，这不难，因为：一，该上的课不多，而且可以不到；二，图书馆有两个优越条件，书多加自由主义。书多用不着解释，专说自由主义，包括三项：一是阅览室里占个位子，可以长期不退不换；二是书借多少，数量不限；三是书借多久，时间不限。于是利用这种自由，我的生活就成为这样：早饭、午饭之后，除了间或登红楼进教室听一两个小时课之外，经常是到红楼后面，松公府改装的图书馆，进阅览室入座。座是自己早已占据的，面前宽宽的案上，书堆积得像个小山岭。百分之九十几是古典的，或研究古典的。先看后看，没有计划，引线是兴趣加机遇，当然，尤其早期，还要多凭势利眼，比如正经、正史，重要子书，重要集部，一定要看，就是以势利眼为指导的。机遇呢，无限之多，比如听某教授提到，逛书店碰到，看书，王二提到张三，张三提到李四，等等，就找来看。兴趣管的面更广，比如喜欢看笔记，就由唐、宋人的一直看到俞曲园和林琴南；喜欢书法，就由《笔阵图》一直看到《广艺舟双楫》。量太大，不得不分轻重，有些，尤其大部头自认为可以略过的，如《太平御览》《说文解字诂林》之类，就大致翻翻就还。这样，连续四年，在图书馆里乱翻腾，由正襟危坐的《十三经注疏》《资治通鉴》之类到谈情说爱的《牡丹亭》《霓裳续谱》之类，以及消闲的《回文类聚》《楹联丛话》之类，杂乱无章，总的说，是在古典的大海里，不敢自夸为漫游，总是曾经"望洋向若而叹"吧。

也要说说得失。语云，开卷有益，多读，总会多知道一些，有所知就会有所得。这是总的。但是也有人担心，钻故纸堆，可能越钻越胡涂。明白与胡涂，分别何所在，何自来，是一部大书也难得讲明白的事。姑且不求甚解，也可以从另一面担心，不钻也未必不胡涂。还是少辩论，且说我的主观所得。一方面是积累些中国旧史的知识，这，轻而言之是资料，可备以后的不时之需；重而言之是借此明白一些事，比如常说的人心不古就靠不住，古代，坏人也不少，尤其高高在上的，他们的善政都是帮闲或兼帮忙的文人粉饰出来的。另一方面是学了点博览的方法，这可以分作先后两步：先是如何找书看，办法是由此及彼，面逐渐扩大；后是如何赶进度，办法是取重舍轻，舍，包括粗看和不看。这些，我觉得，对我后来的"尽弃其学而学焉"确是有些帮助。失呢，也来于杂览，因为不能专一，以致如室中人多年后所评，样样通，样样稀松。或如《汉书·艺文志》论杂家所说："杂家者流，盖出于议官，兼儒墨，合名法，知国体之有此，见王治之无不贯，此其所长也。及荡者为之，则漫羡而无所归心。"

四

大概是大学四年的末期，脑海里忽然起了一阵风暴。原来底子薄，基础不巩固，抗不住，以致立刻就东倒西歪，具体说是有了强烈的惶惑之感。还可以具体并重点地说，是心里盘问：偏于破的，如舜得尧之二女，是郗鉴选东床坦腹式的许嫁或卓文君式的私奔，还是曹丕得甄氏式的抢；三代之首位的夏禹王，是治水的圣哲兼开国之君，还是个虫子，等等，就是能考证清楚了，远水不解近渴，究竟有什么用？偏于立的，生而为人，生涯只此一次，究竟是怎么回事。如果有意义，意义何在？要怎样生活才算不辜负此生？等等问题是切身的，有精力而不先研讨这个，不就真是辜负此生了吗？这是注意力忽然由身外转向身内。何以会有此大变？直到现在我也不明白。但这变的力量是大的，它使我由原来的自以为有所知一霎时就如坠五里雾中。我希望能够尽早拨开云雾而见青天。办法是胸有成竹的，老一套，读书，读另一类的书。起初是乐观的。这乐观来于无知，以为扔开《十三经注疏》之类，找几本讲心理、讲人生的书看看，就会豁然贯通。当然，这乐观的想法不久就破灭了。破灭有浅深二义：浅的是，不要说几本，就是"读书破万卷"也不成；深的是，有些问题，至少我看，借用康德的论证，是在人的理性能力之外的。这些后面还要谈到，这里只说，因为想拨开云雾，我离开大学之后，就如入了另一个不计学分、不发证书的学校，从头学起。

这另一个学校，没有教室，没有教师，没有上下课的时间，更糟的是学什么课程也不知道。起初，只能用我们家乡所谓"瞎摸海"（称无知而乱闯的人）的办法，凭推想，找，碰，借，读读试试，渐渐，兼用老家底的由此及彼、面逐渐扩大法，结果，专就现象说，就真掉进书或新知的大海。这说来嫌话太长，只好化繁为简，依时间顺序，举一斑以概全豹。先是多靠碰，比如还看过经济学的书，不久就发现，它只讲怎样能富厚，不讲为什么要富厚，文不对题，扔开。另一种情况是百川归海，终于找到冤有头的头，债有主的主。这百川，大致说是关于人以及与了解人有关的各门科学知识。人，或说人心，中国传统也讲，缺点是玄想成分多，比如宋儒的天理与人欲对立，就离实况很远。所以我一时就成为"月亮也是外国的圆"派，几乎都读真洋鬼子写的。由近及远，先是心理学，常态的，变态的，犯罪的，两性的，因而也蔼理斯，特别欣赏弗洛伊德学派的，因为深挖到兽性。向外推，读人类学著作，希望于量中见到质；再推，读生物学著作，因为认为，听了猫叫春之后，更可以了解禅定之不易。直到再向外，读天文学著作，因为那讲的是生的大环境，如果爱丁顿爵士的宇宙膨胀说不错，人生就化为更渺小，意义就更难说了。说到环境，这牵涉到万有的本质问题（科学成分多），知识的真假、对错问题（哲学成分多），于是就不能不读偏于理论的科学著作。而所有这些，就我个人说，都是为解答一个问题，人生究竟是怎么回事，所以百川就归了海，这海是"人生哲学"。这门学问也确实不愧称为海，西方的，由苏格拉底起，东方的，由孔子起，还要加上各种宗教，著作浩如烟海。只好找重要的，一本一本啃。洋鬼子写的，尽量用中译本；没有中译本，英文写的，找原本，非英文写的，找英文译本。与科学方面的著作相比，这人生哲学方面的著作是主干，所以读的种数，用的时间，都占了首位。还有一种情况，是归拢后的再扩大，也可以说说。那是因为哲学的各部门有血肉联系，读一个部门的，有如设宴请了某夫人，她的良人某某先生，甚至姑姨等系的表姐表妹，也就难免跟了来。人生哲学的戚属很多，比如你总追问有没有究极意义，就不能不摸摸宇宙论；有所知，有所肯定，不知道究竟对不对，就不能不摸摸知识论；而一接近知识，就不免滑入逻辑；等等。总之，找来书读，像是越读问题越多，自己不能解答，就只好再找书，再请教。就这样，读，读，旧问题去了，来了新问题，小问题去了，来了大问题，直到人借以存在的时、空及其本原是怎么回事也成为问题，就问爱因斯坦，及至知道他也不是彻底清楚，就只能抱书兴叹了。说句总结的话，这一阶段，书确是读了不少，所得呢？一言难尽。

五

严格说，不应该称为"得"，因为情况复杂，复杂到扪心自问，自己也有账算不清。语云，读书明理，难道反而堕入佛家的无明了吗？也不尽然。实事求是地说，是小问题消减了，大问题明显了。明显到自信为不能解决，所以其结果就一反宋朝吕端之为人，成为大事胡涂，小事不胡涂，颇为可怜了。以下具体说这可怜。可怜由零碎的可喜来，先说可喜。这也不好枚举，只说一点点印象深的，影响大的，算作举例。一种，姑且名之为"方法"，曰无成见而平心静气地"分析"。姑嫂打架，母亲兼婆母必说姑直而嫂曲，邻居不然，说针尖对麦芒，母用的是党同伐异法，邻居用的是分析法。显然，治学，定是非，分高下，应该用分析法，事实上许多人也在用分析法。且说我推重这种方法，并想努力用，主要是从薛知微教授（十九世纪末在伦敦大学任教）的著作里学来的。他著作不少，只说一本最有名的《伦理学之方法》。书的高明之处，为省力，引他的高足伯洛德先生的意见（非原文）：对某一个问题，他总是分析，就是从这个角度看，如此如此，从那个角度看，如彼如彼，都说完，仿佛著者并没什么主见，可是仔细想想，人类智力所能辨析的，不过就是这些，思想的高深就蕴含在这无余义之中。这可谓知师者莫如徒。这本书我读了两遍，自信为有所得，其最大者是：确知真知很难，许许多多久信的什么以及宣扬为应信的什么，绝大多数是经不住分析的；因而对于还未分析的什么，上德是"不知为不知"。另一种，姑且名之为"精神"，曰无征不信的"怀疑"。就我所知，在这方面，也是进口货占上风。古希腊有怀疑学派，虽然庄子也曾"不知周之梦为蝴蝶"，"蝴蝶之梦为周"，可是意在破常识，所以没有成为学派。大大的以后，法国笛卡儿也是由怀疑入门，建立自己的哲学体系。这些都可以不计，只说我更感兴趣的，是许多人都熟悉的罗素，他推重怀疑，而且写了一本书，名《怀疑论集》。主旨是先要疑，然后才能获真知。他举个有趣的例，是英国课本说打败拿破仑是英国人之力，德国课本说是德国人之力，他主张让学生对照着念这两种，有人担心学生将无所适从，他说，能够使学生不信，教育就成功了。他的怀疑还有更重大的，是继休谟之后，怀疑归纳法的可靠性。举例说，如果把"一定还有明天"当作可信的知识，这信是从归纳法来的，因为已经一而再，再而三，就推定一定还有三而四。为什么一而再，再而三，其后必有三而四？因为我们相信自然是齐一的（有规律，不会有不规律的变）。何以知道自然是齐一？由归纳法。这样，自然齐一保归纳法，归纳法保自然齐一，连环保，就成为都不绝对可靠了。就举这一点点吧，分析加怀疑，使我有所得也有所失。得是知识方面的，也只能轻轻一点。先说个大的，比如对于生的大环境的底里，我确知我们殆等于毫无所知，举个最突出的例，我们这个宇宙，用康德的时间观念（与爱因斯坦的不同），问明天还有没有，自然只有天知道。如是，计划也好，努力也好，都不过是自我陶醉而已。再说个小的，比如有情人终于成为眷属，我确知这决定力量是身内（相貌、能力等）身外（地位、财富等）两方面条件相加，再加机遇，而不是西湖月下老人祠中的叩头如捣蒜。总之，辨识真假、是非的能力强了，大大小小的靠不住，虽然未必说，却可一笑置之。失呢？大失或大可怜留到下面说，这里只说小失，是心和身常常不能合时宜，这包括听宣传、看广告都不怎么狂热之类。浮世间，为了争上游，至少是为了活，大概常常不得不狂热或装作狂热吧？每当这种时候，分析方法和怀疑精神等就来捣乱，以致瞻前顾后，捉襟见肘，苦而不能自拔了。

六

以下正面说可怜，包括两类：一类是大问题不能解答，以致难得安身立命，这一节谈；另一类是不得已而退一步，应天顺人，自欺式地自求多福，下一节谈。记得英国培根说过（《新工具》?）："伟大的哲学起于怀疑，终于信仰。"不知道这后一半，他做到没有。我的经验，想做到，就要脚踩两只船，一以贯之必不成。这两只船，比如一只是冥思室或实验室，一只是教堂，在室里虽然被类星体和基本粒子等包围，到教堂里却可以见到上帝；通晓类星体和基本粒子等可以换取世间的名利，安身立命却要由上帝来。我可怜，是因为不能脚踩两只船，而习惯于由怀疑起，一以贯之。比如喜欢追根问柢就是这种坏习惯的表现。追问，有天高皇帝远的，如历史上的某某佳人，就真能作掌上舞吗？某某的奉天承运，就真是来于救民于水火吗？远会变为近，也追问关于人的，不合时宜，单说关于理的。各时代都有流行的理，或说真理，新牌号的大多不许追问，老牌号的升迁，以至很多人想不到追问。如果起于怀疑而一以贯之，就难免（在心里）追问：所信的什么最对，至好，为什么？为什么还可以分为不同的层次，仍以人生哲学为例，厚待人比整人好，为什么？答曰，因为快乐比痛苦好。一般人至此不问了，薛知微教授之流还会问，为什么？比如答复是快乐比痛苦有利于生活，惯于追根问柢的人还会问，为什么利于生活就好？甚至更干脆，问，为什么生就比死好？显然，这公案只能终止于"不知道"。遗憾的是，我也诚心诚意地承认，能信总比不能信好，因为可以安身立命。话扯远了，还是赶紧收回来，谈人生究竟是怎么回事。确是很可怜，借用禅和子的话形容，是在蒲团上用功多年，张目一看，原来还是眼在眉毛下。直截了当地说，关于人生有没有意义，或说有没有目的，我的认识是，胆量大一些答，是没有；小一些答，是无法证明其为有。这胆小一些的答复是由宇宙论来，因为宇宙何自来，将有何归宿，以及其中的千奇百怪，大到星云的旋转，小到一个蚊子哼哼哼，为什么，有何必要或价值，我们都说不上来。不好，这扩大为谈天，将难于收束。那就下降，专说人。天地间出现生命，生命有强烈的扩展要求，于是而我们就恋爱，凑几大件成婚，生小的，小的长大，再生小的，究竟何所为？平心静气，实事求是，只能说不知道。孔老夫子说"畏天命"，畏而不能抗，又不明其所以然，所以成为可怜。这可怜，说句抱怨的话，也是由读书来的。

七

大问题不能解答，或者说，第一原理树立不起来，是知识方面的迷惘。但迷惘也是人生的一个方面，更硬邦的现实是我们还活着。长日愁眉苦脸有什么好处呢？不如，事实也是人人都在这样做，且吃烤鸭，不问养壮了有什么意义。这是退一步，天上如何不管了，且回到人间打算盘，比如住楼房比住窑洞舒服，就想办法搬进楼房，而不问舒服和不舒服间还有什么大道理。这生活态度是《中庸》开头所说："天命之谓性，率性之谓道，修道之谓教。"用现代语注释是：人有了生就必须饮食男女，这是定命，到身上成为性，只能接受，顺着来，顺着就是对；但人人顺着也难免有冲突，比如僧多粥少就不免于争，所以还要靠德、礼、法等来调节。对于这种生活态度，几乎是人人举手赞成，认为当然。我也赞成，却受了读书之累，不是认为当然，而是认为定命难抗，只好得过且过。或说得冠冕些，第一义的信仰既然不能树立，那就抓住第二义的，算作聊以自慰也好，甚至自欺也好。正如写《逻辑系统》的小穆勒先生，长期苦闷之后，终于皈依边沁主义（其主旨为善是最大多数人的最大幸福），既已皈依，就死生以之。这当然也得算作信仰，但其中有可怜成分，因为不是来于理论的应然，而是来于实际的不得不然。说句泄气的话，是生而为人，要活，并希望活得如意些，就不能不姑且相信应该分辨是非，有所取舍。取，天上不会掉馅饼，所以还要尽人力，想办法。边沁式的理想，我们很早就有，那是孟子的众乐主义。孔、孟是理想主义者，凡理想主义都不免夹带着乐观主义。他们相信，只要高高在上者英明，肯发善心，人间就会立刻变成盛世。事实是在上者并不发善心，或根本就没有善心，因而人间就始终不能盛。与孔、孟的眼多看天相比，荀子眼多看地，于是就看见性恶以及其本原的"欲"。两千年之后，西方的弗洛伊德不只看见欲，而且经过分析，说欲可以凝聚为"结"，所以不得了。这要想办法，以期不背离边沁主义或众乐主义。他的想法写在名为《一种幻觉的将来》那本不厚的书里，主旨是：因为人生来都具有野性，所以应当以"文"救之。这文，我的体会，包括习俗、道德、法律、组织、制度等等。具体应该如何？难说，而且不好说，只好不说。

八

很快就迎来"四十而不惑"。不惑有自足的一面，是"吾道一以贯之"；有影响的一面，是原地踏步，看着别人走出很远，难免感到寂寞。旧习难改，仍然读书。性质有变，以前是有重心，略有计划，而今变为阮步兵的乘车式，走到哪里算哪里，碰见什么是什么。比以前数量少了，因为难得主动。获得呢？天方面，依然故我；人方面，也借助历练，像是所知更多一些。古人说，"察见渊鱼者不祥"，装作不知也罢。一晃又是四十年，也许应该算算总账了吧？不敢用《旧约·创世记》的算法，那会后悔吃智慧果，痛哭流涕。但事实是不能变的，读了不少杂七杂八的是事实，既往咎之也没有用，还是不悔恨的好。也无妨从另一面看。现在时兴旅游，读书也是旅游，另一种性质的，地域更广阔，值得看看的更多。缺点是有些地方，比如天，至少我是，看不清楚。但这也未尝不可引孔子的话来解嘲，那是："不知为不知，是知也。"写到此，想到重实际的哪一位也许要说，所有这些不过是文字般若。这我承认，但就算只是文字，既然可以称为般若，它就有可能引来波罗蜜多；纵使不能引来，总比无明而自以为有明好一些吧？这样说，对于"我与读书"，作为终身大事，我的态度显然还是"家有敝帚，享之千金"一路。蠹鱼行径，是人生的歧途吗？大道本多歧，由它去吧。

1990年3月12日

一　存在

"存在"是个最难解的谜。

我们能够觉知有外界，能够觉知有我。"存在"是存在的，这是"有"的证明。"觉知"可能是幻，有幻即是"有"。记得法国哲学家柏格森说过，我们住在"有"的世界里，不能想象"无"。的确，我们想象到的常常是"空"，即抽去一切物的空间，不是"无"。假设"存在"缩小，一直缩到由无限小变为零，这是什么形态？难于想象，因为我们的设想中不能消除"空"时。我们不得不承认"有"，不得不承认"存在"。

我们住在地上，占咫尺之地，凭借觉知逐渐认识一点点宏观世界的景象。地是绕日的一个行星。日是银河系里千千万万恒星里的一个恒星。恒星之间有距离，以光年（每秒三十万公里行一年的长度）计，最近的有几光年。银河系的直径约十万光年。银河系是螺旋状星云。银河系之外，各种形状的星云还有很多很多。近年发现，距银河系一百多亿光年之处还有天体。还有人设想，我们所处的世界是个具有某种性质（例如由物质组成）的整体，还可能有不同性质（例如由反物质组成）的整体，即另一世界。这是天外有天。总之，都属于"存在"。这个"存在"远到何处为止？康德以为，这是超出人类理性能力以外的问题，因为设想有边缘，就会有"边缘以外"。很可能是无边。

宏观是一端，另一端是微观。古人已经知道，"一尺之棰，日取其半，万世不竭"（《庄子·天下》）。近代科学分析出许多视力所不及的存在物，如分子、原子、电子等。小至于电子，还是个复杂的构造。是否有不能再分的单位？有其物而不能分析，难于想象。这方面也可能是无边。

我们是有限，"存在"是无限。我们的悟性是归纳外界的有限活动而形成的，可能不适用于无限。

何以会有这样一个"存在"？如果凡是出现的都是必然的，这个"存在"是顺从意志的必然呢，还是顺应天运的必然呢？"存在"之先能有意志或天运吗？如果"存在"存在于时间的绵延之中，在最初，以何因缘而忽然出现"时间"，生此"存在"呢？如果"存在"是无始，什么力量限定会长此这样而不是"无"或其他形态呢？有的终是有了，有其事似应有其理，可惜我们难知此理的究竟。

我们觉知的存在物，其动或变都有条理，或者说有惯性。这个限定从何而来？是设定的呢，还是自发的呢？不知道。我们用归纳法，根据存在物的条理或惯性，摸索出一些规律。存在物的条理或惯性会不会变？据我们所知，还没有变。也可能没有变的可能。但我们没有理由保证它不会变，因为就"存在"之为无限说，没有什么是不可能的。

"存在"有没有目的？或者只是有某种趋向？似乎看不出来有什么目的，人类所谓目的，是生于有所欲，"存在"未必有所欲。如果设想有"存在"之上的什么赋予什么目的，就又遇见上面提出的问题，这个"存在"之上的什么从何而来？

关于"存在"，我们知道的实在太少。就是自以为知道的一点点，究竟真实到什么程度，也很成问题。例如对于任何事物，我们都是放在"时间"的格子里来理解的，时间是像我们想象的那样，从古到今，按照过去、现在、未来的顺序绵延下去吗？所谓"久""暂"，对任何事物都是一样的吗？很可能，"时间"只是人类理解事物的一种形式，"存在"与"时间"究竟有什么关系，我们可能并不知道。

总之，我们确实知道自己是"存在"的一部分，可是对于"存在"，却几乎毫无所知。庄子说，"吾生也有涯，而知也无涯"。生年不满百，终于不得不带着这个大疑难结束觉知，实在是憾事。

二　生命

邻居有一只母羊，下午生了两只小羊。小羊落地之后，瘸瘸拐拐地挣扎了几分钟，就立起来，钻到母羊腹下，去找乳头。据说这是本能，生来如此，似乎就可以不求甚解了。

生命乐生，表现为种种活动以遂其生，这是司空见惯的事，其实却不容易理解。从生理方面说，有内在的复杂构造限定要如此如彼；从心理方面说，有内在的强烈欲望引导要如此如彼。所以能如此如彼，所以要如此如彼，究竟是怎么回事？原因是什么？有没有目的？

小羊，胡里胡涂地生下来，也许是"之后"，甚至也许是"之前"，有了觉知，感到有个"我"在。于是执着于"我"，从"我"出发，为了生存，为了传种（延续生命的一种方式），求乳，求草，求所需要的一切。相应的是生长，度过若干日日夜夜，终于被抬上屠案，横颈一刀，肉为人食，皮为人寝，胡里胡涂地了结了生命。

人养羊，食羊之肉，寝羊之皮。人是主宰，羊是受宰制者，人与羊的地位像是有天渊之别。据人自己说，人为万物之灵。生活中的花样也确是多得多。穿衣，火食，住房屋，乘车马，行有余力，还要绣履罗裙，粉白黛绿，吟风弄月，斗鸡走狗，甚至开府专城，钟鸣鼎食，立德立言，名垂百代，这都是羊之类所不能的。不过从生命的性质方面看，人与羊显然相距不很远，也是胡里胡涂地落地。之后，也是执着于"我"，从"我"出发，为了饮食男女，劳其筋骨，饿其体肤，甚至口蜜腹剑，杀亲卖友，总之，奔走呼号一辈子，终于因为病或老，被抬上板床，胡里胡涂地了结了生命。羊是"人杀"，人是"天杀"，同是不得不死亡。

地球以外怎么样，我们还不清楚，单是在地球上所见，生命现象就千差万别。死亡的方式也千差万别。老衰大概是少数。自然环境变化，不能适应，以致死灭，如风高蝉绝，水涸鱼亡，这是一种方式。螳螂捕蝉，雀捕螳螂，为异类所食而死，这又是一种方式。可以统名为"天杀"。乐生是生命中最顽固的力量，无论是被抬上屠案，或被推上刑场，或死于刀俎，死于蛇蝎，都辗转呻吟，声嘶力竭，感觉到难忍的痛苦。死之外或死之前，求康强舒适不得，为各种病害所苦，求饮食男女不得，为各种情欲所苦，其难忍常常不减于毒虫吮血，利刃刺心。这正如老子所说："天地不仁，以万物为刍狗。"也无怪乎佛门视轮回为大苦，渴想证涅槃到彼岸了。

有不少人相信，天地之大德曰生，因而君子应自强，生生不息。我们可以说，这是被欺之后的自欺。胡里胡涂地落地，为某种自然力所限定，拼命地求生存，求传种，因为"想要"，就以为这里有美好，有价值，有意义。其实，除了如叔本华所说，为盲目意志所驱使以外，又有什么意义？

天地未必有知。如果有知，这样安排生命历程，似乎是在恶作剧。对于我们置身于其内的"大有"，我们知道得很少。可以设想，至少有两种可能：一，它存在于无限绵延的时间之中，其中的任何事物，前后都有因果的锁链联系着；二，它是无始无终的全部显现的一种存在形式或变动形式，前后的时间顺序，只是我们感知它的一种主观认识的形式。如果是前者，则从最初（假定有所谓"最初"）一刹那起，一切就为因果的锁链所束缚，所有的发展变化都是必然的，就是说，其趋向是骑虎难下。如果是后者，则一切都是业已完成的，当然更不容有所谓选择。总之，死也罢，苦也罢，都是定命，除安之若素以外，似乎没有别的办法。

古人有所谓"畏天命"的说法。如果畏是因为感到自然力过大，人力过小，定命之难于改易，则这种生活态度的底里是悲观的。古今思想家里，讲悲观哲学的不多。叔本华认为，生活不过是为盲目意志所支配，其实并没有什么意义，他写文章宣扬自杀，说这是对自然的一种挑战（意思是你强制我求生，我偏不听从），可是他自己却相当长寿，可见还是不得已而顺从了。世俗所谓悲观，绝大多数是某种强烈欲望受到挫折，一时感到痛苦难忍，其底里还是乐生的。真正的悲观主义者应该为生命现象之被限定而绵延、无量龌龊苦难之不能改易而忧心，应该是怀疑并否定"大有"的价值，主张与其"长有"，毋宁"彻底无"。

彻底无，可能吗？无论如何，"大有"中的一个小小生命总是无能为力的。孟德斯鸠临死时候说："帝力之大，如吾力之为微。"畏天命正是不得不如此的事。不过，受命有知，作《天问》总还是可以的，这也算是对于自然的一个小小责难吧。

三 鬼神

还没有所谓科学的时候，多数人相信有鬼神，现在，少数人还是相信有鬼神。我们生存于现世间，鬼神在信者的想象中，是现世间之外或之上的事物。鬼神有无，过去，有些人认为可以存而不问，但是更多的人对它感兴趣，因为这牵涉到死后能否以另一形式继续存在，能否继续有觉知的问题。

有没有鬼神呢？扩大一些说，有没有超现实的非科学所能解释的神秘事物呢？答复要分作两个方面说。

一种，所谓神，或更确切一点，称之为大神秘，是形而上学的，用通俗的话说是"造物"，即"存在"的本原。这有没有呢？我们还不知道。如果有，它是有意识的吗？就是说，万有的种种，都是它想这样才这样吗？如果真是这样，它会不会另想一套，因而万有的种种忽而改弦更张呢？根据我们现有的对宇宙的理解看，改弦更张的可能像是未必有，但是"未必"并不等于"不可能"。到目前为止，对于"本原"方面的问题，我们知道得还很少，因而就难于断定某种可能是不是绝对不可能。这样，大神秘既然也是一种可能，它的存在自然也不是绝对不可能的。

另一种，所谓鬼神，是一般人设想的。鬼是人死之后的一种存在形式，或称为魂灵。神是现世间之上的贵族阶层，它有权，有力，已经超出轮回，却常常干涉现世。这样的鬼神是人造的，自然不存在。

人设想有鬼神，主要原因是：一，有些现象还不知道如何解释。例如死，活人，力能扛鼎，谈笑风生，忽然寂灭了，他哪里去了呢？很自然的想法是成为鬼。再如梦，人分明睡在床上，却感到做了种种事，见了不少人，这是怎么回事？显然也会使人想到这是魂灵在活动。再如一些幻觉，黑夜或什么地方，像是分明见到一些奇怪的现象，如死去的人之类，这也会使人想到是有鬼。二，人道难言，希望从而也就设想有超现世的力量主持公道，福善祸淫，作为遗憾的补偿和安慰，于是渐渐就形成一个有鬼神的世界。

鬼神生于人的设想，是虚幻的，因而到科学知识日渐深厚的时候，它的寿命就难于维持下去了。

一、死、梦、幻觉这类现象，现代的科学知识，特别是心理学和生理学，已经可以解释得明明白白了。

二、相信鬼神的人拿不出可以经得起检验的证据，像传说中阮瞻经历的那样，让不相信的人亲眼看一看。

三、关于鬼神的传说，都是互相凿枘，难于自圆的。举个最明显的例，如果活人都是由死人轮回脱胎而生，人口增加，这多出的魂灵是哪里来的呢？

四、我们所处的世界，根据现在的认识，是有严格的规律的。大自然像是被巨细不遗的因果的锁链维系着，一切发展变化都是在自然规律之下受限定的。没有幻境，更不会出现奇迹。设想的鬼神是自然规律之外的奇迹，所以一定不是事实。

没有鬼神，好呢还是不好呢？从感情方面思量，这就是另一回事了。

《聊斋志异》写了不少鬼，其中有些是可怕的，但大多数是可爱的。可怕也罢，可爱也罢，专就死后没有完全寂灭这一点说，也确是值得人深思。死了，魂灵飘忽，还可以有见闻，有悲欢，甚至可以遇见亲友，叙别情，喝烧酒，这也许比咽气万事空可取一些吧？佛家说，生死事大，也难怪有人会这样想，如果这个世界真像《聊斋志异》描写的那样，也好吧？

但是，现代科学已经把那类故事的真实性完全否决了。与《聊斋志异》的世界相比，现代科学是生硬的，冰冷的，它使人不得不相信，以己身为中心，生命只有一次，死亡就是寂灭。这是定命，你愿意接受也得接受，不愿意接受也得接受。接受的态度自然可以不同，比如诗人，大概会"念天地之悠悠，独怆然而涕下"（唐代陈子昂《登幽州台歌》），至于哲人，那就多半是"知其不可奈何而安之若命"（《庄子·人间世》）了。

四 天道

天道向善是个相当普遍的信仰，其表现有多种形式。

相信有神有鬼在暗中主持因果报应，奖善罚恶，是一种最粗浅的形式。

"天地之大德曰生"（《易·系辞》），"皇天无亲，惟德是辅"（《尚书·蔡仲之命》），"天道无亲，常与善人"（《老子》第七十九章），是另一种形式。这样的天道虽然近于有意志的，却未必具有拟人的形象。

还可以更抽象，表现为宇宙论方面的一种看法，就是，我们所处的世界不管多么庞大复杂，它的行程总是趋向于一种已定的目的，这样的行程，不是如流水之自然趋下，而是有选择地走向某种有价值的至高至善的境界，所以无论宇宙的整体还是人生的种种活动，都不是没有意义的。

有鬼神主持公道的想法，现在很少人相信了，这里不谈。皇天乐善，是不是这样呢？证明一定不是这样自然不容易，但是大量的事实使我们不能不怀疑这种想法。专就生命现象说，我们常见的是弱肉强食，大鱼吃小鱼；天灾，无限的生命可以同时绝灭；人祸，据说长平一次活埋四十万：说是"天地之大德曰生"，不像。至于"惟德是辅""常与善人"云云，事实也显然并不如此。所以过去有不少人提出疑问，如杨衒之《洛阳伽蓝记》卷一的一段话就说得明白而沉痛："昔光武受命，冰桥凝于滹水，昭烈中起，的卢踊于泥沟，皆理合于天，神祇所福，故能功济宇宙，大庇生民。若（尔朱）兆者，蜂目豺声，行穷枭獍，阻兵安忍，贼害君亲，皇灵有知，鉴其凶德，反使孟津由膝，赞其逆心。《易》称天道祸淫，鬼神福谦，以此验之，信为虚说。"

在人间，为善可以得祸，但也未尝不可以得福，不管怎样，这总是宇宙中的一点点尘埃，可以存而不论。至于整个"存在"的趋向问题，那就既庞大而又玄远，确凿地说是如何如何或不是如何如何都很不容易。目的论者相信宇宙整体的进程有价值，有意义，如果事实真是这样，当然也很好。但是反复思索，总使人感到，这种如意的想法，其来源是希望，是信仰，言之成理至于无懈可击是很难的。

难于言之成理，最主要的原因是天道难明，不得不强不知以为知。对于整个"存在"的性质，例如是什么，如何来，如何去，为什么，等等大问题，直到现在，我们几乎还是毫无所知。有些人，其中多数是哲学家或宗教家，不愿意安于不知，更不愿意安于生命之徒然，于是深思冥索，苦寻究竟，终于想出一些似乎可以自圆其说的解释。这当然也好，但是问题在于，这是主观的猜测，既不能举出事实来证验。又不能举出必须是这样而不能是别样的理由。因为不能举出只能如此的理由，所以常常是一百个人有一百种想法，这自然不能都对，而最大的可能是都不对，因为闷坐井中，冥想天地之大，如邹衍之徒所为，幸而言中的可能是没有的。

天道难明，强不知以为知，其结果当然是，说得如何天花乱坠，都是隔靴搔痒。但是，这里无妨退一步想，假定天道向善的如意想法是可取的，我们能不能安然信受呢？似乎仍旧有困难，因为，我们还会感到有些疑问。其一，不管所谓天道是有意志的，还是无意志的，既然目的是趋向于至高至善的境界，那么，在时间的顺序中（假定事物是在时间的顺序中发展变化，像我们觉知的那样），我们任意截取先后两个段落相比，总当能够清楚地看出来，后一个段落比先一个段落是较高的，较善的，但是这却是很难衡量辨别的。其二，如果人类的道德观念是通于天道的，而天道应该是无不可能，那么，它本来就使善充满到处，统辖一切，岂不更好？而事实是偏偏有大量的恶，这是为什么？其三，天道向善，而至高至善的境界要在无限长的时间中逐渐实现，如此大费周折，这道理也是很难理解的。

此外还有一个大问题，就是，人类所谓善，真是可以扩大到人类以外，当作评价一切的标准，甚至整个"存在"都必须信受奉行吗？我想，如果有人竟至这样设想，那必是患了自大狂的病。不要说整个"存在"，姑且局限在地面上，例如人发明杀虫药和杀菌药，救了不少人的生命，这当然可以算作善了，但是如果不是处在人的地位，而是处在虫和菌的地位，这究竟是善还是恶就成为问题。推到地面以外，善恶的分辨就更渺茫了，举例说，银河系旋转而不静止，其中大量的恒星也生生灭灭，以至于整个宇宙是"有"而不是"无"，这是善呢，还是恶呢？显然都说不上。

我们生而为人，站在人类的地位说长道短自然是难免的，不过要讲包括其他在内的大道理，那就应该眼睛睁大，心情冷静。这样，我们会很容易地认识，所谓善恶，是人类以己身为本位来评价事物（严格讲应是评价人的行为）的一套概念，推到人类生活以外是行不通的。而讲到善恶的本原，其实也简单得很，不过是人生而有"欲"。人类乐生，于是把可以利生的一切当作善；人类畏死，于是把可以避死的一切当作善；其他衣食住行等事物的评价都不过如此。这里也许有人会想到更根本的问题，即"欲"的价值问题。这当然很难说，有所欲是已然的事，欢迎也罢，不欢迎也罢，反正是既成事实，除了顺受之外，又能怎么样！前面说，有的人不安于生命之徒然，这是想给"欲"及其派生的一切找个理论的靠山，以证明人事上的种种琐屑是理合于天。这种意图是可以理解的，而如果有所得，也未必没有用，如《易》传的"天行健，君子以自强不息"就是这一类。但是这类领悟，归根到柢不过是一种形而上学的信念，用它自悲或自欺都可能有大用，如果竟以为这就是真理，定而不可移，那就与相信鬼神没有分别了。因此，想到天道方面的问题，我们以为宁可这样说，天道远，人道迩，人生有涯，人力有限，我们最好还是不舍近而求远吧。

五 命运

相信命运似乎对人有好处，强者可以用它欺人，弱者可以用它自慰。

现在，相信命运的人比过去少多了，因为，据不信的人说，那是迷信。——"不信"也是一种"信"，这会不会也是迷信呢？是己非人要有使人心服的理由，这就不是片言只字所能解决的了。

过去有一些人，以预言他人的未来为职业，如卜卦、算命、相面、测字之类。相信这类人的预言，是迷信，因为他们并不能知道未来。所以这样说，是因为他们据以推知未来的材料（如生辰八字、面容之类，这里称之为"甲"），与他人的未来（如腾达、贫病之类，这里称之为"乙")并没有必然的联系，说严格一些，是甲和乙并没有因果关系。假因不能推出真果，这就可以证明，他们所说能知他人未来的话是虚妄的，相信虚妄的话自然是迷信。

这个问题比较简单，容易解决。但是问题却不能到此为止，因为我们的论据只能证明，他们根据"这样"的材料以预言未来是虚妄，而不能证明，他们根据"任何"材料而预言未来都是虚妄。是不是根据任何材料都不能预知未来呢？在常识上，显然没有人这样想，因为事实证明，以某种材料为依据，我们可以确知某种情况将要出现；并且，如果事实不是这样，我们的日常生活就会变得难于想象。这样，可见我们，或有意或无意，还是相信未来是可以预知的。这在本质上同相信命运是不是没有分别呢？

"命运"这个说法，在过去有神秘色彩，容易引起误会。这里换个说法，"人一生的种种遭遇，都是前定的"，或者如有的人所说，"人一生的遭遇，种种活动，甚至极细微的末节，都是遗传加环境的必然结果"。这是不是事实呢？显然，否认这样一个说法，在理论上有不少困难，最主要的一个是，必须对因果关系有另外的看法。根据现在的科学常识，绝大多数人认为，我们所处的世界是个统一的整体，其中任何个别事物，都由因果关系的锁链维系着，就是说，它是前因之果、后果之因，无因而自生自灭的现象是没有的。如果这个认识不错，显然，人一生的种种遭遇，就其为前因所决定说，确是前定的。

因果关系，或说因果规律，使不少人相信定命论。有的人说，如果有足够的材料，他就可以根据因果规律，通过演算，预知全宇宙的无限未来。甚至有的人还设想，我们所处的宇宙，可能是一成为"有"就全部定了局的，我们觉得它是在时间顺序中发展变化，那只是主观认识的一种形式。时间，确是微妙难以理解的事物，这里只好安于常识，承认事物是在时间顺序中发展变化，问题的症结在于，在这个时间的顺序中，能不能有无因的个别事物出现。

坚信因果规律的人说，不能。有的人对这样的坚信有怀疑，因为所谓因果规律，是人试着用它"说明"存在的，现在把它高举到"统辖"存在的地位，没有危险吗？很难说。但我们似乎不得不承认，推倒它不很容易，至少是很不方便。一个像是避难就易之法是，只说生命的活动间或有例外。但是，这就等于说，这个世界忽而生出一个新系统，不那么统一了，问题实在太大，且不管它。坚信因果规律的人大概不会让步，他可能坚持，生命的活动其实也不例外，譬如说意志吧，你觉得是自发地想如何如何，其实并不是自发，因为你想这样而不想那样，还是有原因的。

这样用因果规律解释一切，甚至统辖一切，引起的问题有两个：一，对不对；二，好不好。前一个问题，或者要留给将来的哲人去解决，这里只谈后一个。好不好的问题，最显著的表现在生命的活动方面，或者更严格一些说，表现在人的生活方面。如果相信人的一切遭遇，一切细微的活动，都是前因所决定，那就：一，"自强不息"就成为无意义了；二，道德、法律所要求的"个人负责"也就失去根据，因为，反正是已经注定了的，不能改变，被因果规律束缚着的个人又有什么办法！这种没办法的心情，如果真正成为印在心上的阴影，它就会产生破坏"理想"和"兴趣"的力量，这也是个不小的实际问题。大概就是因此，所以历史上有不少贤哲，想出种种理由证明，虽然世界是在因果规律的统辖之下，可是"人"却有意志自由。这种看法是常识上容易接受的，因为：一，根据我们的自身体验，确是有所谓"我想如何如何"，"我能如何如何"；二，道德、法律的要求不是毫无效果的。自然，这里又会碰到所体验的自由是否真实的问题。上面已经说到，这很难解决，因为对于宇宙整体的性质，我们了解得还不够多；而且，意志自由之感，从一个方面看，它是实有的，我们难得不承认，从另一方面看，意志活动也是在时间顺序之中，我们很难证明它完全不受前因的影响。

关于定命和人定胜天的问题，根究孰是孰非，就会遇到左右为难的麻烦。存在的本质或者比我们所能想到的要复杂得多。既然暂不能解决，那就不如安于不知为不知；幸而这从躬行方面看，关系并不太大，因为饭是不能等到营养理论都通了之后才吃的。我们要生活，就不能不希望有个比较妥善的可行之道。我想，这可行之道就是，"假定"自强不息会产生效果，也就是姑且承认意志活动中会出现"自生因"，它不是前因所生，却能够突入时间的顺序，产生后果。这只是个假定，它有落空的可能，但也有成为现实的可能，在真相没有彻底弄清楚之前，失掉这后一种可能是不应该的。从积极方面看，有了这个假定，人人坚信炼石真可以补天，人生的"理想""兴趣"等等就都有了依靠，被命运播弄的无可奈何的阴影就会淡薄甚至完全消失。自然，这种假定并不是放弃因果规律，而是同样要借重因果规律，因为，如果种瓜不能得瓜，自强不息也就没有意义了。我们的生命大概就是这么一回事，常常处于两歧之间：对于有些事物不能求甚解，但又必须相信自己的眼睛，选择一条路，向前走。

六　快乐

乐比苦好，处理人生问题，决定取舍的时候，这似乎是个不须证明的原则。也难于证明，因为这是来自切身的感受，生来如此，历来如此，或者只有天知道是为什么。

中国过去研讨哲理，重在躬行，讲道，讲德，不大推求德与乐的关系，可是说到君临之道，总是把与民同乐看为大德。西方讲学，喜欢问德的本质，古代有所谓快乐主义者，主张人生的真谛不过是求乐。近代的边沁学派，以快乐的"量"作为德的标准，因而主张，能够使最大多数人获得最大幸福的行为是上好的行为（善）。把快乐当作人生的最大价值，并且以此为原则立身处世，可以不可以呢？这个问题相当复杂，需要分析。

乐是人所熟知的感受，可是难于定义。它是生命活动中的一种现象，表现为心理的一种状态，表现为生理的一种状态，可以从心理学和生理学的角度予以说明；用日常的用语解说就比较难，因为无论说它是舒适的感觉也好，喜悦的情绪也好，实际等于说乐就是乐。这里想躲开定义的问题，因为是人所熟知，无妨利用这个熟知，只是说，乐是人所希求而喜欢经历的一段时间的感受。

希求是"某一个人"希求，经历是"某一个人"经历，换句话说，乐是某一具体人的具体感受。快乐主义者把这种具体感受当作人生的价值所在，于是乐就成为德的最后的依据。把乐当作价值，结果不管是有意还是无意，都不能不同边沁学派一样，兼承认一个"量"的原则，就是：小乐是小价值，大乐是大价值；能够产生小价值的行为是小德，能够产生大价值的行为是大德。

这对不对呢？理大致可通，但不完全对，因为，如果用此为决定行为的最高原则，一切准此办理，有时候就会遇到困难。一，正如常识上所熟知的，有的乐，作为一段时间的感受是真实的，但是结果会产生苦，这样的乐，显然是不宜于希求的。二，不管是常人还是道德哲学家，都把某种性质的寻欢作乐当作没有价值甚至卑下的行为，这表明行为的价值不能单纯由能否产生一段时间的快乐感受来决定。三，有些行为，与乐关系很少，或者经常要产生苦，可是不能不做，甚至人人认为有义务做，可见，至少是有些时候，决定行为的准则并不都是乐，而是兼有另外的什么。

自然，在这种地方，快乐主义者可以用个"明智"的原则予以解说，就是，有些行为，可以产生乐而不宜于做，或者不能产生乐而宜于做，是因为换一种做法，反而可以获得更大量的乐。这个明智的原则，或说是"核算"的原则，对于有些情况确是颇为适用，譬如过去常说的"十年寒窗"，是苦事，可是能够换取"黄金屋"和"颜如玉"，那是更大的乐。但不是一切情况都如此，举例说，伯夷、叔齐上首阳山（假定传说是真）之类的行为，用这个原则来解释就很勉强。

还有理论方面的更大的困难。一，前面说，乐是某一具体人的具体感受，如果把这个当作唯一实在的价值，利他（或说是边沁的"众乐主义"）的行为，一般推崇为至上德，就失去理论的根据，因为，"他人"的乐，以及"他人"究竟乐不乐，另一个人是无法感受到的，不能感受到而必须承认有大价值，这怎么说得通呢？二，边沁学派的大师，小穆勒先生，承认不同的乐兼有质的差别，就是说，有的乐（如欣赏艺术品）价值大，有的乐（如饮酒）价值小。这从常识上看是很有道理的，可是，正如薛知微教授在所著《伦理学之方法》中所指出，这样说，就等于放弃了"量"的原则，因为决定行为好坏，更根本的标准并不是"量"，而是"质"，这质显然是乐以外的什么。

是什么呢？叔本华的"盲目意志"的理论或者并不错。自然演化中出现生命，何以会如此，目的是什么，难于知道，我们只好不问。生则有需求，表现为心理和生理状态是"欲"。有欲就不能不求满足，求而不得，表现为心理和生理状态是苦，求而得，表现为心理和生理状态是乐。这样说，乐是欲的满足，所以叔本华的看法是，这只是苦

（欲而未得）的免除，并没有什么积极内容，可以当作价值。

以居家度日为比喻，乐如果有积极价值，那就等于积蓄，如果没有积极价值，那就等于还债，究竟属于哪一种呢？不容易说，或者说可以各是其所是，各非其所非。反正事实总是那么一回事，如果没有欲，没有执着的需求，没有满足，就谈不到乐不乐。这里，更为切要的是对"欲"的看法。悲观主义者，如叔本华，以"己身"为独在的一方，认为"欲"（即所谓"盲目意志"）是天命强加于人的胁迫力，受胁迫，听命，在世间奔波劳碌，实在没有意味。这样看欲，看天命，态度是敌视，如果真能够表现为行动，是不接受，连带的，由欲而生的乐当然也在摒弃之列了。

悲观主义是对"人生的究竟"的一种看法，不同道的人当然不这样看。但是一定要斥为错误，找出足以服人的理由却不容易，因为关于人生的究竟，我们所知还很少，所有这方面的哲理，都只是凭自己的偏好而捕风捉影。但是，至少由常人看，悲观主义有个大弱点，是坐而可言，起而难行。相信悲观主义，以"我"为本位，自爱，自尊，对天命几乎是怒目而视，一切想反其道而行。但是，如何反呢？充其量能够走多远呢？叔本华写过一篇文章《论自杀》，说这是对自然的一种挑战，可是他自己却是寿终的，可见既已生而为人，不管如何发奇想，真正离开常道是如何不容易。

广泛地观察人世，可以看到，常道是不得不走的路，疑也罢（如少数哲人），"顺帝之则"也罢（如绝大多数人），既然已经在路上，唯一的也是最为可行的办法是"顺路""走"下去。依据这个原理立身处世，对于"乐"，我们无妨这样看：我们由自然接受"生"，应该顺而受之；"欲"是"生"的一种集中的最活跃的表现，欲的满足，是"利生"的不可避免的需要；乐的感受，是"得遂其生"的一种符号，一种报酬，也是一种动力。"生"是天命，这样的天命，究竟是好是坏，我们可以问，可以猜测，不过找到确定的解答却大难。古人说，"天地之大德曰生"，这样的信仰可以使人宽心，却未必真实。实事求是，我们最好还是谦逊一些，顺受天命而不问其所以然，也就是不到玄学方面去找根据。这样，我们把"生"（包括"欲"）当作更根本的东西，"乐"不过是连带而有的事物，如果说人生有所谓目的，这目的是"生"而不是"乐"，这就与快乐主义者的看法有了距离。

与快乐主义者相比，对于"乐"，我们只是重视它而不以之为"主义"。不以之为主义，这里就容许有个"别择"的原则，就是说，决定行为的时候，在两种或多种可能之间，由于某种考虑，我们可以不选取能够很快使自己获得某种享受的那一种。快乐主义者这样做，在理论上有困难；自然，事实上也许同样不得不这样做。

这样说，快乐主义是完全错了吗？也不能这样说。快乐主义的弱点，我个人看，主要是理论方面太"彻底"，以致把"乐"当作比"生"更根本，至于说到实行，却是大体上可以接受，也是应该接受的。由世间的常道看，不管说"乐"是"欲"的满足也好，说它不是最根本的也好，"乐比苦好"总是难得不承认的常理，因为乐与"欲"

有血肉联系，也就是与"生"有血肉联系，顺受天命，要"生"，求"善其生"，就不能不把"乐"当作十分珍贵的事物。人生，上寿不及百年，呼吸一停止就是断灭，怎样度一生比较好呢？古今有无数的人想到这个问题。不同的解答可以提出不同的条件，不过，无论如何，说"由于多有所乐而心安理得"是个重要条件，总是绝大多数人会同意的吧？

七　出世

人生不过是这么一回事，但是对它的态度以及处理办法却可以大有差别。办法有常有变，或者说有顺有逆。举例说，中国的儒道和来自印度的佛道相比，前者是常，是顺，后者是变，是逆。绝大多数人走的是常道，生生而不问其所以然。这是世间法，像是行船顺流而下，比较简易。佛道就不然，对人生的看法、处理，常常与一般人相反，这是出世间法，逆水行舟，困难不小，因而"真正"信受奉行的是极少数。

出世，这是方便说，因为变是变世俗之道，逆是逆世俗之道，出也罢，入也罢，都是"在世间"所行。但是这与一般人的在世间所行大有分别，举最显著的说，佛家否定世俗的所谓幸福。而向往彼岸，即所谓涅槃，这在常人是会感到奇怪，甚至难于理解的。

难于理解，是因为道不同不相为谋。这所谓道，最根本的是对生命活动的看法。"生"是客观事实,对于这样的事实,一般人是不疑不问,"顺帝之则";佛家则不然,他们认为生是无常,是苦,用世间常道求乐避苦,其结果是不能超出轮回,越陷越深,也就是要受永无止境的苦。苦乐,这是切身的大事,佛家与常人的认识相反,因而对付的办法也就大不相同,大致说,常人取的偏要舍。常人是率性而行,佛家偏要改性,由常人的眼光看,这是变,是逆。

处理人生问题,逆水行舟,引起的问题有两个:一,这样认识对不对;二,如果认识不错,并且真正信受奉行,能不能取得期望的效果。

先看看前一个问题。人生无常,有生必有死,这是常人也承认的,问题在于,对这样的现实如何评价。显然,评价主要须靠当事者的感受。同样一种经历,甲可能感到乐,乙可能感到苦,或者,苦乐的感受虽然差不多,甲可能觉得好,认为宜于取,乙可能觉得坏,认为宜于舍。如果这不同的感受都是来自内心,一方想说服另一方就非常困难。佛家称现世为娑婆世界,意思是充满苦,这对不对呢?常人当然不这样看,但是否定这样的认识却不容易,因为:一,世间生活中有苦,这是事实;二,忍苦,碌碌一生,终于是无常,实在不值得,这样的认识也能自圆其说,至少是可以自行其是。自然,这样认识的是少数,但是,在这样的问题上,少数也必须服从多数吗?似乎不能这样说。

佛道,出世法,我个人看,可评议的主要不在于"看法",而在于"办法",也就是上面提到的第二个问题,信受奉行,能不能得到期望的效果。这里假定人生是苦的看法不错，脱离轮回的想法很好，怎么办呢？佛家的办法是出世，用"般若"渡到彼岸，求得涅槃。这就使人不得不想到两个问题：一，涅槃的境界是否实在；二，有没有可靠的路径通向涅槃。

由常人看，佛家眼里的世界像是很奇怪，凡是常识上切身感知的，他们都当作空幻（只有"苦"似乎是例外），而常人难于想象难于理解的涅槃境界，他们却看为实有。这同柏拉图的视"观念"为实在，现前为假象，颇有些相像。自然，这样分辨实虚，也可以讲出一番道理来作为依据，不过困难在于，这样的道理，如果跳出来冷眼看，常是滞碍多于圆通。一，在现世界，何以证明是"实有"，以及什么是最可信的"实有"，这类问题很复杂，不过，只要我们不得不承认情况是"有"而不是"无"，我们就不得不尊重使我们觉得"有"的"感知"，因为无论是摄取实相，还是组织知识，我们都不能离开它。即使是哲人，碰到实虚问题，也不得不把切身感知当作"实"的最重要的依据。佛家要出世，也许因为必须防止爱染，于是把切身感知的当作空而非实，这同一般人的认识相差太远，即使是信徒，似乎说服自己的常识也很困难。二，涅槃的境界在彼岸，严格讲，用此岸（现世）的话必致难于解释清楚，勉强说，如《心经》所谓"不生不灭，不垢不净，不增不减"，至少常人听起来会莫明其妙，如何证明这个境界为实有呢？显然不能靠世间的"感知"，不能感知而说为实有，能够使人心悦诚服吗？还有，照现代科学的常识所认识，生物不过是大自然演化过程中的一个小小泡沫，有生灭，人，同样受自然规律统辖，没有灵魂，没有永生，呼吸一停就是断灭，即使立宗传代的古德也不例外，这类事实与涅槃的理想也是不能并存的。

以上是说涅槃的理想，作为目标，其真实性有问题。照理说，目标既然动摇，通路云云自然可以不在话下。不过这里无妨退一步，假定涅槃境界为实有，或者引用佛家"境由心造"的话，承认涅槃境界可以生于心而存于主观，那么，修持方面有没有困难呢？我想，困难可能更大，原因是，由文字般若变为身体力行，真枪实弹，胜，要费大力；败，只是一念之差就落花流水，不可收拾。落花流水的危险，主要来自三个方面。一，彻底改造"感知"有困难。佛门的信士弟子同样是人，"万法皆空"云云，可以信，可以说，但是，生，说，信，都是在"世间"，而不能在"空"中。因此，出世，住山林精舍，因为要"生"，就不得不托钵化缘，如果化缘之道不通，就不得不同常人一样，每日也是柴米油盐。每日面对柴米油盐，却要树立个"五蕴皆空"，唯有涅槃是真如妙境的认识，至少由常人看，这困难是不小的。二，彻底制欲有困难。佛家把"欲"当作苦的本原，这或者失之片面，但总是事出有因，这里无妨表示同意。欲生苦（严格讲，是欲而不得则生苦），怎么办呢？当然只有一条路，化有欲为无欲。就是在化有为无的办法上，佛家与常人背道而行：常人是求满足，或者说"适当"的满足，以求心安，或者用常人的标准说，以求乐；佛家是制而"灭"之，以求永除苦根。由理论方面看，灭欲以除苦根的办法或者更可取，因为这是一劳永逸，而不是一波未平，一波又起，不过问题是，理论是否有价值，主要须看它"实行"时候通不通，画饼是不能充饥的。人生而有欲，这说悲观一些是"定命"，有欲，于是"不得不"求满足，这"求"的顽强的愿望，表现为感情就是"爱"。佛家深明这一点，所以把"爱"（确切说是私欲之爱）当作大敌，三藏中的律藏，甚至可以说，主要是对付这个敌人的。出世，必须守无量的清规戒律，这说明制欲，破爱染，是如何不容易。事实也正是这样，修持，操信仰的兵仗与爱染作战，实际是以个人的愿力与生的定命作战，在这样艰苦的境遇中，只是守戒，不见可欲，使心不乱的办法，究竟能有多大效果呢？胜利的，如《高僧传》中所写，也许不少吗？但是，如我们在俗世所见，一败涂地的似乎更多。三，彻底跳出去有困难。古人说，"天无私覆，地无私载"（《礼记·孔子闲居》），生而为人，中才也罢，上智下愚也罢，都是已陷于天地的网罗之内，这就是上面提到的定命，凭自己的愿力跳，可以，事实是，不管如何用力，悬空的时间有多长，最终还是不得不落在地上。佛门弟子，修不净等观以对付尘网，住茅棚，向往涅槃，愿力不可谓不大，但是，充其量，把定命的绳索能够砍断多少呢？举例说，视生老病死为大苦，可是既已有生，就不能不靠衣食以维持生，生之中难免有病，如维摩诘大居士所患，终于又不能不老死，可见还是挣不脱。——其实，就是看得开也大不易，如《涅槃经》所形容，释迦离世间，不也是万民悲痛吗？孟德斯鸠临死时候说，"帝（即天命）力之大，如吾力之为微"，想到人生、自然规律一类大问题的时候，即使是悟道大德，恐怕也难免有同样的慨叹吧？

以上是说"行"的方面也是此路难通。佛道的出世，知与行都有困难，原因何在呢？我个人想，主要是由于所求太奢。佛家虽然称现世为娑婆世界，却不是悲观主义者。悲观主义者认为整个"存在"无价值，无意义，所以与其"有"，毋宁"无"。佛家不然，认为人生虽苦，可是有办法可以根除，而根除之后，就可以移往净土，如《阿弥陀经》所形容，获得无上的满足。这样，用个比喻说，常人所求不过是家门之内的饱暖，佛家则是富有天下。因此，说到底，佛家的制欲，是弃小欲而想遂大欲。"照见五蕴皆空"云云，不是真正看得开，因为下面紧接着还说"度一切苦厄"。从这个角度看，宋儒批评佛道，说口不离"生死事大"，只是怕死，也不能说是无的放矢。在这一点上，中国土生土长的道家似乎更高一着，如《庄子·大宗师》中所宣扬的那种纯任自然的态度，佛家并不是这样满不在乎的。

出世法，如佛家所传的，就其最终的目的说，是"取"，是"执着"，而不是万法皆空，可以满不在乎，只是所取、所执着的与常人大不相同。这与常人不同的"执着"，从人生哲学的角度看，有三点很值得注意。一，佛家轻视私爱之情，可是不舍"大悲"，修菩萨行，要普度众生，这即使应该算作空想吧，如果所想多多少少可以影响所行，我们就不得不承认，想总比不想为好。二，逆常人之道以灭苦的办法，如果真能够信受奉行，精进不息，禅悟而心安理得，这种可能还是有的；修持而确有所得，这条路一定不如常人吗？似乎也不容易这样说。三，定命的网罗，疏而不漏，跳出去，大难，不幸有疑而问其所以然，又常常会感到迷蒙而冷酷。对这样冷酷的现实，道家的办法近于玩世不恭，只是不闻不问地混下去。佛家则不然，他们认真，想人定胜天，沙上筑塔，其精神是"抗"。胜利自然很难，不过，正如叔本华所推崇的，逆自然盲目之命而行之，可以当作人对自然的一种挑战。这用佛家的话说是"大雄"，结果是螳臂当车也好，这种坚忍的愿力，就是我们常人，想到人生、自然这类大问题的时候，也不能淡漠置之吧？

八　本性

立身，处世，治世，都不能不同"人"打交道，因而讲治乱，明祸福，究穷达，都要先明白人是怎么回事。这在古代，就集中表现为人性善恶的争论。不同的学派，就其理想的本质说，也就是对于价值的看法，差别并不大，但是理想的办法却千差万别。这差别，与怎样看待人性有相当密切的关系，举例说，相信性善就强调率性而行，相信性恶就不能这样，要重教化以改变本然之性。

性的本相究竟怎样呢？这在中国哲学史上是个头绪纷杂的问题。纷杂的征象之一是，人人都在闭门造车，甲说性善，乙说性恶，丙说性无善无恶，丁说性有善有恶，戊说生善染恶，己说性善情恶，等等；之二是，公说公有理，婆说婆有理，谁也说不服谁；之三是，都难于自圆其说。

相持不下，主要的原因就是都不能自圆其说，都只见其一而未见其二。举例说，性善说的玄学基础是天道向善，而其实，"天道无亲，常与善人"云云，不过是一些人的愿望，或者说推想，有谁曾见到天道在哪里？见不到，凭冥想猜测，自然就会人各异辞，譬如老子，所见就不是这样，而是"天地不仁，以万物为刍狗"。且不谈玄学，只是依常识判断，性善说也有困难，因为世间有恶是人人都不得不承认的事实，如果天性皆善，这些恶从何而来呢？另一面，性恶说困难也不少，一个最根本的是，如果本性皆恶，可是大家都承认善是最高的价值，这怎么解释呢？

人性善恶问题，两千多年来争论不休，结果还是不了了之，症结所在是文不对题。这一点，近代道德哲学已经分辨得很清楚：所谓善恶，评价的对象是"行为"，不是"本性"，换句话说，只有意志支配的行为可以说是善或恶，本性，受之自然，不是意志所能支配，自然就无所谓善恶。

这个道理并不难懂。其一，性的本身是什么，很难说，我们无妨，或者只能，从表现方面看，那是与生俱来的某些"能力"（能做什么，不能做什么），某些"趋向"（要怎样，不要怎样）。所谓与生俱来，就是存于意识之前，并且不因人的好恶而有所改变。譬如说，目能视，耳能听，生来如此，不能变为耳视目听；乐生恶死，生来如此，不能变为乐死恶生。与生俱来，受之自然，正如许多外物，大者如日月星辰，小者如尘埃芥子，我们不能说它是善还是恶。其二，在道德哲学中，"善"的概念蕴含"应"的概念，就是说，凡是善的都是应该做的。诚是善，是应该做的；诈是恶，是不应该做的。一切受之自然的事物，身外如日大月小，夏热冬寒，身内如二目一口，恶死乐生，我们不能说它应该如此还是不应该如此，也就不牵涉善恶的问题。其三，"应"的概念又蕴含"能"的概念，就是说，凡是应该做的都是能够做到的。还以诚诈为例，诚是应该做的，只要想做，也是能够做到的；诈是不应该做的，只要不想做，也是能够制止的。日大月小，夏热冬寒，二目一口，恶死乐生，都受之自然，不能因人之好恶而有所改变，所以谈不上应该不应该，也就不牵涉善恶的问题。其四，凡是善的都是应该做的，都是能够做到的，因而趋善避恶就成为道德的责任。如果把善的概念扩大到也适用于一些自然物，道德的责任问题就会难于处理，因为，很明显，我们不得不承认，有些事物，善或恶，我们不必过问，因为它不是人力所能改变的。

趋善避恶，是人的责任，所以所谓善恶，只能适用于意志力所能及的行为。人的活动千差万别，其中有些，非意志力所能左右，如得病晕倒，损坏旁人器物，睡中打鼾，扰乱旁人睡眠，个人都不负道德的责任，也就不能说是恶。意志力所能左右的活动就不然，故意损坏旁人器物，清醒时作怪声以扰乱旁人睡眠，人人都承认是恶，因而避免就成为道德的责任。性，受之自然，非意志力所能支配，人喜欢也罢，不喜欢也罢，既然不能选择，也就难于负道德的责任，说它善或恶是不适当的。

但是，我们也不得不承认，性既然是与生俱来的某些"能力"和"趋向"，它就不能不与"行为"发生关系，因为它是行为的动力，流水之源。水到渠成，水流可以决定渠的情况，行为的动力自然也可以决定行为的情况。因此，性虽然没有善恶，我们也还可以考察，率性而行，其可能的结果是善还是恶，或者偏于善还是偏于恶。在这一点上，我觉得，荀子的看法比孟子高明得多，因为切合实际。善恶问题是谈人事，孟子却越过人而冥想天道，天何言哉，不过人的空想而已。荀子就不然，他从世间的凡人着眼，在《礼论》篇里说："人生而有欲，欲而不得则不能无求，求而无度量分界则不能不争，争则乱，乱则穷。"荀子看到，欲望是人世间一个根本的力量，而且是顽固的力量，可是满足欲望的事物不是有求必应的，因而不免于争，就是说，率性而行，其结果是易于流为恶。这种看法，同近代西方的精神分析学派有相似之处，虽然未必尽是，律己论人，却是值得深思的。

九　节制

荀子说，"人生而有欲"，这似乎没有人反驳过，因为是人人切身体会到的事实。欲，何自来？何所为？很难说；我们只知道，有欲无欲像是生命与非生命的分界，换句话说，欲是生命之所以成为生命的决定性质。生而有，是先天的，不管我们喜欢也罢，不喜欢也罢，反正在己身能感知能抉择之前早已受之自然，所以这里没有要不要的问题，只有如何对待的问题。

欲在人生中常常表现为强烈的希求的力量。求而得，会感到满足（或依常识，称为快乐），求而不得，会感到苦恼。得，要靠许多条件，有的条件容易具备，有的条件不容易具备，因此，欲的结果未必就是快乐，也许多半是苦恼。

不管是常识还是哲学，都把苦恼当作应该避免的（苦行僧另有所求，苦是手段，不是目的）。从理论方面看，避苦之道不出二途，一条是有求必应，另一条是索性不求。有求必应，理论上可能不可能呢？那要看求的情况；无论如何，从实际方面看，一定是行不通的。也许就是因此，有些人谈人生，主张宁可走第二条路，索性不求。例如道家就是这样，他们宣扬的生活之道是少思寡欲，要"虚其心，实其腹"（《老子》第三章），吃饱肚子不想事，欲自然就减到很少了，砍掉欲，自然就不会有失望之苦。佛家更进一步，把欲当作苦的根源，要用大雄之力观空以灭欲度苦。灭欲，度苦，证涅槃，才能取得真乐、极乐。视娑婆世界为苦，到彼岸为乐，这是出世，还不能算厌世。叔本华则更趋极端，干脆不承认有乐，而认为，生活不过是受盲目意志的支配，它迫使人想，迫使人求，幸而满足，所谓乐，也不过是解除欲之压抑的暂时的宽弛，换句话说，暂时宽弛的所谓乐是假象，受欲之牵系的苦才是真实的。这样看，所谓生，是为盲目意志所制，为满足欲望而孜孜不倦，甚至欢欣鼓舞，是受了骗，因此，有生不如无生，这是厌世。

生而有欲，生与欲不可分。已受生而谈灭欲，这样想，也许应该称之为智，这样做，也许应该称之为毅；不过问题在于，实际上万难做到，至少绝大多数人是这样。《阿含经》记佛灭度的情形，四众还是号哭坠泪，这说的是常识，却可以表现人生的实况。可见灭欲云云，就人生谈人生，也只能是想想而已。

生而有欲，我们要面对现实，承认它，这是一面。还有更重要的一面，是如何处理，无限制地求满足对不对？古今中外，有纵欲的人，没有彻底的纵欲学派，因为事实上行不通。为什么？可以分作三个方面说。

一、人欲，简直可以说是无限的，俗语说，做了皇帝还想成仙，无限制地求满足，幸而满足了一个，也许随着又产生两三个，或者幸而满足了一个琐细的，很快又新生两三个庞大的。可是满足欲望的条件却不能无限制，有的甚至是很少而难能。这就回到前面所说，其结果是愈多求而愈难得满足，因而不得不大受其苦。

二、生与欲不可分，欲的满足，其本意应该是全生，利生。例如饥而思食、渴而思饮就是这样，求得则能生存，求而不得则不能生存，因而求其满足是绝对必要的。但是所谓满足，也宜于适可而止，如果食不厌精，饱而不止，也会致灾成害。何况有些欲望，如一般所谓嗜好，其性质与饥而求食、渴而求饮不尽同，如果求而不止，以致陷溺其中，结果必致适得其反，成为对生命的大害。

三、欲望不能无限制地求满足，一个更重要的原因是，人是生在社会里，己身之外还有大量的他人，为了社会的安定繁荣，甚至只是为了己身的能够生存、幸福，也必须兼顾社会，也就是己身之外的大量的他人。己身有欲，他人也有欲，欲的性质相类，满足的条件相同。有的条件多而易得，例如供呼吸的空气，一般说不致引起争端。绝大多数条件不是这样，而是有限的，有的甚至稀有而难得。因此，常常是，僧多粥少，只有一部分人能够获得满足，而难于使所有的人都获得满足，或者，一部分人过分求得满足，另一部分人就会难于获得适度的满足，这就会引起争端，争则乱，结果也许是两败俱伤。为了社会的安定繁荣，社会上人人都能够生存、幸福，一定要避免这种争端，避免之道，具体的办法可以很复杂，但是原则很简单，就是，欲而求，要有个限制，任何人不得越过限制去活动。

限制，一般说都是社会性质的，如制度、法律、风俗、习惯，等等，都是来自社会的力量，它限定人要怎样活动，不要怎样活动。欲望与限制的协调，是社会和个人都能安然的重要条件。可是就欲的性质说，毫不逾矩的协调并不是很容易的事。如前面所说，欲是一种强烈的希求的力量，强烈，迸发，就会此伏彼生，不能适可而止，这就容易越出限制，扰害他人。如何避免？除了社会力量之外，还要利用己身的力量予以控制，这就是所谓"节制"。

宋儒受佛教的影响，把欲望当作恶，说人性中有天理和人欲两个方面，修身立德，要用天理来制服人欲。其实，正如戴东原所指出，离开人欲，又哪里来的天理？生与欲不可分，要生，否定欲是错误的，也万难做到。但是欲又容易闯祸，怎么办？办法是像对待烈马那样，一面要接受烈性，一面要训练它习惯于受节制，能够顺着大路跑而不乱来。

不乱来，就是有欲有求，但能适可而止。如何能做到这样？上面说，制度、法律、风俗、习惯等，是社会方面的重要的限制力量。但是专靠这些，有时候还不能万全，不能轻易地收效；或者从个人方面说，只是靠外力而听之任之，是忽视道德的责任，并且有时会冲破限制而害己损人。欲而求，有些是当然的，有些是不应该的，当然的一些，求而超过限度，也会成为不应该的。个人的道德责任是节制，就是靠自己的知识和意志的力量，明辨什么是当然的，什么是不应该的，并且能够取其当然而舍其不应该。这自然不是很容易的事，至少早期试做的时候是如此。但是我们不可畏难而放弃责任，听之任之。我们要信任自己，严格要求自己，即使不容易，也要勉为其当然。这样，孜孜不息，日久天长，节制会成为习惯的力量，那就可以行所无事而心安理得了。

一〇　利他

记得德国哲学家康德在《实践理性批判》中曾说："有两种事物，

我们越思索它就越感到敬畏，那是天上的星空和心中的道德律。"感到敬畏，我的领会，是因为竟会有这样的事物，真是意想不到。道德律是一种奇怪的像是与自然相对的强制力量。饥而思食是自然的；可是伯夷、叔齐不吃，以致饿死，这强制不吃的力量来自道德律。寒而思衣也是自然的；可是羊角哀解衣与友，以致冻死，这强制不穿的力量也来自道德律。照宋儒天理、人欲的对立划分法，道德律属于天理，它是理应与人欲作对的。为什么会有天理？我们现在分析，那是一种玄学信仰，是现实生活尊重道德，希望尊重不只为当然，而且有理由，才用做美梦的方式建立起来的。但为其来由的道德却是质实的，它经常在遏止人欲方面显示力量。这情况的主要表现是，求欲望之满足，发现会累及他人的时候，就克制，使他人不致受累。换个说法是，利己与利他不能协调的时候，道德律经常是要求勉为其难，"利他"。为什么要这样？

这样的问题，一般是不问。这是常识走的路，安于知利他为当然，而不问其所以然。早期的儒家就是这样。孔子讲立身处世，主张以"仁"为行为的最高准则。仁的含义是什么？《论语》记载："樊迟问仁。子曰：'爱人。'"这可以当作定义。书里还说到如何行，积极方面是"己欲立而立人，己欲达而达人"；消极方面是"己所不欲，勿施于人"。至于为什么要这样，孔子没有问，自然也就没有答。孟子像是想深入一步，问为什么要这样。答复是："人皆有不忍人之心。""恻隐之心，仁也。"这是说，天性如此。或者用《中庸》开篇的说法："天命之谓性，率性之谓道。"意思就更加清楚。不管怎么说，辨析其所以然是阑入哲学范围，推诸天命的答复就显得不够。一是天命究竟何所指，有没有，这又是玄学信仰方面的事，难得证明。二更严重，即使有，为什么非顺从不可？因为利己更是本性如此，为什么就不当也百依百顺？总之，走这条路为利他找根据，结果是难得满人意。

还有一条路，是由"人皆有不忍人之心"深入一步，如庄子，说："天地与我并生，万物与我为一。"或如宋儒，说："仁者以天地万物为一体。"(《河南程氏粹言·论道篇》)"民吾同胞，物吾与也。"(南宋张载《西铭》)因为人己是同气连枝，所以就不"能"不有同情心，不"当"不有同情心。这里的问题显然在于，天地万物是否为一体。更加显然，这样的问题很难说清楚。同在，可以理解为一体；但人己又确实有分别，尤其在利害冲突的时候。还有，宋儒是说"仁者"，不是说人人，可见这还是一种道德信仰，信仰是难得用来作信仰本身的靠山的。

"天命之谓性"，"仁者以天地万物为一体"，是由"天"的方面下手，为利他找根据。此路难通，只好改由"人"的方面下手。人，古往今来，东西南北，多到数不清。但其中一个地位特殊，是"自己"。法国哲学家笛卡儿想通过怀疑建立起哲学系统，经过思路的许多周折，最后承认："我思，故我在。"这是由哲理方面证明自己最实在。牙疼不算病，疼起来要了命，这疼，只有自己能够感受，最清楚。这是由常识方面证明自己最亲切。因此，讲人生，讲社会，都不得不由自己出发，甚至以自己为中心。这自己，最突出地表现为"感知"：乐，我感知，所以欢迎；苦，我感知，所以不欢迎。古希腊有所谓快乐主义学派，评定行为、措施等的好不好，就是以自己的感知为标准的。这里不管这样处理能通不能通，只说，即使能通，作为利他的根据必是做不到，因为感知，只有自己是亲切确实的，至于他人的，那是用"能近取譬"的办法推出来的，隔靴搔痒，为什么要顾及？总之，以自己的苦乐为行为的准则，我们只能找到利己的根据，不能找到利他的根据。

以上说天，说人，都是想以"理"来证明利他为当然。困难多，是因为我们在难于讲理的地方偏偏要讲理。在有关人生的许多问题上，我们常常要只问现实，不问理。活着，而且舍不得，为什么？不知道。反正已经是这样，只好顺路走下去。快乐主义学派的精神也是顺路走，只是把生活看得过于单纯，所以路子窄了，有的地方就难通。就说快乐吧，人是有时，甚至常常，明知结果是苦也会做的。生是复杂的，但也可以一言以蔽之，一切活动，所求，总的说是"生"。生是各式各样的欲求和行动的总和，其中有快乐，但不都是快乐。人要的是这个。有什么究极价值吗？像是没有，或说不知道。但既已有生，就命定要生得顺利。怎么能顺利？显然，只有自己就必不能实现。从远古以来，为了生，我们的祖先就养成互相依赖、互相扶助的习惯。人助我是利己，己助人是利他。就自己说，助人比助己难，可是为了生就不能不勉为其难。难而要做，是德，或说是康德的道德律。作为德的精髓的利他，就是这样，由功用起，经过升华而登上道德律的宝座的。

道德律，要遵守，即尽力照办，在人己利害不能协调的时候，要克己，多为对方着想。这样做，所求，说穿了不过是生顺利的可能性大一些。如果嫌这样解说近于功利主义，不高雅，那就说为了人的品格向上、精神文明之类也可以。剩下一个问题是：利他的"他"，以什么样的范围为合适。常识像是限于"人类"，如常说人权，而不说鸟权、兽权。本此，吃烤鸭不算违反利他的道德律。但同样本诸常识，对于毫无必要的虐待动物的行为，也总是谴责而不是赞扬。孟子早已说过这类意思，是："见其生不忍见其死，闻其声不忍食其肉。"这是利他的范围扩大到牛羊之类，虽然程度不深，只是"君子远庖厨也"，而不是不吃。佛家就走得远多了，把利他的范围扩大到"诸有情"，并把杀生定为第一大戒。怎么样才可以算作适当呢？显然很难说。照佛家的办法，连蚊虫、跳蚤也放过，我们办不到；走向另一端，把不忍之心严格限于人，见天鹅、海豹等被杀害而无动于衷，我们也办不到。折中之道，由理的方面定一个一以贯之的原则，行的方面能够无往而不心平气和，恐怕很难。可行的办法似乎只能是：既要贵生，又要重德，遇事就事论事，勉为其难，不幸而未能尽善，安于差不多而已。

一一　增补

有"存在"，是个大神秘；"存在"中有"生命"，又是个大神秘。我们谈人生，先要知道生命是怎么回事。但这很难说，譬如想到何自来、何所为的问题，我们就会感到茫然。"所为"指最终的目的，这正如俗语所说，只有天知道。我们所能知道的不过是生命的一些现象，或者说，生命活动的大致趋向，这概括说就是求"生"，或说是求"生命的延续"。首先是己身的生存；己身永生，自然规律不容许，于是求传种。生存，传种，生命得以延续，这有什么至上意义吗？古今中外的哲人设想出很多理由，但这些都是闭门造车，充其量不过是自我安慰的幻想而已。

探讨生活之道，宜于少注意幻想，多注意事实。事实是求"生"，生之上不知所求，或者竟是无所求，因此，我们说"生"就是目的也未尝不可。"生"是目的，求之，如何才能求得呢？除了己身的活动之外，要靠外界的条件。外界的条件千差万别，但是就一般的生物看，数量却不见得需要很多。例如草木，所需不过是有限的土地、阳光、水分、肥料而已。鱼虾，所需不过是有限的池水而已。人，所谓万物之灵，如果只是为求"生"，所需外界的条件也许不必过于繁复，例如原始人，现在看起来条件很差，可是就求"生"而言，还是满足了愿望的。

但是人终归与一般生物不同，——不是说特别高贵，而是说，因为肉体的活动能力，尤其是精神的活动能力，远远超过一般生物，所以就不能安于仅仅能够生存的最低限度，就是说，不仅要"生"，而且要生得美好，丰富，更如意。生活更如意，要靠多方面的条件，概括说，其中包括社会方面的、物质方面的，还有精神方面的，我们可以总名之曰文化。

人是生在社会里，没有一个有组织的社会，不能适当地安排人与人的关系，美好的生活，甚至只是最低的生存，也就难于求得。这个道理容易明白，可以不说。物质方面的条件也是这样，不具备，或者贫乏而低劣，生活就会受到大影响。这个道理更容易明白，也可以不说。需要注意的是另外一些条件，没有它，似乎生活也不致受到显著的影响，可是有它，生活就会更美好，更丰富。这类条件大致说是偏于精神方面的，我们可以称之为"增补"。

增补在人类生活中占有很重要的位置，不仅由来已久，而且无孔不入。莎士比亚剧作里说过这样的话，即使是乞丐，身上也有几件没用的东西。没用，当然是就简单的维持生存说的；如果此外真没有任何功用，乞丐当然也就早弃置不要了。增补之用是生活最低需要之外的另一种用，你说它不重要吗？也不尽然。

衣，似乎可以只求取暖，但是，红装，碧裙，各种花纹，各种形式，争奇斗艳，所图的都是增补之用。居室也是如此，本来能蔽风雨就可以了，但是，只要条件许可，就要雕梁画栋，朱户绮窗，其外围还要假山流水，花木竹石。再例如小至日常琐事，桌椅怎样布置，头发怎样修剪，商店买物，纽扣发卡之微，也要挑选颜色样式。这类事，我们不惮烦，反而誉之为审美观点，或说是求生活的美化。

已经能够生存，又进而求便利、富厚、美化，等等，这是为什么？

一种解释，可以称之为现象的、常识的。人生而有欲，只是最低限度的能够维生，还不能使欲得到比较充分比较合适的满足。举个最浅近的例，饥而求食，脱粟并非不能果腹，只是不能使欲得到比较充分比较合适的满足，所以进而求粱肉。外界条件求便利，求富厚，求美化，其目的都是希求欲能够获得更充分更合适的满足。

一种解释，较深一层，可以称之为本质的、哲理的。生命，受之自然，也许竟如老子所说，"天地不仁"吗？或然，或未必然。不过无论如何，生命定于一身为"我"，而"我"之在世间，只此一瞬间，则是不可变易的事实。如何对待？家有敝帚，尚且享之千金，何况"一生"！所以，至少就一般常人而论，都应该善自利用。所谓善自利用，一个总的精神，是以人力胜天，就是说，自然虽然冷漠无情，我们却偏偏要以人力谋补救，短者长之，薄者厚之，丑者美之，鄙者雅之（当然是在自然规律所容许的范围之内），以求不负此"一生"。这需要多方面的努力。劳动，生产，对人对社会尽责，这些，我们方便称之为本分的、社会的、外物的，当然都很重要。但是只有这些还不够。这包括两种情况：一种是，外界求而难得，不得，需要"代"，

58

需要"化";另一种是，虽已有所得而尚不满足，需要"补充"，需要"扩大"。这正面说就是，需要一种精神方面的境界，可以供神游而使生活更美好，更丰富，更如意。

上面的话也许玄虚一些，我们可以换个方式，从实例方面讲。某些科学，如数学、天文、物理等，研究到某种程度，可以使人神游于一种"知"的境界。这种感受，虽然未必像斯宾诺莎所说，应该算作至上的"知天"，但是它能够丰富、扩大生活的境界，却是不容否认的事实。这或者还不够明显。更明显的是各种形式的艺术。例如绘画，显而易见，可以引人进入一种造境。看宋人《长江万里图》，会使人多少感到身经三峡的心情。看米勒《拾穗者》，会使人感到农田生产的朴厚可亲。正如宗少文好卧游，几乎人人都喜欢绘画，其原因就是绘画的造境可以扩大生活的境界。再例如小说、戏剧也是这样。《水浒传》，写好汉，写江湖，《桃花扇》，写兴衰，写离合，都能创造一种活生生的境界，读它（或看排演），常常可以使人与作品中的人物共感受，同呼吸，这类入小说、戏剧之境，也是一种神游。再例如诗词，我们读"黄河远上白云间，一片孤城万仞山"（唐代王之涣《凉州词》）是一种感受，读"菡萏香销翠叶残，西风愁起绿波间"（南唐李璟《浣溪沙》）是另一种感受，这也是一种神游，虽然与绘画、小说等相比，诗词的境界显得缥缈一些。此外，雕刻、音乐等也是这样，所谓欣赏，都是神游其造境，其结果是，外界求而不得者可以得到（性质当然不尽同），已有所得而尚不满足者可以补充而扩大之。

这是艺术的增补之用（理智的训诫之用这里不谈）。以上是谈欣赏，自然还可以更进一步，自己从事创作。这当然比较难，但是就其功用说，道理却是一样的。

生也有涯，生活之道难言，无论如何，正如某生物学家所说，生只此一次总是个遗憾。这自然是我执。如果我们不能或不愿走佛家的路，破执，那就最好还是顺常道而行，重视增补而求生得更美好，更丰富，更如意。去日苦多，而世间万有，所以要及时努力，善自利用之。

一二　不朽

不朽是乐生在愿望方面的一种表现。不是最高的表现，是让步的表现。最高的表现是长生，如秦皇、汉武所求的那样，炼丹道士如葛洪之流所幻想的那样。长生做不到，不得已，才谦退，求不朽。这有多种说法。如俗话是："人过留名，雁过留声。"太史公司马迁是："立名者，行之极也。……亦欲以究天人之际，通古今之变，成一家之言。……藏之名山，传之其人。"（《报任安书》）《左传》说得全面而细致，是："大（太）上有立德，其次有立功，其次有立言，虽久不废。"不废，表现有多种。最通常的是见于文字，如苏东坡，不只有各类著作传世，而且《宋史》有传。其他形式，如某制度是某人所创，某建筑物是某人所建，某宅院是某人所住，某器物是某人所遗，某坟墓是某人的长眠之地，等等，都是。表现方式不同，而实质是一个，即死人存于活人的记忆里。

这可怜的情况是近代科学知识大举入侵的结果，以前并不是这样。晋阮瞻作《无鬼论》，据说鬼就真正来了，可证流传这故事的人还是相信有鬼的。鬼由灵魂不灭来。灵魂不灭，形亡神存，比只是存于其他人的记忆里会好得多吧？因为这虽然不是长生，却是长存，并没有人死如灯灭。可惜的是，这种美妙的幻想有无法弥补的缺漏。神与形合，成为某人，死则离，离后的神是什么样子？与形同（世俗的迷信这样看），说不通，因为神是独立于形外的；与形不同，难于想象。其次，灵魂也离不开处境。一种可能，暂借世间的形，在世间以外的什么处所长存，如杨玉环，在海上仙山，如《聊斋志异》的连琐，在坟墓（代表阴间）里，这样的长存，当事人会安之若素吗？至少是活人以为，不会安之若素，所以还要再找个形，复返人间（托生）。可是，这样一来，前生是王二，此生是张三，来生是李四，三人形貌不同，互不相知，还能算作长生吗？何况还有佛家的六道轮回说，此生是张三，来生也许不是李四，而是一头驴，这离长生的设想就更远了，幸而我们现在已经不信这些，可以不谈长生、长存，只谈不朽，即所谓"人过留名"。

先由反面说起，也有对留名不感兴趣的。通常是把世事看破了，反正是那么回事，混过去算了。"服食求神仙，多为药所误。不如饮美酒，被服纨与素。"（《古诗十九首》）是常人群里有这种看法。也可以出自非常人，如汉高祖的吕后就不止一次地劝人："人生世间，如白驹过隙，何至自苦如此乎！"还有带着牢骚的，如说："生则尧舜，死则腐骨，生则桀纣，死则腐骨，腐骨一矣，孰知其异？"(《列子·杨朱篇》)反正同样是消灭，名不名无所谓。更进一步是逃名，远的有巢父、许由等，后来有寒山、拾得等，只是因为世间不乏好事者如皇甫谧、丰干之流，他们才事与愿违，竟把名留下来。

对留名无兴趣有多种原因，可以不深究。但有一点却绝顶重要，就是货真价实的非常之少。大人物，连反对个人迷信的在内，都多多少少会恋恋于个人迷信。一般人，幸而能达，男的就争取登上凌烟阁，女的就争取建个贞节坊；办不到，退让，总还希望盖棺之后，墓前立一块刻有姓名的石碑。平时也是这样。求立德，立到能够出大名，难。立功，如管仲、张骞，自然也不易。立言像是比较容易，但写点什么，有人肯印，有人肯买了看，尤其改朝换代之后还有人肯买了看，也不是轻而易举的。不得已，只好损之又损。有些人连衣食都顾不上，当然要把精力和注意力全部放在柴米油盐上，稍有余裕就难免旧病复发，比如有机会到什么地方旅游，就带上一把小刀，以便找个适当处所，刻上某年月日某某到此一游。总之，人，有了生，就无理由地舍不得，但有生就有死的规律又不可抗，怎么办？留名是无办法中的一个办法，于是求不朽就成为人生中的一件大事。

上面说，不朽，不管表现方式如何，实质只能是存于来者的记忆里。这不是空幻吗？如果深追，会成为空幻。以苏东坡为例，直到现在，还有很多很多的人知道他，从知道他这方面衡量，他确是不朽了。可是，他能知道吗？他早已人死如灯灭，自然不能知道。就自己说，自己不能觉知的事物究竟有什么价值呢？还可以看得更远些，文字的记载，甚至人，以及我们住的世界，都会变化以至消亡，一旦真成为万法皆空，所谓不朽还有什么意义吗？这样考虑，我们似乎就不能不怀疑，所谓不朽，也许只是乐生而不能长有，聊以自慰，甚至自欺的一种迷信吧。

但我们也可以从另一面看，那就答复即使是肯定的也不要紧，因为人生就是这么一回事，究极价值，我们不知道，那么，为了率性而行，在有些事情上，我们就无妨满足于自慰，甚至安于自欺。秦始皇自称为"始"，在沙丘道中，长生的幻想破灭了，却相信子孙统辖天下可以万世不绝，这由后代读史的人看是自欺。但他得到的却是安慰，货真价实，不折不扣。不朽就是此类，生时自慰，心安理得，甚至因想到不虚此生而欢乐，而不畏死，功用确是很大的。

还有己身之外的功用。不朽，就理论说有两类，流芳千古和遗臭万年，而人的所求总是前者。这样，存于来者记忆里的所谓不朽就有了导引的道德力量，因为来者和古人一样，也不能忘情于不朽。

不过无论如何，不朽总是貌似实实在在而实际却恍兮惚兮的事物。生前，它不是现实，只能存于想象中。死后，它至多只是活人给予死者的一种酬报，而可惜，死者早已无觉知，不能接受了。

一三 群体

我是自己，自己之外还有别人。这由常人看是自明的理，用不着学笛卡儿，绕很大弯子证明。

这种情况有来由，是，自己是一个，在种族绵延的长锁链中占一环的地位。姑且视这一环为现在，往过去看，有的情况可知，有的情况不可知。如不过于远的祖先，因为天造地设，生育要阴阳和合，我们可以推知，任何人，上推一代的祖先是2，两代是4，三代是8，四代是16，五代是32，六代是64，已经相当于《易经》的卦数，这上推一代要乘2的算法是可知的。还有不可知的：一，可以推到多少代，那个阴阳还可以称为人；二，打破称为人的限制，推到什么情况就算到了起点。再说往将来看，会出现三种不定：一，能否起一环的作用不定，因为也可能不生育，原因或客观或主观；二，自己为阴，与阳结合，自己为阳，与阴结合，向下延续的环，多少不定，因为，就各时代各地域说，生育多少不定；三，就整个锁链说，终点在哪里不定，至少是不能知道。这里绝顶重要的是，人有生，单就由无成为有说，也不能离开别人。任何人都是群体的一分子。

以上是由根本方面说。还有枝叶的，表现的方面多，由自己的感受方面看，也就更重要。只说三个方面，或者算作举例。一个方面是自己不能自理的时候，必须依靠别人。这主要包括三种情况。一种是幼小，所谓三年不免于父母之怀。现在还要扩大、延长，把托儿所和幼儿园，甚至小学也算在内。另一种是疾病，包括残疾，也不能不依靠别人，尤其医生，扶助。还有一种是衰老，心比天高，力比牛大，总不能免于老了就不中用，也就不能不靠年轻力壮的来照料。三种情况之外，不加说死，因为由死而来的恐惧、悲哀、困难等问题都属于生者，死者是一了百了。另一个方面是互助或互赖或分工。这只要闭眼想想就可以知道。以切身的感受为例，不避挂一漏万，只说我每周一度的由郊区住处到城内单位。六时起床，知是六时，由于听钟，那是德国人造的，或由于看表，那是日本人造的。下床，穿衣，不止一件，不知是多少人造的。早点有鸡蛋、牛奶，也不知是多少人造的。出门，路干净，知道有人扫过。登车，车开动，可以看见的是司机，看不见的是造车的无数人。直到下车，进办公室，桌上有信，是邮递员送来的；如果不惮烦，还可以加说那纸墨是另外的人造的。总之，就这样，可证，人，离开别人，轻些说是不方便，重些说是活不了。互助互赖有范围的不同。就时间说是越靠后范围越大。老子时代，至少是设想的，可以"老死不相往来"。中古时代，可以基本上闭关自守。现代就不成了，才子要用美国金笔，佳人要抹法国香粉。就地域说是越开化范围越大。只举国内为例，大城市与山村比，大城市人，尤其享用偏高的，生活花样多，依靠别人的地方自然也要多。还有一个方面是学习生活之道和术，更离不开别人。这方面包罗万象，说不胜说。只举普及的和提高的各两种为例。普及，是人人都要的。一种是语言，任何人都知道有大用，这学，要听别人说，用，要说给别人听。还可以放大或兼提高，如有的人不止会一种，有的人好古敏求，还钻古汉语或希腊语、拉丁语，这学，更要靠别人。普及的另一种是职业，想有吃有穿，能活，离不开这个。职业有多种，不同的门类可能有难易之别，难也罢，易也罢，想会就不能不学，学要投师，也就不能不靠别人。再说提高，称为高，意义之一是比较难，之二是不要求人人都学会。这还可以分为普通和特殊两种，普通是指哲学、科学、艺术等方面的钻研和造诣。显然，举最突出的，像康德的《纯粹理性批判》，爱因斯坦的相对论，曹雪芹的《红楼梦》，齐白石的画，不学是作不出来或画不成的，学要向别人学。特殊是指冥想孔子所谓"朝闻道，夕死可矣"的"道"，这虽玄远而更切身，一般要观心，难于抓住，想往里钻就更要投师（包括读书），程门立雪。早的如孔门，学生有"仰之弥高，钻之弥坚"之叹，晚的如禅宗，有不能参透"庭前柏树子"的迷惘，都表示不只在向别人学，而且在废寝忘食地学。所有以上种种情况都表示，无论是为了个人的能活，能活得舒适、丰富、向上，还是为了社会的越前行越文明，人都不能离开别人。我们有生，"是"生在群体中，而且"应该"生在群体中。

我们通常说人己，己和人有互依互赖的关系。这种关系有远近；远近由什么决定，很难说。司马迁，就时间说离我们很远，如果我们喜欢读《史记》，关系就近了。相反的情况，邻居的顽童常来窗外吵闹，如果我们闭门不出，并且聋到耳不闻雷声，关系也就远了。同理，地域扩大，化妆品必配巴黎的佳人，专就化妆品说，与法国工人的关系近，与中国工人的关系反而远了。这里专说一种性质特殊的近关系，是男女的结为伴侣。这是充当种族延续锁链中的一环时的互依互赖，关系近到无以复加。这里说这些，目的只是进一步证明，人生于世，离开别人是不成的。也许有人说，独身也未尝不可以活下去，如成群的"真"出家的就是这样。我的想法，是个别不能推翻一般，即以出家而论，佛门四众（比丘、比丘尼、优婆塞、优婆夷），后两众还是容许过夫妻生活，并不违大道理，曰不断佛种子。

以上都是说事，还没有涉及情。由情方面着眼，己与人的互依互赖也力大而明显。近亲（包括夫妻）关系不用说了，除了出家过闭关生活的以外，积极的，尤其年岁大的，得闲，忍不住要找人谈闲话；消极的，以秀才之流为例，多日无信件，门庭岑寂，也会轻则怅惘，重则悲哀。人，如外之所见，内之所感，孤独是很难忍受的。可见单单由情方面考虑，想活得乐多苦少，离开别人也是不成的。

但同样是事实，人己之间也不少冲突。冲突，性质有多种，可以大，如儒和道是思想冲突；可以小，如挤车抢座是利害冲突。范围还可大可小，如国与国交战是大范围的，两个人为一文钱争得脸红脖子粗，是小范围的。说人己互依互赖必要，怎么看冲突？可以这样看：互依互赖是本，是正，冲突是末，是变，因为冲突可以避免，应该避免，而互依互赖是无所逃于天地之间的。

所以，总起来说，我们谈人生就不能不着眼于社会，因为我们命定具有双重身份，一方面是己身，一方面是群体的一分子。由此推论，我们要安于共处，并尽力求共处得合情合理。

一四　组织

人过群体生活，人与人间不能不有各种关系，组织是人与人的各种关系的凝聚形式。关系有不是凝聚形式的，如居家，一脚迈到家门之外，会遇见对面走来的人，这构成路遇关系；挤上公共电汽车，人多，胸前可能是个佳人，背后可能是个壮汉，这构成同车关系；日落西山，投宿旅馆，同室可能不止一个人，这构成同住关系；等等。但这类关系都是乍生乍灭，即没有凝聚，所以算不了组织。家门之内就不同，其中的人或有婚姻关系，或有血缘关系，而且不乍生乍灭，也就是凝聚了，所以是组织；凡组织都有个名堂，这样的名为家。放大或外推，一个工厂，一个商店，一个学校，直到一个国，都是一种凝聚形式，即一种组织。

为什么要有组织？是因为人生于世间，都需要有个（或多个）着落；着落是由组织规定的。比如你是某工厂的工人，你就可以进去工作，定期领工资，也就才能活。其他各种组织可以类推。

深入一步看，组织还是人与人间各种关系的重要表现形式。这各种关系，可以是习俗限定的，也可以是条款规定的。早期，尤其常语所谓小事，来于限定的多；晚期，尤其常语所谓大事，来于规定的多，关系，如旧所谓五伦，君臣，父子，兄弟，夫妇，朋友，是由静态方面看。由动态方面看，组织还是人的各种活动的重要表现形式。如旧所谓士农工商兵，士要读书，农要耕田，工要制器，商要买卖，兵要卫国。总之，人既然不止一个，要活，就不能不组织起来。世间是复杂的，生活是复杂的，由于适应不同的需要，来于不同的渠道，组织有各种性质的，各种形式的（时间久暂也不一致），如果把不同时地的也算在内，那就大大小小，几乎多到无限。无限之中，可以分为必有和可有两类。如国、家之类，庄子所谓"无所逃于天地之间"，人人必须参与，是必有的。如某党派、某诗社之类，不是人人必须参与，是可有的。当然，由重要性方面看，必有的总要放在前面。以下谈组织，着重说必有的。

不管是习俗限定的，还是条款规定的，组织，对于其中的人，都有拘束的力量。拘束，是不许任意做什么，说具体些，是不逾矩的可以从心所欲，逾矩的不可以从心所欲。由矩方面看，组织有优点，是其中的人，生活有轨道可循，消极可以避免乱来，积极可以保证安定。由不许从心所欲方面看也有缺点，是给自由活动加了限制。有的人，如古的一些隐士，今的所谓无政府主义者，就对组织，主要是政治性的，没有好感。这是从感情出发。从理智出发，认识就不会是这样。组织，不论什么形式，都是有来由的，或说最初都是为满足某种需要，解决某些问题，才不得不如此。小的如家，夫妻子女合居，男女分工，大的如国（或相当于国的），构成一个自足的内团结而外御侮的系统，有治者与被治者、各种职业的分工，都是这样来的。这是说，它有用，有必要。不说完全合理，因为一，我们很难证明，某种形式必是最好的，又，一种组织形式的形成，不能不受或多或少的传统的影响，也就很难天衣无缝；二，组织有惰性，常常是，新需要、新问题已经出现或早已出现的时候，这旧的形式还在稳坐原地，不肯让位。韩非子主张"时移则世异，世异则备变"，理说得不错，不过说到行，那就很难，因为阻碍力量会来自认识、人事、惯性等方面。

但也不能长久不变。总的原因是人人想活得如意，明天比今天活得更好。这是愿望，由长远看有力，由临近看就未必。由另一面说是阻碍力量经常很大。这阻碍力量，一种是屈从于习俗的愚昧。就最大的组织形式说，秦末群雄揭竿而起，起因是受不了暴政的水深火热，及至火烧咸阳，孺子婴完蛋，最后汉兴楚灭，还是刘邦在长安即了位，因为想不到帝制之外还可以有其他组织形式。阻碍力量的另一种是有些人在旧的组织形式中占了便宜，利害攸关，自然不肯让步。还有第三种阻碍力量，是熟路易走，创新，如果不能照猫画虎，就太难了。难而终于不能不变，理论上出路有两条。一条，以治病为喻，万不得已，挤到背水的形势，就会成为割治。这显然会带来破坏和痛苦。另一条，是理论加理想，内靠教养和理智，外靠研究和比较，也以治病为喻，是服药加理疗，星星点点，求积少成多。为了多数人的安全和幸福，当然后一条路是较可取的。但理想终归是理想，至于事实，后一条路常常是较难走的。

不得长久不变，表示不同的组织形式有高下之分。如何分高下？比较也可以有范围大小的不同。范围小是在内部比，范围大是与外部比。标准都是一个，用自产的名称是孟子的众乐主义（曰："与少乐乐，与众乐乐，孰乐？"曰："不若与众。"），用进口的名称是边沁主义（能使最大多数人获得最大幸福的是好）。但这又是理论，至于实际，那就常常会难于测定。以家庭组织的大小为例，过去，推崇所谓五世同居，到老舍笔下降了一级，成为四世同堂，现在呢，几乎都是成婚之后就分飞，还有未来，也许同样会学先进国家，连家也富于灵活性（乍聚乍散）吧？三个时代，哪一种好？恐怕不同的人会有不同的想法。自然，想法不能代替是非；不过说到是非，那是由幸福和痛苦的量来，而幸福和痛苦，是不能放在天平上衡量的。所以，在这种地方就又用上"大德不逾闲、小德出入可也"（《论语·子张》）的原则，大德是难忍的，小德是可忍的。一种组织形式，多数人没有感到需要忍，我们可以说那是上的；反之，尤其感到难忍，我们可以说那是下的。

人，由呱呱坠地起就属于各种组织。这隶属于各种组织的情况，有的是自己完全被动的，如国与家就是，你生在某家就是某家人，生在某国就是某国人，不能选择，更不能否认。有的是半被动的，如上学与就业，你可以选择，却不能一个都不要。有的是可以完全自主的，如在家参加某社团，出家迁入某寺院就是。国是自己隶属的最大最有力的组织，所以与人人的苦乐关系最密切，也因而想到组织，谈到组织，经常是指这一个。本书从众，也着重谈这一个。

与国有关的问题很多，留到后面慢慢谈。这里把它当作一种组织形式，先总的说说。国，作为一种组织形式，绝大多数是由祖先手里接过来的遗产。这份遗产未必合用，但是一，有总比没有好，或者说，一个不合理的秩序总比没秩序较容易忍受；二，因为是遗，甚至千百年来已非一日，就很难认出它（或它的哪些部分）不合用，所以变是很难的。变有扩大和缩小性质的分别，如秦并六国是扩大，魏分东西是缩小。扩大好还是缩小好？一言难尽。备战就不免多耗费，大战就不免多破坏（包括人的死伤），几乎都是国与国间的，由这个角度看，扩大有好处。但七雄并立扩大为秦统一，处士可以横议就变为焚书坑儒了。不说好坏，只说事实的趋势，是合多于分，尤其是科技发达，交往容易而频繁的现代，也许宜于多合少分。但这包括传统（民族、文化、贫富等种种条件）与理想的难于协调问题，过于复杂，又与近渴的关系颇远，只好不谈了。

一五　分工

前面说，组织是人的各种活动的重要表现形式，那表示有组织就有分工。比如你是农村某生产队社员，你就务农而不经商，这是较大的分工；在生产队，你被分配种田，就不管养鸡，这是较小的分工；种田，一次下田，你被分配施肥，就不管播种，这是更小的分工。还可以再分。也不能不再分，因为，睁眼一看便知，所谓生活，可以理解为只要有生就不能不活动；活动，大致说，少量与谋生无关（如吟诗、吸烟之类，不干同样能活），多数与谋生有关，这有关的种种，有人做，事实必是干这个就不干那个，这就是分工。

所以要这样，是因为事无限，一个人干不了。其中还有非人力所能左右的，那是前面提到过的延续种族。人力无可奈何，属于天；这里单说属于人的。总的缘由是人要活得适意，就离不开文化，而且有了文化。文化是个大杂烩，而且随着时间的推移，越靠后越杂，或者说，内容越来越多，精细的程度越来越高。即以内容较少、精细程度较差的春秋、战国为例，庄子也说："庖人虽不治庖，尸祝不越樽俎而代之矣。"现在自然就更甚，一个人，自耕而食，自织而衣，只能存于幻想，何况在家还要看电视，出门还要坐汽车呢。所以活，离不开各种享用，就不能不分工。

分工来于要享用。享用可以分为两类。一类不必用人力换，如空气，以及苏东坡所谓"江上之清风与山间之明月"等就是。但这终归是少数。绝大多数属于另一类，要用人力换，所谓种瓜得瓜，种豆得豆。用人力换来的，有的能直接看到，如瓜、豆之类，有的不能，如制度、意识之类，总称为文化。文化总是后来居上。上包括多和精，所以分工总是越来越细，越来越不可免，换个说法，是专业性越来越强。古代男耕女织，可以解决衣食问题；现代，以先进国家为例，从事耕织的人已经很少，因为耕织之外添了许多新花样，小至可口可乐，大至航天，都要有人干。分工越来越细，它的势力就越来越大。大的一种后果是往新的领域扩张。先举一种已见于事实的，是著述，早些年都是自思自写；现在，有的人是专管思，把写交给打字员了。再举一种尚未见于事实的，是有人设想，延续种族将来也分工，即选出若干适于优生的男女，专司生育，其他落选的就甘心伯道无儿了。这好不好？问题很大，很复杂，只好留给将来的人去考虑。这里只说，随着文化的发展，分工必是越来越细。

当然，细也要有个限度，不能一往无前。有两种情况，或不可分，或不宜于分。一种，如通常所谓创作，著文、作画、雕塑之类，即使篇、件很大，也总以一个人有始有终才好。另一种，日常生活，一个人多才多艺，比如衣服破了会缝，脏了会洗，电灯坏了会修，以至于能做组合家具，等等，总比任何事都必须找专业工人做为好。

分工是事实；语云，事出有因。理想的因是量材为用。这会碰到两种困难。一是材难量，尤其年轻，或混迹于人群，未显露头角的时候难于量得准。二是量要人量，谁来量？理想是既有知人之明，又有内举不避亲、外举不避仇之德的，哪里去找这样的人？或说得更实际些，这样的人怎么就能爬到有分配之权的高位？所以分工的怎样分，古今也照样，还是大多要走传统的老路。这老路包括多种情况。弓人之子常为弓是一种情况，所谓近水楼台，学着方便，将门出虎子。这可以上，直到世袭，如秦二世胡亥，虽然混蛋，仍旧可以做皇帝。其他如二王（王羲之、王献之），大小李将军（李思训、李昭道），二晏（晏殊、晏几道），大小米（米芾、米友仁），等等，都是子承父业。还可以下，父农子农，父工子工，直到标榜祖传秘方，卖狗皮膏药，都是。另一种情况，数量也相当大，是靠机遇。本来处陋巷，无名无位，而碰巧一个亲友飞黄腾达了，于是就借这股风也上了天。其普通者，如本来想借友人张三之光入商界，可是碰了壁，转而求李四，成了，进了工厂。还有一种情况，也许只是少数，或靠有才兼用功，或只是靠用功，而就真有了世人多看到的成就，于是就走上自己想走的路。不管由哪条路走到某一地，用总括的眼看全体，分工的结果必难免出现以下几种不平衡的情况。一是地位高低不能平衡。以旧时代为例，最突出的是皇帝与小民，高的太高，低的太低。其下，即以工头和普通工人而论，也是高低有显著的差别。二是劳逸不能平衡。通常是地位低的劳，地位高的逸。还有地位同而劳逸不同的，如同是售货员，在繁华街道劳，在偏僻街道逸；卖食品劳，卖古董逸。三是获得不能平衡。古今一样，用力多少不异的，所得未必相同。反而常常是，费力多的所得很少，费力少的所得很多。以上三种情况，这里说是不平衡，不说是不合理，因为其中有些现象，可能是不可免的；更不说是不平等，因为平等不只牵涉到社会问题，还牵涉到哲学问题（后面还要专题谈）。但是，未必不合理是一回事，乐于接受与不乐于接受是另一回事，这就会引来一些值得慎重考虑却未必容易解决的问题。

谈问题之前，想先说一下，是分工不只不可免，而且有不容忽视的优点。其一，很明显，是学就因单一而比较容易。比如就知识分子（古曰士）说，秦以前要兼通礼乐射御书数，现在就用不着，能通学科的一门就可以当大学教授。其二是因此而学术、技艺等就提高得快。其三是也因此而生活就可以减少不少烦琐。其四是分工之后，打总生产，效率会高得多；有不少甚至是变不可能为可能，如炼钢、铺铁道、制造飞机之类。其五是，如果没有较大的不合适，至少是表面上，就像是人人能够各得其所。

说像是，是因为很难做到真各得其所。问题，总的说是很难分得合适。原因上面说过，是不得不多靠家传和机遇。其结果就不免出现两种不合适。一种是由总体方面看，不能人尽其才，比如本来有数学天才，甚至数学造诣，却被分配去扫街道。另一种是由个体方面看，职业与兴趣常常不能协调，比如本来是喜欢歌舞的，却被分配去演话剧。此外，即使没有这类的不合适，分工过细，一个人走上某岗位，如板上钉钉，长年不变，终身不变，至少有些人，就不能不感到单调。这不好办，幸而这属于凡事有所得必有所失的性质，当作不是问题也无妨。

分工引来的最大最麻烦的问题来自治者与被治者的分工，留到后面慢慢谈。

一六　管理

前面说，人由呱呱坠地起就要过群体生活。出家，由里巷迁入寺院，寺院有僧伽制度，过的仍是群体生活。甚至断了气，不再有生活，过去，要有人盖棺，有人执绋，现在，要有人送往火葬场，有人按电钮点火，还是离不开群体。群体要有某种秩序，以便静时能够安全，动时有所遵循，所以要有组织。组织起来，要做大量的事，处理大量的问题，所以不能不分工。分工，人都处于许多大大小小的组织中，人多，事多，想活动时都有所遵循，就不能不有人管理。管理有泛义。如某人是士农工商兵的士，不能不有些书，书不用时也要有个安身之地，于是为了容易找，用着方便，就把书分为若干类，某类放在某处，这也是管理。又如某公，年高告退，有了闲，不会作《闲情赋》，闲也难忍，只好养鸟，于是要喂，要遛，以及打扫卫生，等等，这也是管理。不过通常所谓管理，对象要有人。如家长制的家长，所管是全家的人和事；商店经理，所管是全店的人和事；直到最大的国，或总统或总理，所管是全国的人和事。

组织的规模有大小，因而管理的范围也有大小。小两口，女尊男卑，衣食住行，一切安排，一切开销，都由女方做主，这管理可能是范围最小的。由此放大，这位女士，上班属某工厂，下班属某街道，工厂是个组织，街道是个组织，也要有人管理。再放大，一直大到国，还是个组织，还要有人管理。范围大，管理就不能不有分有合。有的分为若干层次。军队是个最明显的例，由低层说起是，由班而排，而连，而营，而师，而军，直到总管治安、国防的部门，都是大管小，小管更小。层次是有上下之分的管理方面的分工。这样的分工还可以没有上下之分，如一个单位，因业务不同而分为若干个部，或若干个组，就是。这样，一个大的组织的管理，层次乘分组，数目（或说花样），就会多到使人眼花缭乱。

多好还是少好？原则好说，是也适用哲学上所谓奥康剃刀的原则，凡是可以不要的都割去。具体就颇难说。如一种情况是，有用没用难定，割或留就难于决定。还有一种情况是，常言所谓因人设事，你说可以割去，设的人和所设的人都不会同意。辩论吗？公说公有理，婆说婆有理，结果必是相持不下，不了了之。但这会使我们领悟出一个比奥康剃刀更急进的原则，虽然实用时困难不会少，那是去留还拿不准的时候，宁可割去试试，也不要再拖延些时日看看。

因为组织有性质的分别，管理也就有性质的分别。性质决定于管什么人，管什么事，以及怎样管。这分别，具体说显然就会多到无限。但由影响方面看，就可以仅仅分为两类。一类可以名为普通的，虽然多到无限，混而同之却无关宏旨。比如张三是个卖百货的商店经理，李四是个农业社的生产队长，管的人和事都不同，碰到一起，却可以平起平坐。何以故？是这样的分别没有包括权力的不同。包括权力不同的分别才是关系重大的，这分别，具体说是，有的管理是政治性的，有的管理不是政治性的。比如省、县等政府的管理是政治性的，刚才说到的张三、李四的管理不是政治性的。两者的不同，表现为强制权力的大小有别。或者干脆说是性质有别，就是：对于严重不听管理的，政治性的有使用武力的权力，如果法治不健全，还有使用监狱直到处死的权力；非政治性的没有。也就因此，我们着眼社会，谈管理，最关心的是政治性的管理。比喻它是个立柱，立在场中央，生活在一个群体内的人散在周围，其生活的各个方面，其苦乐，甚至其生存，都有绳索连在这个立柱上，所以情况就成为，想视而不见，听而不闻，图个省心，却无所逃于天地之间。

还是泛泛谈管理。管理表现为有人布置，有人听从。听从人数的多少，没有布置人数的多少关系重大，因为对错或得失，绝大部分是决定于布置，即如何管理。管理人数多少，显而易见，要受组织规模大小的制约。小家庭、个体小商店之类，至多十个八个人，发号施令的通常是一个人，也就够了。这样的一个人说了算，也可能不妥当，甚至错误，但那影响的面小，改也比较容易，可以说是关系不大。组织规模加大，管理人数不能不增多，于是常常是，管理机构也就成为组织，这就会产生新的问题，由谁决定的问题。这个问题解决得好，会有所得，不好必有所失。还有，这个问题总是随着组织规模的加大，以及权力的加大，而变得越来越严重。所以严重，原因有二。一是这样的管理机构，行使职权，比喻为自由行动的马，在旷野跑，恰好跑得稳，跑得顺，很不容易。二是万一跑得不稳，跑得不顺，必致产生恶果，这果当然不是有绳索连在立柱上的人们愿意吃的，可是非吃不可。

问题如何解决？由理论方面看，很简单，是想出办法，保证那匹马必走得稳，走得顺。正面说人事，是管理的人心中有理，手中有术。但这是理论，要通过实行才能贯彻于实际。而谈到实际，问题就来了。一是这样的人未必多，甚至未必有。二是，即使有，有什么办法能够保证这样的人必能成为管理的人？放眼社会，尤其放眼历史，小组织，管理的人常常是来于人伦关系，如世袭，门第，裙带，谄媚，贿赂，等等都是。最大的组织也一样，还要加上"马上得之"，就是说，拿到管理权，经常不是因为合理，而是因为有力。

怎么样才能够合理？问题太大，太复杂，要留到后面慢慢谈。这里再说一个问题，是管理的人不止一个，决定权属于谁的问题。一般组织，只要规模不很小，也会有这样的问题，但是因为影响面不大，程度不深，可以不管。关系大的是政治性的组织，尤其最高级的。这方面的研究称为主权论，连中国也曾印过专著。其中着重谈的是两个问题。一是主权"真"在谁手，因为名义和实际有时会有分歧，以我国的历史为例，东汉末年，主权名义上属于汉献帝，实际却在曹操之手。清朝嘉庆初年也如此，主权名义上属于嘉庆皇帝，实际却在太上皇乾隆之手。另一个问题更重要，是由谁发号施令才好，或最好。在君王专制时代，这不成问题，因为理论上也不得不承认君主圣明。幸而现在，这样的制度，在我们这个小星球上已经不多了。帝制的对面是各种形式、各种名号的"民主"。民，如果未成丁的也算在内，多到数不清，理论上可以都去主，实际则不能都去主。就是说，事实上不能不分为管理与被管理，或治者与被治者。治者，要求有理有术，于是就又碰到怎样才能做到的问题。理论上，这问题会分散到各个方面。实际上，甚至也是理论上，必致集中为这样一些问题：一是由一个人决定还是由不止一个人决定；二是由一个人决定，主意是来自心中的杂想还是来自多数人的研究考虑；三是由不止一个人决定，如何能做到主意必是，至少是大致是有理有术的；四是凡事都可能错，管理也可能错，有没有办法防止和补救。显然，这都是既重大又复杂的，只好留到后面分题谈。

有关管理的，还有个宽严孰是或孰为较好的问题。我的想法，这在理论上也难于解决，只能就事论事。论，有标准，是管理的所求。如果宽也能得，那就不必严，原因是，约法三章总比法令如牛毛好。如果不能得，就只能不手下留情了。

一七　王道

上一个题目泛论管理，其中说到关系最大的管理是政治性的，即国事的管理。直到现在，以人为分子的组织，范围最大、力最大、形式最明确的单位是政治性的，通名是"国"。近年来有联合国，那是以国为单位的协商机构，没有大于国的权和力，所以谈组织，最重要的还是国。因而与人人的休戚最相关，是国事的管理。

管理，要有权。权的作用方面的表现是，对于组织之内的人，可以表示：要这样，不要那样。某种表示，有对不对的问题，行得通行不通的问题，后面还会谈到。这里只说，管理权之来，由"理"方面看是"应"有的，因为没有就不能管理；由"史"方面看是"必"有的，因为管理的活动是决定，是支配，随着时间的推移，会孕育命令和服从的习惯，或进一步，法定的约束，甚至信条的约束。

组织起来，有少数人（可以少到一个）命，多数人受命，由史方面看是源远流长，历来如此。由理方面看就会碰到好坏问题。或者由正面说，命和受命，有目的，与目的合是好，违是坏；能取得好的做法是对的，反之是错的。目的是什么？说法可以不同，总而言之，都是常人的常识需求：组织范围之内的人都活得如意，至少是可忍。怎么样就如意，就可忍？具体难说，无妨从比较方面领会，如饮食，有饭吃比没饭吃好，吃顺口的比吃不顺口的好；男女，合比离好；有了身家，安全比不安全好；想到未来，有盼头比没盼头好；等等都是。这显然，或者说读史、历事之后会发现，并不容易。不容易，表现于实际是措施与目的不能协调。这背离现象可以轻微，可以严重。轻微，可忍，严重，难忍，总起来就成为大大小小的政治性问题。古今中外讲治国，想解决的就是这类问题。

问题有总的，有零散的。如怎么样就能保证政治措施必合理，必有好的效果，是总的。如怎么样就能保证农田不怕水旱，商业供应通畅，中等教育普及，等等，是零散的。零散的是目，总的是纲。纲举目张，所以谈治国大计都是着重谈总的，而且常是一言以蔽之，古名为什么学说，今名为什么主义。

一种重要的学说，用儒家的名称，是"王道"。办法是君王行仁政，或说以仁义治天下；所求是养生丧死无憾。无憾就是活得如意。这主意是在实况制约之下想出来的。实况是政权在君王手里，形势是君王可以英雄造时势，所以设想，"如果"君王乐于行王道，小民就可以福从天上来，一切问题就迎刃而解。

这想法，如果把时代的色彩化淡一些，就可以称为"贤人政治"。因为掌政者是贤人，所以一，就会接受孟子的关于王道的深一层的理："民为贵，社稷次之，君为轻。"二，就会有"仁者爱人"的善心，愿意行仁政。三，就必是聪明睿智，知道怎样做就可以使人民养生丧死无憾。总之，贤人在上，小民就可以"虚其心，实其腹"，击壤唱"日出而作，日入而息"的乐生歌了。

问题来自贤人之前有个"如果"。如果非必然，也就是有非贤人的可能性，怎么办？孔孟的办法是规劝加利诱。"先之，劳之"，"无倦"（《论语·子路》），"王何必曰利，亦有仁义而已矣"（《孟子·梁惠王上》），是规劝；"为政以德，譬如北辰，居其所而众星共（拱）

之"（《论语·为政》），"当今之时，万乘之国，行仁政，民之悦之，犹解倒悬也，故事半古之人，功必倍之"（《孟子·公孙丑上》），是利诱。这办法有两面性：由理想方面说是贵德主义，正大；由实行方面说是磕头主义，无力。无力即没有保障，苦口婆心由你，采纳不采纳由他。事实是采纳的时候很少，最后只好慨叹"道之不行，已知之矣"（《论语·微子》），然后是"归与"（《论语·公冶长》）。这就是孔孟的磕头主义的下场，也表现了贤人政治的理想的脆弱。

与孔孟的理想主义者相比，九流的有些学派务实，不是士志于道，而是士志于利。如纵横家（其实只是策士之徒，不配称为家），苏秦、张仪之流，是靠巧言令色换相印，所求是君王得大利，自己分些小利，不再问仁不仁，义不义。兵家，孙武、吴起之流自然更是这样，为君主卖气力，所求是攻城略地。法家，韩非、李斯之流，本领加大而品德下降，因为渗入更深，手法更辣，而且有成大套的理论。战国时期，法家的驰骋地在西方的虎狼之秦，其结果（自然还有其他条件）就成为东方六国的覆灭，秦的统一。君王高升为皇帝，称为至尊或圣上，名义是贤人政治的胜利，因为拿到政权的都是圣贤；实际却是贤人政治的更没有保障，因为政权谁属，不是取决于贤不贤，而是取决于能不能"马上得之"，或是不是后妃所生，而且不再有孔孟那样的理想主义者想到应该规劝和利诱。

当然，常人的常识需求，活得如意或可忍，不会因君权的膨胀而有所改变。希望与实际的距离加大了，怎样弥补？一种办法是拾遗。朝中设有谏官，是专职；理论上或理想中，非专职的官，甚至小民，也可以进言。但这都是理想，实际如何呢？可以想到的有三种情况。一种是进言不进言由你，采纳不采纳由他。其结果，这味药的功效就成为，依逻辑是百分之五十，依常情也许就降到不足百分之十了，因为权与个人迷信总是相伴消长的，听到不同意见，三思之后才拒绝接受，旧史新史中都是罕见的。第二种情况就更糟，是大量的史实证明，进言，措辞的通行格调是，如此则不利于国，如彼则利于国。我们都知道，所谓国，与君总是难解难分的，无论话说得如何冠冕，骨子里则仍是法家那一套，一切为了君王的利益。于是就产生第三种情况，绝大多数人也不忘自己的利益，为了青云直上，避祸，就少说话，多磕头。总之，为小民着想，靠拾遗这张画饼，充饥的希望是微乎其微的。拾遗是温和的路，走不通，也可能挤上另一条路，或说第二种弥补的办法，铤而走险，通俗的说法是造反。这办法也有两面性，可意的一面是，不管成功与否，都可以解心头之恨。不如意的一面是，除了一时混乱，天塌砸众人之外，幸而成功，宝座上易主，不很久就会恢复原状，因为人生而有欲，总不免易地则皆然。那么，历史上总是造反时少，相安时多，是怎么回事呢？因为还有第三种弥补的办法，是命者与受命者都要活。命者要的是最高级的活，钟鸣鼎食，后宫三千，等等，都要从小民的血汗那里来，如果小民不能活，来源也就无着落，所以，为了维持最高级的活，就不能不给小民留点活路。受命者呢，也未尝不想高，但高不成，只好低就，安于只要还能活，就知足常乐，至少是忍为高。就这样，我们的历史，与王道或贤人政治的理想并行，就可以前四史、十七史、廿一史、廿四史、廿五史，以至更多地写下去。

自然，时移，世不能不异，贤人政治也不能不变。变的情况是，由孟子口说的"民为贵，社稷次之，君为轻"，逐渐却并不慢地变为实际的"君为贵，社稷次之，民为轻"。这原因是，王道的理想与君权无限的实际战，没有两三个回合，理想就几乎全军覆没。胜利一方的所得是，权的无限膨胀，位的无限提高。还可以由浅而深，加细说之。浅是插手到人和物，即常说的生杀予夺。这类活动，至晚由秦始皇开始，可谓五花八门。要什么有什么，想杀谁就杀谁且不说，活着可以焚书坑儒，死后还浪费民脂民膏，大造其兵马俑。其后两千多年，形形色色，无数的准秦始皇干了无尽的坏事，直到清朝末年那位胡涂阴险的那拉氏老太太，还可以一点头就杀了六君子，利用义和团，丧权辱国，死后还安葬东陵，带走很多珍宝。中等的是插手到法。各朝代都有法，是约束小民的，君可以不守；更进一步，他的金口玉言就是法，并可以改变法。深的是插手到德，这就是旧时代视为天经地义的君为臣纲。臣，说全了是臣民，所以君为臣纲的含义是，君可以为所欲为，小民则"应该"俯首听命。"应该"不同于"只能"，以受君的迫害为例，无力抗，只能受，是身受而心未死；认为应该受，不想抗，是身受而心已死，语云，哀莫大于心死，如君辱臣死，君赐死而跪拜谢恩，混蛋坏蛋而仍须奉为圣明，备受迫害而仍须歌颂，等等信条，都是哀莫大于心死。可是都自以为心明眼亮，因为尊君已经成为德，道德律是康德感到越想越敬畏的，谁抗得了呢？权无限的后果就是如此可怕。

这可怕的后果，也许非王道论者的始料所及，因为不能后知五百年。如果能够后生几个五百年，人人都会看到兼悟到，不在君权无限方面多考虑，而只想用磕头的办法解决问题，结果必是，命者为所欲为，受命者高呼万岁而已。

一八　常情

如上面所说，孔孟推崇王道，即贤人政治，是不得已，因为他们想不到，不用王、诸侯、大夫、士庶的形式，还可以组成社会，人们也能活。人，在闭关自守的时代，跳到时风和传统之外，以某种理为根据，另想出一套生活方式，是很难的。儒家有社会方面的理想，理想的背后当然也有理，但这理是在承认实际情况的前提之下树立起来的，它的道路就必致窄得可怜。这是因为理想扭不过实际。实际是：一，近看，君王行仁政就可以垂衣裳而天下治只是幻想，实际并没有这么回事；二，远看，君王登上宝座，就会有各种形色的人，用各种方式，说，喊，写，印，歌颂他是圣贤，而这圣贤，在一片歌颂声的掩护之下，就更可以为所欲为。这样，贤人政治的理想，进一步就反而帮了专制君王的忙，因为它不反对，并积极主张"天下有道，则礼乐征伐自天子出"（《论语·季氏》）。

难道就没有贤人或圣贤吗？这个问题很复杂。圣，理想成分更多，且放过不管。只说贤，主要是就人品说的。本质加修养构成人品，要好到什么程度就可以称为贤，其下就是不贤呢？人，绝大多数是中间的，有理想，也有七情六欲，因而晨起闻鸡即使起舞，入夜灯红也可能兴致勃勃地走进赌场。或者用道德学家的标准，说生活之道，多利他的是贤，多利己的是不贤，这样，贤的一群里边就为数不多了吧？如果竟是这样，一个无法克服的困难就来了，那是，有什么办法能够让贤人登上宝座。孔孟没有办法，也没有觉得这里面还有问题，所以向来不讲登上宝座之前的事，而是接受既成事实，然后想办法。自然，办法就只能是希望加磕头。这又是可怜，因为希望不希望、磕头不磕头虽然由你，接受不接受却完全由他。接受，要有条件，是他贤，所以最好是能够想出办法，保证只有贤人才能登上宝座。问题是不能取得这样的保证，因为：一，比如可以用抽签法，就还有概率论管着，贤人登上宝座的机会必是不多；二，何况事实是，创业者都是马上得之，贤人是不大能上马的，其后是父终子及，这个子，在锦绣堆中长大，贤的可能究竟有多少呢？

其实，贤人政治的此路不通，还有更深远的理由，那是，政治是街头巷尾的大众的事，大众是常人，讲管理就不能不面对常人。常人有常情。这常情究竟是什么样子，也是仁者见仁，智者见智。孟子说，恻隐之心，人皆有之，恻隐之心，仁也，禅宗和尚设想，自性清净，见性成佛，都是理想主义者的看法，当作高山仰止的目标，也许不只应求，而且可敬。不过管理众人的事，就不能不多面向实际。实际是什么？那是荀子说的：

> 人生而有欲，欲而不得则不能无求，求而无度量分界则不能不争，争则乱，乱则穷。先王恶其乱也，故制礼义以分之，以养人之欲，给人之求，使欲必不穷乎物，物必不屈于欲，两者相持而长，是礼之所起也。
>
> （《荀子·礼论》）

这段话讲礼的起源，是用务实和空想两只眼睛看的，因而看到的容貌前后不同。前一半看到的是常情，人都出淤泥而染，或干脆说没出息。后一半忽然来个有出息的先王，制礼，以求变没出息为不乱。这思路混乱来于儒家的一贯迷信有所谓圣王，于是在孔孟的眼里，人就可以分为有距离的两类，好的和差些的，因为性相近也，习相远也。这距离到荀子就加大，成为背反，常人是有欲而争，圣王，大概既无欲又不争吧，所以能制礼以救世。这里的问题是，圣王是不是"人生而有欲"的人。不能起荀子而问之；为了各取所需，这里决定舍其后半而取其前半，"人生而有欲"，之后是有求有争。求什么？古人看得简单，是"饮食男女，人之大欲存焉"（《礼记·礼运》）。这由出发点说不错，甚至可以说抓住要害。饮食的所求是延续生命，男女的所求仍是延续生命，所以说天地之大德曰生。但是求，有得有不得，必伴有感情的快乐和痛苦，于是欲的力量加大。这一大，就很容易越过出发点，膨胀到饮食男女以外，如张献忠，想杀人，希特勒，想征服世界。这是一发而不可遏。新奇吗？一点也不，因为是常人的常情。

到近代，西方出了个弗洛伊德学派，也称精神分析学派，深入研究这常人的常情，著作不少，影响不小。与中土的为进德修业而讲人讲人性相比，他们是少用想象，多用解剖刀。虽然解剖的结果，不同的人所见未必尽同，并且，派外的心理学家未必都同意，一些小异而大同的论点却很值得生而为人的人三思。这论点是，人与其他动物一样，受有大力的欲望支配，如果欲望不能满足，就会用各种办法（包括写诗、做梦甚至发狂）以求满足。这看法是不可意的，因为从其中我们会理出这些内容：其一，这样的常人常情，离圣贤远了，离禽兽近了，比如说，清夜深思，自己也是充满欲望的动物，受得了吗？其二，欲不可抗，不任之会带来痛苦，任之会造成祸害（对人，或兼对己），可怕。其三，应该接受儒家的教训，节制，可是欲望的力量太大，收效并不容易。其四，处世和治世就成为更难。

难不难，可意不可意，是一回事；既然有生，就不能不求活得如意，至少是可忍，是另一回事。这意思是，我们要知其不可而为。事实是，也许由可以称为"人"的时代起，我们就这样做了。饮食的大欲没有变，可是信，至少是说，应该不轻视菜根。男女的大欲也没有变，可是要求发乎情，止乎礼义。在这种有理想兼肯努力的情况下，我们创造了文化中的重要部分，或说文明的重要部分，或干脆说道德的观念和行为。总而言之，虽然常情是"人之所以异于禽兽者几希"，却并不是病入膏肓，不可救药。

可救是乐观的一面。但也不要忘记，常情终归是常情，救，并不容易。具体说，道家推重的节欲，儒家推重的节制，都是高标准，要求时时处处合，就个人说是非常难，就全社会说是不可能。所以讲修齐治平，时时要记住，我们面对的是常人，常人有常情。这样看，无论立身处世还是治世，理论和办法，就应该与相信"人皆可以为尧舜"大不同。

先说立身。记得有一句似雅而实刻的骂人的话，是"找个镜子照照"。其实就是应该找个镜子照照。最好是用弗洛伊德学派的，一照就照见，自己原来是常人，有常情，因而就很容易顺流而下。怎么办？破罐子破摔当然不对。应该：一，谦逊，因为受欲望的指使，求这求那，求而不得就烦恼，自己正是跟别人一样，甚至更差；二，警惕，因为不是性本善，而是性本病，就应该时时谨慎，以求不犯病；三，要知其不可而为，对于寡欲和节制，不只心向往之，还力求接近；四，最好是再积极些，"己欲立而立人，己欲达而达人"。

再说处世。这包括对己身之外的人和事，过于复杂，只好说个原则。原则的基础也是那面镜子，照见的人都是常人，有常情。因而对这样的人，就：一，不要抱过高过多的希望，因为人非圣贤，孰能无过；二，对于"小德出入可也"的过，可以多谅解，因为他也是生而有欲，照叔本华的看法，也是苦朋友，值得同情。

最后说治世。这是众人的事，众人也可以用那面镜子照，也应该用那面镜子照。自然，一照就照见常人，照见常情。这会有什么影响吗？不只有，而且相当大。总的说，贤人政治要换为常人政治：管理者是常人，受管理者也是常人。就管理者说，因为是常人，未必（也不当要求）是贤人，所以：一，他的想法和行事，就既可能对，又可能错；二，历史上无限的事实可证，权力有限（如学官），做坏事的可能性小，权力无限（如皇帝），做坏事的可能性大；三，防止做坏事，专靠有常情的常人不成，要有不容许做坏事的机制或制度；四，不容许的实质或办法是限权，这意味着管理者是分工来管事，不是统率众人的救世主。就受管理者说，因为是常人，有常情，就不只可能争，而且可能乱。对付争和乱，法重要。尤其重要的是德，德是节制自己、兼顾他人的力量，其结果是少争，也就少乱。所以治世，应该把提高人民文化教养当作头等重要的事。

总括以上，这有常情的常人就具有两面性：一面，就"天命之谓性"说是"常"，不稀奇，也不高贵；另一面，就"修道之谓教"说是"人"，因而就可以奉行人文主义，不同于禽兽（用世俗义）。

一九　平等

有些词语，我们常用，可是追问是怎么回事，又会感到茫然，

"平等"就是这样的一个。现在我们常说，法律面前人人平等，且不说我们不很远的祖先听到会感到奇怪，因为彼时是刑不上大夫，就是用作口头禅的我们自己，如果有人问，所谓平等究竟何所指，理论呢还是实际，如果是理论，凭什么，如果是实际，哪些现象可以做证，我们也会大为其难。但是法律面前人人平等的信念却还是不能放弃，为什么？这是一份难答的考卷，以下试着解答一下。

如上面所说，平等的信念是进口货。我们本土，有些玄想含有这样或近于这样的意思，如《庄子》的"天地与我并生，而万物与我为一"，宋代理学家的"民吾同胞，物吾与也"就是。不过离开玄想就不是这样，而是"天佑下民，作之君，作之师"（《尚书·泰誓》），"劳心者治人，劳力者治于人"（《孟子·滕文公上》）。这还是口所说；身所行就更加明目张胆，用活人殉死人是个突出的例，古代大批的，后代小批的。为什么可以这样？因为地位高的，就是死了还是地位高，所以地位低的活人要随着到地下去伺候，总之是不平等。清朝晚期，欧风大量东渐，平等信念随着进来。不过传统的力量很大，突变是很难的。渐变就有如"一尺之棰，日取其半，万世不竭"，就是日久天长，也难免留些尾巴。即如易跪拜为鞠躬，有的遗老就坚决反对，理由是，如果废除跪拜，天生膝盖何用？这样的遗老，自然现在想找也找不到了，可是非遗之老，比如结发的一对先走了一个，走的是女，男的有筑新巢之意，阻碍力小；走的是男，女的有筑新巢之意，阻碍力大。可见，就是信念已经接受，贯彻始终还是大不易的。

这大不易来于信念的不完整，不坚定，纵使是无意的。完整接受信念，不能在实行中体现，情况就更复杂，更显著，比如权位间，待遇间，贫富间，荣辱间，种种差别，甚至大差别，就是这样。不过无论如何，这平等信念，虽然是进口货，正如其他种种进口货一样，却没有受到什么大阻拦就走进炎黄子孙的头脑。就连三尺童子也是这样，上学，同班的同学有的汽车接送，有的步行，有的穿好的，有的穿次的，情况表示生活条件有别，却相信是在同一条路上走，是平等的，至少是应该平等。

我们应该接受这个"应该"。然后是应该问问为什么。从感知中像是难于找到理由。先说属于天然的。语云，天之生材不齐，事实正是这样。可以从形和神两个方面看。形，内容几乎多到无限，高矮、胖瘦、强弱、完缺等，都会成为分高下的条件，如身高，某尺寸以下不能充当时装模特，某尺寸以下不能充当豪华饭店的服务员，即其明证。比这更严重的是美丑之分，昔日，西施可以入馆娃宫，无盐必不成；今日，有些人可以上挂历，有些人不成，天之生材不齐就影响更大。再说神，指资质。有的人反对天才的说法，可是容许形容他自己，可见这方面也确是天之生材不齐。这方面的不齐，可以分作才和德两个方面。才有上智与下愚之别，德有贤与不肖之别，也是三六九等，虽然差别有大小，却人人不同。这样说，是人生来并不平等。加上社会成分还会有新的不平等的花样。且不说受传统的影响，不同的人的面前会有不同的路，只说必不可少的分工，衣，有的人只穿不做，食，有的人只吃不种，住，有的人只住不建，行，有的人只坐车不开车。再举个突出的，人人要活，就不能不有人清除垃圾；人人不免一死，就不能不有人处理遗体。这是分工，理论上，或门面话中，没有高下之分，可是有的人可以在报头，在电视荧屏之上，出头露面，有的人不成；而无数的人则费苦心大力，想升迁，这山看着那山高。这就表示，人生的非天然一半也不是平等的。天然，非天然，都不平等，为什么却"应该"平等？或者说，平等信念的根据是什么？

我的想法，浅的一层，是由"德"来。德的精髓是推己及人，或说爱人利人的思想感情。这可以表现为多种说法或想法。孟子说，"人皆有不忍人之心""恻隐之心，仁也"，相信仁是至善，也就不再问为什么应该仁。宋儒所谓"民吾同胞"也是这种思想感情，是我觉得这样，所以就应该这样。其实，这种思想感情是常人的，只是出于书呆子之口，理的气味就重一些。出于哲学家之口，理的气味还会更重，如康德说"我们应该把人看成人，因为他是人"，就是这样。这种思想感情还可以扩大到人以外，如佛家，他们誓愿度的不只是人，而是众生。于是杀生成为第一大戒，对虾之类不能吃了，连虱子也不能不放走，让它去啃石榴皮。放走，是承认它同样有生存权利，或说同样有佛性。同样有，人己不异，是平等。单说范围不扩大的人人平等，这信念的来源是德，即信，行，认为都理当如此。换句话说，根据不是自然现象，而是道德规律。

道德规律也不会凭空来。这看法，重理的各种家都会同意，分歧在于来的处所。以宋儒为例，与人欲对立的天理虽然可以在人心，总不能生于人心。康德举可敬畏的对象，是星空与道德规律并列，可见这律也不能生于人。人以外，是什么呢？可以称为天，称为理，称为上帝，称为绝对，等等，总之是人之上的神秘。讲与人生有关的种种，我是人本主义者，乐得把天上的神秘拉到身边，成为毛发之微。以牌号最堂皇的善和美为例，善是评论（人的）行为，美是评论感知的形象或意象，救人善，整人不善，二八女郎美，龙钟老太太不美，追根问柢，不过是在"利生"方面有差别而已。所以平等信念还有深一层的根据，是这样与不这样比，这样利较多，害较少，反之就害较多，利较少。这是打算盘。情况自然与具体地拨算盘珠有别。大别有这样几项：一，这要在生活习惯中慢慢养成，即前面说过的，离开别人，自己会觉得（纵使是无意的）不能活；为了能活，就不能不尊重别人。二，这就会产生"能近取譬""不忍人之心"一类感情，用康德的话说，是把人看成人。三，这慢慢养成，表现为爱恶、是非、取舍，都是无意的。四，人心之不同各如其面，必不免有例外，就是，少数也可能利己而不惜损人，甚至自信为天之选民，高人一等。封建重等级的时代，这样的人物就不只是少数，因为就是被动居下层的，也有不少，同样相信，正史写入本纪的人物是天之子，生时红光满室这类鬼话。

现在，至少是名义上，人死论定，不分别放入本纪、列传两堆了。这也是平等信念显神通的一个方面。会不会如时装一样，也有所谓过时呢？我不这样看。原因之一是，这信念，无论就信说还是就行说，都还没有及时，自然就谈不到过时。原因之二，意义更深远，是无论从个人生活方面看，还是从集体（包括大小各种）生活方面看，平等都是有理有利的必要条件，这样，如果生活无所谓过时，它也就不会过时。以下想就平等则可以有理有利，再说说可以想到的一些理由。

其一是由"机遇"方面考虑，为个人设想，平等可以得到保障，利大；不平等有倒霉的危险，利小。自然，谈机遇就不能排除侥幸，比如清朝晚年，就有可能生而为太后老佛爷；但这样的机会究竟太少了，而最大的可能是生为小民，则近的上有父母官，远的上有皇室，命运就可想而知，就是有幸读书明理，脱颖而出，如谭嗣同，最终不过是被拉到菜市口，断头而已。所以，为了多有保障，还是人人平等，不走侥幸一条路好。其二是为社会的蒸蒸日上着想，平等则人人有发展的机会，速度就快；反之就必致迟缓。其三，为社会的安定着想，平等则绝大多数人心平气和，动乱的可能性小；反之就会有很多人不服，动乱的可能性就大了。其四，只就人与人间的关系说，在平等信念的笼罩之下，面对，态度是和蔼的，心情是静穆的，总比一些人耀武扬威，另一些人低声下气好得多吧？就这样，人类社会，或者说，不同的国度都先先后后，扔掉九品中正的思想和制度，承认，或暂在口头上，平等为理所当然了。

二〇 民本

民本思想是平等思想的进一步。在一个以国为名号的人的集体之内，信念上（不是实际上，因为不能不有分工、犯罪处罚等措施），所有的人价值"均等"，是平等，价值"最高"，是民本。这个信念很重要，因为它会，也必致成为一切社会方面的建树、措施等的出发点和评价标准。它的重要还表现为，它处理生活有自己的一套。举例说，与传统的"君君、臣臣"思想相比，它有强硬的一面，即认为历史上那样多的坐在宝座上横行霸道的专制魔王，都应该赶下去，换为自己做主。可是另一方面，它又表现为柔弱，这是与佛家的泛爱众生思想相比，它有自知之明，承认至多只能做到"君子远庖厨"，因为民为本，民看见熏鸡、烤鸭等想吃，只好吃。胆敢自己做主，愿意吃什么就吃，近于狂放不羁，这种思想也有根源，即前面讲到的常情，既然有了生，总不能不希望活得好一些，人人这样希望，化零为整，除了"民本"之外就不再有别的路。

事实上是有别的路，那不是民本，是民末，即民俯首听命。这别的路不是由"理"来，是由"力"来。假定传说的历史是真的，黄帝与蚩尤战于涿鹿之野，黄帝胜了，蚩尤败了，宝座只好由黄帝坐。坐，未必是因为占理，而是因为有力。有力就可以生杀予夺，所以就可以说了算。其后是有力者说了算惯了，几乎所有的人，就以为"事实上"只能如此；其中一部分人还火上浇油，认为"道理上"必须如此。这类信念力量很大，有时甚至大得可怕，如方孝孺，两个姓朱的争宝座，他认为已经坐上宝座的那一位，稳坐不动是天经地义，就是诛十族也不改口。那是几百年前的事。几百年后怎么样呢?《大保国》《二进宫》等为维护皇位而痛哭流涕的戏不是还在演吗？可见所谓民本，不要说行，就是知也并不容易。不易还有个原因，或说情况，是行民末之实而戴上民本的帽子。人，总难免以貌取人，所以也就容易上当。这里只好撇开貌，单说理，假定已经接受民本的信念，之后是实施，应该注意些什么呢？想由个体和整体两个方面说说。

个体指整体中的一个一个的人，民本，他或她是民的一分子，所以就成为本。对于这样的本，求名实相副，单单供在龛里不成，要在实际中体现。实际千头万绪，说不胜说；只好说原则，或用事例来显示原则。原则也不少，只说重大的，可以总括为三个。一是"安全"。语云，好死不如赖活着，人，有了生，不愿意死，所以民本，就应该（或首先应该）求民能活。求之道，也可以分作两个方面：一方面，活的，只要不是有违约法三章之一章的，就不当迫之死；另一方面，也是活而不违法，不幸而有死的危险的，要尽全力救。先说迫之死，昔日不罕见，随便举一些例。是宋朝的事，见于某笔记，有那么个无知农民，一天发神经，拿水桶当高帽子，戴在头上，大声说"我要做皇上"。彼时也不少识时务的人物，立即举发。一直报到真皇上那里，据说圣上爱民如子，以宽大为怀，未夷三族，只杀他一个人了事。用民本或平等的眼看，他为什么不可以做皇上？可是，只是一说就死了。这是迫之死。又如现在一再演的《杨乃武与小白菜》，杨乃武认罪是因为受不了酷刑。可以任意用酷刑，使民求生不得，也是迫之死。此外，不直接杀，不用酷刑，也未尝不可以创造其他种种花样，使民战栗，求死而得，那也是迫之死。迫之死，视民的安全为无所谓，所以不是民本。再说另一方面，是安全受到威胁的，要救。这威胁，可以来自天灾，如水旱、地震，以至房倒、车祸、重病等等；也可以来自人祸，如抢劫、暗杀之类。因为相信民本，民都想活，所以人命第一，要不惜一切代价，只要还有一线生机就不放手。

二是"幸福"。什么是幸福？问题也不少。比如与快乐的关系，初看，像是可以重合，细想又未必尽然，因为如一般所谓嗜好，赌博、酗酒之类，可以换来快乐，却未必可以称为幸福。或者加个限制，说不会产生不如意后果的快乐是幸福。就是这样，也太多了，说不胜说。只好还是举其大者，以期举一反三。先说其性质，是欲望的合理的满足。欲望，古人总括为两类，曰"饮食男女，人之大欲存焉"，无妨即以此为例。那么，所谓幸福，就要一方面，有口福，不只能饱，而且吃的喝的都不坏；另一方面，能够如孟子所说，"内无怨女，外无旷夫"。这显然很不容易，因为要具备富庶、教养、均等之类多种条件。幸而这里不是谈具体措施，可以不管。只是要记住，既然相信民本，就应该把个个人的幸福放在第一位。

三是"向上"。这是指往高处发展。何谓高低？以人类历史的发展为喻，古，野蛮成分多，是低；今，文明成分多，是高。一个个人也是如此，刚出生，不识不知，是低，应该往高处发展，即增加文明程度。这增加，内容很复杂，如智能方面，由不识字变为知识丰富，由无技能变为通晓某种或多种技艺，成家；体质方面，由未必健壮变为健壮；道德方面，由鄙野变为品德高尚；等等，都是。这多种变，有如农作物的生长，要有合适的土壤。所以求人人能够向上，就应该使人人有发展的机会。比如专就求知说，就应该有学校供给教师，有图书馆、出版机构等供给读物。

再说整体方面。关心整体，也是为个体，因为真能感知的只有个体。但着眼点不同，措施也就会有别，至少是重点会有别。这着眼点，可以从两个方面说：一个方面，可以说是空间的，由看个人变为兼看全体；另一个方面，可以说是时间的，由看现在变为兼看将来。兼看的结果是兼顾；因为要兼顾，对于个个人，有时就不能不要求节制。举个最明显的例，有些公共场所禁止吸烟，就是照顾不吸烟并讨厌烟气的人，要求吸烟的人节制，这样做，显然就是来于着眼全体。又如计划生育，要求一对夫妻只生一个，于是三多①九如②的信徒就不能不节制，这样做，是来于着眼将来。要求有些人节制，有目的，仍是个个人的安全、幸福和向上，所以出发点或理据仍然是民本。

① 三多：多福多寿多男子。说本《庄子·天地》华封三祝。
② 九如：如山如阜，如冈如陵，如川之方至，如月之恒，如日之升，如南山之寿，如松柏之茂。出于《诗经·天保》。

以上说组成社会，信和行，都应该以民为本。现在常说是民主，与民本是不是一回事？也是也不是。说是，因为民主由民本来，民本偏于指目的，民主偏于指手段。说不是，因为同一目的，可以采用不同的手段。如孟子，说"民为贵"，是信民本，可是不反对君主专制，是没有采用民主的手段。未采用，是因为他想不到民还可以主。他失败了，理想或幻想破灭。这也有好处，是伴同历史的无限事实，足以证明，想实现民本，就只有走民主一条路。走是行方面的事，内容复杂，问题不少，留到后面慢慢谈。

二一 教养

前面由民本说到民主。民主，现时是个大走红运的名号，至少是口头上或纸面上，几乎没有一个人反对。其实是，无论理论方面还是实行方面，问题都不少。譬如说，如果孔子和康有为还健在，你想说服他们，说为了如何如何，"君君，臣臣"和"保皇"那条路行不通，必须换为民主，你就要举出理由来，这理由就是理论。本书前面也谈到这方面的理论，要点是，人都是常人，生而有欲，权力过大就必致为所欲为，所以为了不冒受迫害的危险，最好是把权力攥在自己手里，不无条件地交给别人。这也是理论，付诸施行，还会遇到种种问题。种种，很多，也许还都很大，难于处理，所以要慢慢说。本篇先说个最基本的，是教养。

我一直认为，民主，戴近视镜看是方法方面的事，问题不小；戴远视镜看是能力方面的事，问题更大。方法，分歧在于采用或不采用，虽然由不采用走向采用，路上会有不少坎坷，但总是问题摆在明面，想解决就不难下手。能力就不然，民主，顾名思义，主要有所作为，就不得不有主的能力，这能力，应该包括哪些内容，是否短时期所能培养，都是既迫切又不容易解决的问题。近年的历史可以为证，五四，已经是易君主专制为共和政体之后，由西方请来德先生［英语 democracy（民主）的音译简称］和赛先生［英语 science（科学）的音译简称］，尊为师表，不少好心人认为，至少是希望，这样一输入，民主精神和科学头脑就可以逐渐占上风，终于主宰一切，于是而所有问题都可以迎刃而解，漆黑一团就变为清风朗月。不幸是事实常常不像希望的那样如意，半个多世纪过去了，应该主的民竟又经历了十年动乱，不少无辜的民死在红卫英雄等的掌下。这是德先生并没有起作用。赛先生呢，电视机，甚至电脑等，走入家门，这是一面；但是还有另一面，是为了趋福避祸，求心之所大欲，或预知未来，有为数不少的人，奔赴寺庙跪拜，或用《易经》等算卦。就这种现象说，我们比周平王时代，梁武帝时代，究竟前进了多少呢？单说民主，民各式各样，有主张"天下有道，则礼乐征伐自天子出"的，如孔子；有著《尊王篇》的，如辜鸿铭；有以跪拜山呼万岁为得意的，如很多遗老和新进；有以迫害人为正义的，如红卫英雄之类；有以损人利己为业的，由尖端的偷盗到委婉的造假药假酒等等都是；有不能容忍异己的，例很多，从略。显而易见，像这样的民，其所信或所行，纳入民主的水流就难了。

所以，一个社会，想民主，先要有能主的民。民，能主不能主，关键在于有没有教养，或者说，绝大多数有没有能主的教养。何以不说全体？因为要减去三群：一群是未成年的，另一群是神志不健全的，还有一群是教而不受，甘心做害群之马的。三群的情况不一样。第一群，占全体人数的百分之多少，大致是有规律的，这部分人正在走向成熟，虽然也有教养问题，却应该等待，不必急。第二群，数目多少，决定于全体人民的素质，当然越少越好，但多变为少，要多方面尽大力，这多方面里也有教养。第三群，数目多少，主要决定于教养，但我们也要承认，无论在教养方面如何用力，总不可轻视天命之谓性的力量，也就总会有少数人不愿意守常规，当然，这部分人以减少到最低限度为好，这就不能不在多方面尽力，其中重要的有风气、法律等，恐怕最重要的还是教养。

以下谈教养的所指。这可以指泛泛的，可以指特殊的。如识本国的文字，用口说手写都能表情达意，这样的教养是泛泛的，至于用口能唱京剧，用手能写拉丁文，就不能算是泛泛的。民主的民，要求具有的教养是泛泛的。这加细说，还可以分作两个方面：一个方面是知，另一个方面是德。知有程度问题，一端是丰富，一端是贫乏，当然以丰富为好。但好是愿望，至于行，就不能不多考虑，至少是兼考虑可能。这里着重谈的仍是理论，只好假定为并非不可能。这样，能主的民要具有什么样的知呢？难于具体说。大致是，一方面，要具有关于现代文化的各方面的常识性的知识，另一方面，要能够以这样的知识为根据，判断非专业事物的是非、好坏，纵使这判断未必能十拿九稳。话说得过于模棱，想举一点点例来补救一下。生而为人，应该大致了解自己的周围。这有时间方面的，是从哪里来，到哪里去。单说从哪里来，就要略知本国历史，如果连朝代的递嬗也毫无所知，就得算知的方面不够格。空间方面也是这样，如果还以为天圆地方，而不知太阳系、银河系以及河外星系、光年之类，就也得算知的方面不够格。判断是非，问题更复杂，只举广告吹嘘的药效为例，如果以广告上总是这样说为理由，就推论药必有效，也得算是没有判断是非的能力。再说另一方面的德。德指品格修养，似难说而并不难说。它最突出地表现在人己利害不协调的关键时候，不肯损人因而放弃利己的是有德，利己而不惜损人的是无德。有教养是有德，所谓泛泛的，是不要求希圣希贤，只求为自己打算的时候也想到别人，需要节制的时候能节制，至少是知道应该节制。

还是回过头来谈民主，为什么绝大多数人要有这样的教养？先说知。民主的主，表现为行，是选择，即要这个，不要那个，要这样，不要那样。选择之前要有所见，这见由知来，所以无知就谈不到选择，还会更坏。这有多种情况，只举一点点例。一种来于传统，明哲保身，莫谈国事，大事任凭大人物管，好坏认命，也就无所谓选择。另一种是过于传统，如我的一位老长辈，就一直认为还是大清国好，因为他是生于大清国并在大清国长大成人的，所以，如果选择，他就一定选择君主制度，而且是大清国的君主制度。还有一种，是随波逐流，你说要这个，好，他说要那样，也好，因为自己没有主见，就只能名为管而实际是不管。民主，要求都要管，都管，意见会不同，之后是有争论，有比较，最后还是要选择。选择是否得当，显然，就只能靠知来决定。再说德。民主是一种生活方式，反"民可使由之"的一种生活方式。也是一种生活态度，即尊重自己也尊重别人的一种生活态度。在不同意见的争论和比较的过程中，这种生活态度表现为既坚持又容忍：信自己之所信是坚持，尊重别人之所信是容忍。坚持来于认真，只有人人认真，整体才有较多的走上正路的可能性。容忍来于克己，只有人人克己，意见不同，甚至利害冲突，才有可能文而不武也可以解决问题。总而言之，民主作为一种集体的生活方式，走向它也好，在其中也好，为主的民，至少是大多数，要有教养，否则必是此路难通的。

可是谈到教养，问题又是一大堆。时间短了不成，可以耐心等，也只能耐心等。等，来不来，决定于许多相互牵制的条件。比如说，教育，人人承认绝顶重要，可是在"民可使由之"、八股取士的时代，其作用究竟如何就成为可疑。还有时风也（或尤其）不容忽视，比如，不幸而金钱与物质享受成为多数人信奉的最高价值，培养民主之基础的德就太难了。不过难是事实的一面，还有另一面是非此不可。怎么办？也只能说个原则，是知难而不退。

二二 授权

到现在为止，任何社会都有治人者和治于人者的分工。治人者有权，治于人者无权。这权，旧说是牧民之权，新说是办理众人之事之权。至少用世俗的眼看，有权比无权好，权大比权小好，因为权的一种作用是有求必应，至少是有求多应。黄金屋，颜如玉，一种说法是可以由书中来，即使这说法有时竟成为事实，那也是说的人图简便，略去中间站，这中间站是权。权有这样的大用，就难怪有史以来，普天之下，用各种方法，直到最尖端的，刀锋见血，争了。这情况，读史，或不读而只是睁眼，都显而易见，可按下不表。这里想探索的是这治人之权由哪里来。古今看法不同。古是"天佑下民，作之君"，所以君王称为天子，直到清帝退位之前，还要定期郊天，因为天对治人者有恩，给了他治人之权。头脑维新的人说这是封建意识。新或今的说法当然是反封建的，于是变为民本或民主，说权是全体人民所授。由天一下子降到民身上，此之谓现代化。就不会有拖泥带水的情况吗？也可能有一种情况，是治人者处在"以先知觉后知，以先觉觉后觉"（《孟子·万章上》）的地位，于是先就须带路，而也就有了治人之权。在从蒙昧走向开明的时代，这也许是不可免的，甚至需要的，不过就其性质说，还是贤人政治一路，也就不免有贤人政治的致命伤，那是可能不幸而不贤或变为不贤，就除了孔孟的老办法（磕头和忍受）

以外，不会有另外的办法补救。还有深一层的困难，是如何证明所谓先知的所知是好的（对绝大多数人民有长远利益）。理论上有两种办法。一种是，小则议会式，公开争论，占理者胜；大则如战国时期，处士横议，百家争鸣。这办法像是有优点，用俗话说是讲理；缺点是公说公有理，婆说婆有理，最终必是各不相下。另一种办法是实验，对比，由实效方面见高低。可惜是人类社会不同于化学实验室，可以在试管里来一下。所以不管理论上有多少路径可行，实际则是，先知的证实力量只能由干戈来，就是说，比如黄帝与蚩尤战，黄帝胜了，其所见所行就成为对的，好的，其治下的人民也只好随着说对，说好，因为没有不听命的自由。这样说，先知觉后知的最大危险是路径可能错，错了就不能改。为了不冒险，要能改，又为了能改，权的来源就必须变：由天变为民，或由先知变为民。其情况是：民是授者，其意若曰，我们信任你，委托你按照我们的意旨，为我们办事；当政者是受者，其意若曰，我接受委托，一定按照你们的意旨，为你们办事。

承认民本，权由民来之后，围绕着权如何授，还会有不少问题。首先碰到的一个，是民意的质量问题。这也许应该算作理论方面的，而理论却是由实际来。民凭己意授权，显然，求授得完美，先要这"意"是完美的。意完美，来于质和量两个方面。质方面的要求是，意要对，不要错。何谓对错，要有标准，这问题太复杂，只好躲开，假定人人都有以常识为依据的判断力。这样，比如有一笔钱，是建个赌场好还是建个学校好，我们说选定后者的意可取，反之不可取；对人也是这样，真就委托了，有德者与无德者，我们说选定前者的意可取，反之不可取。道理清楚，像是任何人不会怀疑。但这是举例。实际就不会这样简明易断。也举一点点例。比如学校设课，如果拟定时容许百花齐放，一定有推荐《易经》甚至《奇门遁甲》的吧？同理，对于人，委托，也可能有人偏偏选定无德者，因为那位与他有特殊关系。所以上文曾说到"教养"的重要。但我们又不能俟河之清，怎么办？很可怜，也只能期望理性加多数，对的可能性较大而已。说到多数，就过渡到量方面的问题。政治是处理众人之事。天之生材不齐，后天的条件更是千差万别，减去未成年和神志不健全的，求对的意能够全体赞成，至少是多数赞成，也并不容易。不容易，要想办法。办法需要很多，似乎没有短期并有特效的。此人之所以为人，就是说，不像桌椅车船那样容易对付。但仍是不能俟河之清。所以重复一遍，也只能期望理性加多数，对的可能性较大而已。而万一对的可能性未大，还有个力量可以依靠，那是经一事长一智，因为人要活，而且要活得如意至少是可忍受，时间总会保证后来居上的。这或者可以称为乐观主义。以下即以此乐观主义为基础，进一步谈与授的方式有关的一些问题。

授方面的难题几乎都是由人数过多来。小两口之家，女让男上街买菜，准备招待娘家人，女说，是授权，男接受前往，就有了或买鸡或买鱼之权。一伙人旅游，要由此地到彼地，公推某人去办理车票事宜，一个人说让谁去，都同意，是授权，去的人接受委托，就有了或买火车票或买汽车票之权。这类授权方式，一般是口说就可以妥善办理。何以这样容易？浅说是人少；深说，人少，一般说就相互了解，而所处理的事，很少是关系重大的。政治性的就大不同，尤其是全国范围的。人数，少则若干万，多则若干亿，口说，听不见（有权广播是受权之后的事，不能算）；相互了解，几乎是办不到。不得已，变口说为写选票。由选票引起的问题至少有小大两个：小是难得一致，大是难得合适。先说难得一致。姑且假定不会有营私（选表叔、表妹之类）、欺骗（制造假象，把坏蛋说成好人）一类事，人人选自己认为好的，结果也必是都选自己交往多而相知的，于是选票分散，成为人人有份，少数知名的也很难获得选举法规定的多数，从而选举就不能有成效。再说难得合适。这困难由两种情况来：一是人的才能和品德，不能放在秤上称，然后宣布，某人是一斤，某人是八两；二是才能和品德即使有定，四海之内，人数千千万万，如上面所说，不能相互了解，也就难得知道。不知，合适就无法实现。

但既然都要活，群体的事总不能不办，所以虽然难也不得不勉为其难。勉为其难，想求的当然还是最好，而实际就不能不安于凑合。人间事也不止选举为然。比如饮食男女，古人抬举为人之大欲的，依遐想，饮食，都希望不厌精，不厌细，男女，男希望环肥燕瘦，女希望宝玉潘安，而实际呢，粗茶淡饭，貌仅中人甚至以下，也只好同样安然地过下去。选举也是此理，为了克服种种困难，补救种种缺陷，许多国家想了许多方法，如组织政党，宣传，抬出一人，竞选，分层次，分地区，等等，都是为了"民意"的"集合"。用冷静而深思的眼看，不管花样如何多，都是饥不择食，或者说，因为没有其他路可走，只好背水一战。所以这样说，是因为，都只求行有结果（投了票，选出人），而不能问结果的价值。这价值的衡量是：民意是否完美，集合得是否合适。事实乃是，所谓完美，所谓合适，都有如极限，是只能趋近而不能达到的。不能达到，所以只得容忍；有可能趋近，所以又不得不尽人力求改善。这就是到现在为止，人们已经费了大力，仅能取得的胜利果实。

这果实个儿不大，也许连味道也不佳。但它终归是胜利之后所得，所以还有值得珍视的一面。这一面是，权之得由干戈变为选票，或换句话说，至少是都承认，权不再由占有来，而由民授来。自然，这权，也许因民之受骗而授，这也关系不大，比如在僻巷买了假人参，是受了骗，但掏钱而付之权终归是自己的。所以手中拿着选票，随己意写，以得票数多者为胜，总当算作民授权的一种重要方式，虽然未必是最理想的方式。说重要，理由不止一种，但可以举出一种，也可称为重要，是得权之人不会忘记权之源，也就不至胆敢为所欲为。为了防止为所欲为，选票之外还要有些辅助措施，下面另题谈。

二三　限权

可用小事明大理。春日放风筝，很好玩。它一吹上了天，摇摇摆摆，放者愿意它这样；可是手里要握紧线，以便一旦放腻了就可以收回来。再举个新玩意儿，汽车。靠汽油，马力不小，从而可以载人，运货，直到在田野间兜风。做这些事，要有力量；但为了力量不乱闯，司机要有指挥，尤其要有使之停住的力量。任何为人干点什么的力量，都要一方面，有力，另一方面，人有限制它、使之不乱来的力。干点什么是事。事有大小，一般说，小事需要的力量小，限制的力量也可以小；大事就不然，需要的力量不能不大，限制的力量也就不能不大。大之中还包含复杂，比如风筝，力量不大，限制的力量，一条线就够了；汽车就不成，因为力量加大了，机件就要比较复杂。人事，最大的是国家大事，掌管者力不大，比如抵御外患，就大难；但这大力也可能用非其地，那有时后果就不堪设想。怎么样能够取得协调，或说获得保障？问题显然很复杂。但由要求方面说就简单明了，是：要想方设法，使受民之权者只有做好事的自由，没有做坏事的自由。

分辨好坏，在常识范围内像是并不难；但有时，尤其对付的事物比较复杂的时候，就会意见纷歧。纷歧，不能都对，不得已，就须进一步分辨对错。进一步，是找更深的理据，这样一来，愿意也罢，不愿意也罢，最终必致陷入哲理的泥塘。政治不能超出家常事，当然不能等程朱陆王都点头以后再做。比较稳妥之法是尽量躲开会陷入哲理思辨的新且大的问题。举例说，对付人口增长问题，提倡或限定一对夫妇至多生一个，问题不大，理易说，事易行；如果信任幻想或迷信理想，说为了人多力量大，无妨任其自然，或为了优生，应该使生孩子成为一部分身心优秀者的专业，问题就成为新且大，由理方面说会引起大争论，由事方面说会引来严重的后果。政治是大事，与全国人的幸福关系密切，不当凭遐想，开玩笑。但是，历史上的千千万万件事可证，已占有无限权力的人最惯于开玩笑，具体说是根据自己的一场梦或梦想，就殿内一呼，全民战栗。即使范围不这样大，如秦始皇，一怒，书就焚了，儒就坑了；如清末胡涂狠毒的那拉氏老太太，一怒，戊戌六君子就绑赴菜市口，身首异处了。所以，为了避免这种危险，民授了权之后，还必须有一些措施，以限制权不致乱用。

这限制，总的说，或由精神方面说，是法至上。这精神很重要，它使专制和民主有了明确的界限。专制是人至上，他的口说，甚至幻想，就是法。法，所以全民必须照办；只有他例外，因为法是他定的，他还可以任意变换。法至上就大不同，掌政权者降到第二位，于是有所做，就不得不向上看看。这上，也由精神方面说，是民。民是最关心切身的养生丧死无憾的，所以，只要有办法，就不会听任掌权者为所欲为，以求幸福和安全有保障，至少是不致常常战栗。

比理论更实惠的是办法。理想的办法可能有，其极端者，如无政府主义也许可以算，那是连授权的事也免去，怕在上者会胡来，没有在上，岂不彻底？可惜这是空想，因为民并不是一律由孔孟的洪炉里锻造出来，他们也会胡闹，所以公众的事不能不有人管。这里为了不跑到题外，还是说民管，到目前为止，已用的或可用的都有什么办法。总的说是由民立法，限定掌权者依法办事。这有两种情况。一种，事是例行的，可照旧例办。行政，事的绝大多数是这种性质的，只要认真办，不营私舞弊，就不会有什么问题。另一种，事非例行，尤其是对国计民生有重大影响的，如对外宣战，对内，化私有为公有之类，要由民批准。

民，人数多，无论是长远之计，立法，还是临时，批准某种新且大的举动，都不能聚于一室或一场，用口说或举手的形式表决。不能用这个形式，还有个理由，是有关公众长远的福利之事，内容都是既专门又复杂的，民，至少是其中的有些，不明底里，尤其是短期内，必难定取舍。不得已，只好用代理的办法，即委托一些人，代表民处理立法、批准之类的事。这样的人要具备两个条件：一是能代表人民，二是有代替人民决定大计的能力。人数多少，也由这两个条件来决定。这些人来于民选，来头大；组织起来，有决定大计之权。至于名号，可以随意，一般称为议会。比喻为大道上试马，议会没有奔跑之力，可是手里握着缰绳，所以就地位说，成为天字第一号。第一号，会不会也为所欲为？不会，因为受两种条件的制约：一是人数几百，没有一个人处在君王的地位；二是任期有限，如果想连任，就不得不向选民表示驯顺。总之，议会形式虽然未必是人民行使权力的最好形式，却总当算个授权之后勉强可取的限权的形式。这样说还可以从事实方面取得证明，是采用这种形式的，掌大权者都没有发疯。

议会的作用是代表人民限掌权者之权。限权主要有三种形式。立法，对治人者和治于人者都有约束力，所以这法就必须完美可行。求完美可行，立法者须有广博的知识和远见。专由这一点看，议会同时还可以当作民的顾问组织。限权的另一种形式是批准或批驳，这与立法相比，属于直截了当型，所以限的形象更加明显。还有一种形式，出于万不得已，图穷而匕首现，用投不信任票法，干脆把权收回。三种限都有确定身份的意义，就是说，这因授而有大权的人只是个管政务的，不是什么民牧或居领头地位的救世主。

限权，议会的形式最直接，因为它，至少就理论说，是坐在民旁边的。坐得稍远一些，还有可以起同样作用的。一种是监察机构。与议会相比，监察机构对付的，经常是化整为零，或说由对事变为对人。但是，至少是有些有大权或小权的，如果官至上真变为民至上，就更怕这个，因为不好好干，一旦鞭子打到头上，倒霉的将是自己的身家。还有一种是司法独立，有权，一旦借权胡闹，犯了法，不管你有多冠冕的乌纱帽，也要对簿公堂。此外还有一种，并不是什么机构，而是民的自由，主要是新闻自由和言论自由。言与行无理，最怕言论自由，尤其见不得天日的，最怕新闻自由。这两种自由与议会、监察、司法独立有血肉联系，具体说是前者要以后者为后盾。其实还不只是后盾，而是，如果没有有实力的后三者，就不会有言论自由和新闻自由。这里姑且假定有后三者为后盾，以新闻自由为例，那就会有监督的大力量，因为，为了政治生命的绵长至少是安全，就不得不如临深渊，如履薄冰，用力做好事，避免跌跤。

不过，无论如何，权终归与大力有不解之缘，也就难免失控。算作限权的补充条件也好，还有两种规定很值得注意。一种是任期有限。这像是告诉受权者，如果有继续掌权的愿望，就要努力做好事，以便下次授权之时能够多得选票。这也是专制与民主有显著分别的一个标志。专制时代，以清朝为例，康熙掌政六十一年，乾隆掌政六十年（实际还要加上太上皇三年），都是任期终身，呜呼哀哉后才宝座易人，因为他们都认为这大位是天所授，或列祖所授，权无限是天经地义。往者已矣，变为民主，或只是为了表明民是主，即权之源，就不能不过个时期，拿出选票重新摇动一下，这样，重复一次上面的意思，受权者为了再一次能够受权，就只好俯首帖耳，不以天之骄子自居了。另一种规定也许更重要，是，除了民（其代表或依民意而立之法）之外，任何人没有使用武力之权。说更重要，是因为，如果容许某一个人自由使用武力，民为了活命，就只能山呼万岁，授权、限权云云就都化为轻烟了。

二四　大计

大计指对群体有大影响的决定和措施。有大影响，故不能不求好，不能不慎重。

先说大计。由理论方面说（实际方面总是难于划清界限），可以分为两类。一类是方向性的，即为了都活得更好，认为应该顺着哪条路往哪里走。这也是意见，总的，远见的，会牵涉到制度，来于某种看法或信念，通常名为主义。另一类，眼所望不是将来，是少则三年五年，多则十年八年的现在，着眼点大致是两个方面：一个方面，旧的情况或措施有了问题，要用新法治理；另一个方面，虽然不改弦更张也过得去，可是为了变齐为鲁，以改用新法为合理有利。前一类，影响面大，而且深远，称为大计，名实相副。后一类呢，内容复杂，包罗万象，只有少数，影响的面和度大的，如包产到户、计划生育之类，可以算作大计；至于从重从快处理刑事犯罪、鼓励发明创造之类，虽然也是重要措施，因为影响的面和度有限，就可以不算。以下先谈谈这两类大计。

第一类大计是一种看法或意见，关于如何制定整个社会形态以及其中所有人的生活方式的。显然，这，如果见诸实行，影响的广度和深度就太大了。其直接（时间未必短）的结果是社会的治乱兴衰和其中男女老少生活的难易和苦乐。影响大，问题也就不能小。先想到的一个问题可能是，这看法之来是否出于救世之心。这问题是由理论来，就是说，理论上也"可能"不出于救世之心；至于实际，这种可能是几乎没有的。不过，意在救世与能否救世是两回事。以太平天国为例，起兵反清以及若干新措施，当然也是意在救世，可是，如攻下南京以后，强制人民晨昏呼拜天父天兄，青年夫妇分住男馆女馆，不知信徒怎么样，至于一般人，就必致受不了。所以评价这类大计，眼睛不应该放在动机方面，而应该放在效果方面。效果方面包含两方面的问题：一是所设想的新形态是否真好；二是假定真好，能不能真正实现。两方面的问题都很难解决。先说好不好，其评定，可以形而上，从哲理方面下手；也可以形而下，从人的爱恶方面下手。不管由哪方面下手，结果都不会是异口同声。人各有见，怎么办？有哲理癖的人是举理据，但这还是会人各有见，互不相下。一般人是用武断法，都争喊自己如何正确，骂异己者不通。这样，走到十字路口，何去何从，理论的或理想的办法纵使可以从多数（自然，多数能否作为评定好坏的理据，也还是问题）；而实际，最后有抉择之权的总是能够"马上得之"的。这是力，可以与理合，也可以与理不合；但既已抉择，也就只好试一下，无其他路可走。总之就可见，这类大计的好不好，其分辨虽然绝顶重要，而取得分辨的既合理又满意的结果是几乎不可能的。再说能不能真正实现。显然，这只有实验，过个或很长或不很短的时期才能知道。还会有不利的条件，即人力很难估计的：一种，人是活的，不会百分之百地照前人估计和希望的那样行动；另一种，客观情况可能会有意想不到的变化。总之，依照因果规律，因不能固定不变，果之能否原样实现就很可疑了。这样，方向性的大计，照以上的分析，好不好，能不能实现，就都成为难定。但是人，扩大到社会，都要存活，就不能静待有定，然后活动。所以理想终归是有价值、值得重视的。这就又遇到两歧，打个比喻说，是不能不吃，又怕烫嘴，如何处理？

有些人讨厌温和的中道。其实，有关人的生活形态的很多事，常常是，突变大变，难于适应；慢变小变，容易适应。慢和小是中道。举一两个突出的例，早晚拜观世音菩萨，请求保佑，由满脑子赛先生的人看来是迷信，理应破除，可是就举起赛先生的大斧，把观音塑像砸碎，那位信士弟子必受不了，再有，也作用不大，因为只要信仰还在，早晚还会望空遥拜的。又如自由是个崇高的信念，谁也不敢触动它，哪怕是一点皮毛，可是谈到选择不再活下去的自由（一般是为结束难忍之痛苦），总是既没有理由驳斥，又不敢表示赞成。像这样的情况，我们对付的办法，前一种是承认信教自由，后一种是装作视而不见。承认，装作，都是有所见而暂且不动手，这是中道。处理方向性大计的中道是理想与现实兼顾。这有如黑夜涉水，手持木棍，试探着走，到对岸是理想，试探而后举步是现实。这样做有很多好处，举其大者。其一，理想只是"一种"看法，其价值不是绝对的，就是说，也可能并不好，或不十分好，试探着走，错误的危险会小些。其二，时时顾及现实，对理想而言，就既可以起修正（如果有不妥）的作用，又可以起保证实现的作用。其三最重要，是群体中的个个人容易适应，因而也就可以少些困难，甚至少些困苦。如果承认民本的原则，与生民的苦乐相比，一切大道理，冠冕的名号，都是微不足道的。所以，只是为了生民能够适应，能够忍受，在理想与现实之间，万不得已，难得折中，还是偏袒现实一些较为稳妥。

再说大计的第二类，针对现实，采取某种涉及全民的措施，以求治病，以求改进的。与方向性的大计相比，这类性质的大计，问题不会太大，只要有权出主意并付诸实行的人不醉心于遐想。遐想即脱离现实。所以对付这类大计，也适用理想与现实兼顾的原则。与方向性大计的理想相比，这对付现实的理想是近视的，因而影响就不会过于深远。但既然有变，其影响就不能不触及人民（或其中的一部分）的生活，因而也就会产生苦乐。谈到苦乐，问题也不简单。专说量（质的分辨更加复杂），苦乐有现时的大小，有长远的大小，有时为了避免长远的大苦，就宁可忍受目前的小苦。计划生育是个典型的例，由于某时期的无知和专断，人口过度增加，一碗粥几个和尚喝，困难来了。如果不限制，更大的困难就会到眼前。可是限制小两口生一个，仍然迷信"三多九如"的人会感到苦恼。这是理想与现实不能协调。怎么办？只得偏袒理想。但这种偏袒不是不顾现实，而是兼顾未来的现实；还有一个因素最重要，是拿得准，因为不这样，终于会有一天要落到旅鼠①的境地，食物净尽，不得不集体跳海。所以，处理有关大计的问题，理想与现实兼顾的原则之外，还要附加一个，或者也称为原则，是，要拿得准。

怎么就能够拿得准？以行路为喻。有一次由北京出发，乘汽车，往慕田峪长城。车过了怀柔，路变为不明朗，岔路很多，有时还像是环绕。我心里想，这不会走错吗？但不久竟到了。我衷心钦佩司机的认路本领，心里说，自己不能的，确是应该信任专家。这说广泛一

---

① 生活在北美和欧亚大陆北极地区的一种鼠类，因其繁殖过快过密，不得不时常大规模迁徙寻找食物，曾被误传为集体跳海自杀以保存子孙。

些，是应该尊重学识。与乘车到某地相比，有关全民苦乐、国家兴衰的大计是天大的大事，所以如本篇开头所说，必须慎重。慎重不是不办，是定措施之前，先听听专家（一般还要集体讨论）的。换句话说，要由科学做主，不由某一个人做主。专家，眼望到目的地，会清楚了解应该顺着哪条路走，行程中会遇到什么问题，怎样解决。而且要同样有专业知识的一些人参加讨论，讨论中不免有争论，一般是明显站不住脚的被丢弃，比如说，通过来一次浩劫的可能总不会有吧？所以慎重之道无他，不过是信任科学，不信任某一个人的幻想而已。

为了万无一失，慎重也要不厌其烦。这是说，凡是可以称为大计的，付诸实行之前，一定要人民点头。前面已经谈过，人民，数目太大，只能由其代表机构行使批准或批驳之权。这样的机构，比如名为议会之类，批准或批驳之前，当然也要研究讨论，其结果，也许还要凝聚为法条的形式。总之，就精神说，还是科学加慎重，因为大计是大，影响深远，甚至人命关天，就不能不这样。

二五 财富

财富指生活依靠的由人力创造的物质条件。这句话条件前有三项限制。一是生活依靠的，如依靠粮食，不依靠北极的冰山，前者是财富，后者不是。但清楚划界也难，因为有些事物，如月光，显然没有也能活，可是渴望"千里共婵娟"的人也许就不这样看。人力创造的也有类似的问题，煤矿，露天的，非人力创造，我们也当作财富。物质这个条件更加复杂，脑力，转化为科技，是生产财富的源泉，所以也可以当作更贵重的财富。这些思辨方面的麻烦都由定义、划界之类的书生习惯来；为了避免麻烦，不如从常识方面下手，说我们所谓财富，一般指可以或需要用钱买的。这样，大如波音747，小如纽扣，忙如食品，闲如盆花，质实如钢铁，空灵如文稿（如果有出版机构肯印），就都成为财富。

财富种类无限之多。有些是人人需要的，如粮食和衣服；有些不是，如书和金戒指。泛泛说，或就整个社会说，由最低的存活起，到人能想到能得到的所谓最大的幸福止，都离不开财富。所以讲修齐治平（儒家所谓修身、齐家、治国、平天下），一项最重要的任务是创造足够的，即能够保证群体中的个个人都不只能存活还能过幸福生活的财富。是不是可以说多多益善？理论上也许有问题，因为过多，一方面会难于存放、打发，另一方面还会饱暖生闲事。实际却无妨这样说，因为至少是不很远的将来，我们愁的只能是不足，不会是有余。所以讲治国，尽力发展生产，求财富增加，总是对的。一切问题是由寡和不均引起的。

寡的现象显而易见，专就果腹说，僧多粥少，如中年以上的人都经历过的所谓三年困难，除极少数人以外，都填不满肚皮，就成为大苦难。果腹以外，人的欲望还无限之多，如往肚子里装，米面加蔬菜，不愁，却想装对虾和鸡块，间或可以，天天如是就办不到；又如饱暖了，行有余力，还想项上加金项链，也不是人人能做到。有欲，有些人，甚至不少人，不能满足，原因就是寡，即财富的量还不够多。不够多，想变为多，弄清楚不够多的原因最重要。而说起原因，那就非常复杂；复杂中还有难言之隐，比如原因是人，而这人恰好是有威权的，封建教条有所谓天下没有不对的君父，就只好往其他方面推。因果关系混乱了，求变少为多就更难。且说因果关系都清清楚楚的，荦荦大者也不少。只说人人都会想到的。上面说僧多粥少，这多少由比例来，其中显然含有大道理，即如果僧不多，粥就够吃了。这就不能不触及人口问题。有的人只看到人多力量大的一面，没有看到生产力非无限而有肚皮就须填满的一面，这是无知，其结果就必致引来僧更多而粥更少的恶果。幸而经一事长一智，现在是广到全世界，幼到三尺童子，都知道人口迅速增长是如何严重的问题了。比知道更重要的是办法。这有最根本的，是提高教养，以破除以"三多九如"为幸福的千百年来久矣夫的信条。但这非三年五年之功，只好急功近利，靠法。我的看法，为了人数多并时间长的利益，法无妨偏于严，比如限制一对"至多"生一个之外，似也可以考虑推行优生的原则，即认定由于遗传会不利于下一代的，许婚而不许生，等等。人口问题之外，财富寡的原因还有偏于人的，如民方面，劳动积极性不高，管理方面，大大小小的措施不当，也会有多生产的可能而实际成为寡。人心之不同各如其面，不管办法怎么好而且周密，总会有一部分人愿意懒散而不愿意劳动。大人掌大政，也只能求多数好好干，对于极个别的，只要不违法，就睁一眼闭一眼。最怕的是大多数不好好干，那就要赶紧找原因。原因有出于天性的可能，不过好逸恶劳是天性，想活而且求活得像样也是天性，所以，单从人定胜天方面着眼，也要多从管理方面（广义的，直到包括教育）找原因。举个突出的例，强迫顾亭林、李时珍之流去扫厕所，由红卫英雄督着，求财富增加就难了。财富寡的原因还有客观的，天时、地利之外，还有个大的，近百年来大露头角，曰科学技术。即以农业而论，科学种田的结果，产量竟可以增加十倍八倍。所以，总而言之，求财富变少为多，就要多方面想办法，一切办法都要建基在科学上，该急的急，不能急的慢慢来。

总的多寡之外，还有分的如何均衡的问题，严重性虽然未必加大，复杂性则多了很多。以下说说一些比较重大的。

其一，财富包括几乎无限的门类，多生产什么，少生产什么，有如何调理才合适的问题。原则上是有计划比自由放任好。放任，为了赚钱，有的人就会不种棉花而种鸦片。计划也离不开原则，这原则的确定却相当难，比如于群体（包括其中的各个人）有利像是个颇为合理的原则，可是依照这项原则，我们就推演不出应该允许种烟以及开设卷烟厂的措施来。在这类事情上，我们又不得不采用理想与现实兼顾的原则，办法是，先由专家算计，分别需要的主次，画出理想的生产蓝图，照蓝图规定具体措施，现实方面有扞格的，关系大的设法调整现实，关系小的放松。这样，举例说，衣食住都有保障了，有的人还想口衔烟斗手提鸟笼在人行便道上摇摇摆摆，就可以既供应烟丝又供应鸟笼，至于个别人还想吸几口鸦片，就坚决制止。

其二，生产和享用之间有个躲不开的大问题，是如何分配才合理。种类方面问题不大，因为一个人的需要总是千万种中的一小部分。俗谚说，"新年来到，姑娘要花，小子要炮"。又如汽车不坏，也有用，许多人就不要，或不敢要，因为养不起。这"什么不起"中隐藏着大学问，是种类的分配可以由钱袋来调节：需要，买得起，就要；反之就不要。理论方面的大问题来于，假定可以按照严格计划分配，应该不应该做到量（或由金钱来表示）的平均。这，再假定做得到，像是合乎平等的原则，一个和尚一碗粥，就都可以心平气和了吧？但这显然是理想，或说空想，因为事实是必做不到。也不应该这样。原因很多。以食品为例，焦大需要的量多，林黛玉需要的量少，平均分配反而不合理。还有，人，能力不同，贡献不同，平均分配也会成为不合理。不得已，只得放弃平均的原则，改为公道的原则，如我们常说的按劳取酬就是。这个办法，粗略一看，与公道的原则相合，像是无懈可击，其实问题是既不小又不少。就算是不来于理论吧，但我们知道，实际经常是比理论更僵硬，也就更不好对付。这实际，只举显著的，如劳动的种类无限，减去无利（如提笼架鸟）和有害（如偷盗）的不计，比如某农民收割小麦半天，某小官做报告半天，定酬，同酬还是分高下呢？如果分高下，应该哪个人高一些？还有更实际的难，比如已经规定大学教授之劳较之饭店服务员之劳应该多得报酬，就真能做到吗？这虽然是个别的小现象，如果认为不合理而想改为合理，就可能牵一发而动全身。所以终会成为大难。还有个虽未必大却也相当根本的难，是某劳给予某酬，由谁定，这谁不会厚己薄人吗？觉得自己的所做无足轻重总是很难的。此外还有一种情况，是总会有一些人，因种种客观原因（因年老的不算）而不能劳，也有存活的权利，于是，至少在这种小范围之内，我们又不能不放弃按劳取酬的原则，而换为人道主义的原则。

这换表明人道主义的原则比按劳取酬的原则更根本，根本常常能够产生指导行的原则。这，就我一时想到的说，有以下几项：一是，财富是保证生民存活和幸福的最重要的条件，讲修齐治平，应尽力求人人有适度的量（最低要能维持饱暖），并予以保障（不得任意籍没）。二是，公道的原则下加一些平均的原则，如实行按劳取酬，最好还能做到贫富不过于悬殊。三是，要坚决制止以其所以养人者害人，举例说，借财力危害别人，奴役别人，剥削别人之类，就不能容许。四是，总会有一些人不能（甚至包括不愿）自力取得财富，根据人道主义的原则，只好予以救济。最后，还要记住，人是活的，合为群体，时时会变，所以任何考虑周密的措施都不会万无一失，所以总的对应之道应该是：一方面，努力求好；另一方面，零星小事未能与理想合，安于差不多也无不可。

二六　法律

　　法律，就其性质说，范围可以广，凡制定或约定，在某范围内，某时期内，对某些人有约束力的，甚至不成文的，都是。这样理解，那就某一小单位的某种规则之类也是。不过通常所谓法律，是指成文的，由国家某有立法职能的单位制定的，这里想谈的是这一种。一种，是就性质说，指实就有若干种，并且分为不同的层次，如宪法层次最高；不同的性质，如有刑法，甲把乙打伤，要根据它处理，有民法，甲欠乙钱不还，要根据它处理。这里讲道理，想只泛泛地说法律，那就凡是名为什么法的都在内。

　　我们过群体生活，何以必须有法律？这可以率直说，是因为我们不是圣贤，受天之命，有情欲，想满足，就可能越轨，或直说，做坏事。法律的起因，或目的，是防止人做坏事，其意若曰：你在这个群体中生活，只许如此如此，不许如彼如彼；而万一你如彼如彼，就依法使你受到应得的报复。这说的所谓人，所谓你，指一切神志清楚的成年人，即自己的意志能支配自己行为的人。这样，用历史的眼光看，人类的法律就可以分为两类：一类，时代早的，或说封建的，是法出于金口玉言，那金口玉言的人当然不受限制，或者说，某一个人或某些人有特权，可以逍遥法外；另一类，时代晚，或说民主的，是法，原理上由全民定，至上，没有任何人可以出言成法，而自己则可以不守法，为所欲为。两类相比，至少由绝大多数人看，当然以后一类为合理，为好。可是，历史（或说传统）力量太大，因而法律，由前一类"实质上"变为后一类则大不易。不易的表现有二。其一，形式上法由民定，而所谓民意实际乃是有威权者之意，这就是变相的金口玉言。其二，立了法，其中确是有不少合理的或说利于民的规定，可是有威权的人可以不遵守，不执行，那就所谓法成为具文，有等于无了。

为了法真能有法之用，有不少有关法律的事我们必须努力做到。其中第一项，或说首先，是立法的必须是民，根据的必须是真民意。这方面的问题也不少。天字第一号是哲学性质的，是民意就一定好吗？自然不敢担保。可是，如前面多处所分析，我们所以不能不走这条路，是因为无其他路可走。或者说乐观一点，比如十个人一桌吃饭，选定吃川菜还是吃鲁菜，意见不一致，表决，七人川，三人鲁，从多数，即使上菜后未必能皆大欢喜，至少可以取得多数不抱怨的效果。立法也是这样，求十全十美大难，只能求多数人首肯，以期有小缺漏也不至群情愤激。接着来的问题也不小，也许更大，实行方面的，是怎样才能做到由民立。这在前面也谈到过，求人人都参加必办不到，也许还不合适。又是不得已，只好乞援于选举。其后，假定所选之人真能代表人民，立法，还要满足什么条件呢？

总的是两方面的条件。一方面是立法之人，要是德才兼备的专家。德的要求是只管人民利益，不管其他，如权贵、金钱、亲近之类。才是精通与法律有关的知识，包括社会状况之类。立法是大事，很复杂的事，无德无才就不能胜任。另一方面是立法时应该注意这样几个原则，一是公道的原则。这就是现代常说的法律面前人人平等，也就是要照顾到个个人的利益。这里说公道，不说平等，比如对于老弱病残，可以规定不多劳而多酬，甚至不劳而酬，这是不平等，却合于公道的原则。二要有远见。身处现在，要看到社会各方面会有的或必有的发展变化，其中可意的应该通过法律的规定来促进，不可意的要通过法律的规定来防止。三要切合实际，即洞察社会的各个方面，对症下药，求行之有效。

立法方面，还有偏于宽好偏于严好的问题。具体说是，对于某一种造成危害的行为，予以处治，是从轻好还是从重好。这个问题很复杂，因为错误的行为各式各样，还有，由人方面看，由动机方面看，由结果方面看，也会分量不同，不同，就不宜于同等对待。这里只能说说原则。一种是总的，为了违法的现象尽量减少，从严会比从宽好。一种是分别对待的，如对于官和民，同样违法，前者宜于从严，后者可以从宽；又如同是违法行为造成恶果的，动机不坏的可以从宽，动机坏的宜于从严。

立法方面，还有偏于粗好偏于细好的问题。人事复杂，细就不能不繁琐。但繁琐有繁琐的好处。好处有积极方面的，是各式各样违法的现象，处治，大致都有法可循。好处还有消极方面的，是可以防止居心不良的人钻空子。举个很多人感到头疼的例，如果到官府办某种事的手续，有限定几天完成的法，而且有法办的传统，不送礼就任意拖延的事就没有了。

法是处理社会问题的依据，社会情况有变，法怎么办？显然，社会情况经常是变得快，法不能步步随着，因为那就会常常变。常常变，立法机关麻烦是小事，民将无所措手足是大事。所以情况和原则都必须是，不管社会情况如何变化，法只能稳步跟随：稳步是不多变，跟随是到适当的时候也变。

立法之后，紧接着来个实际上更严重的问题，是如何保证能够依法而行。专制时代也有法，可是皇帝有任意处死之权，那属于封建，过去了，可以不提。单说有宪法之后，如宪法规定人民有言论自由，某人说了逆有威权者之耳的话，仍可以算作犯罪，因为有威权者出言即法，即有超越法律之权。所以想使法律真能有实效，就要没有任何人有超越法律之权（包括立法之权）。这就是所谓法律至上。如果法律真是民意所立，法律至上就是人民至上，或说民主。法律至上的说法是一句话，至多是个原则，想化为实际，还要有保障的办法，目前通用的是司法独立。独立，是只对法律负责，不受其他任何势力管辖。这任何势力，其实就是行政势力，因为只有它能够动用武力，有大权。法律至上，司法独立，最重要的表现是，对于掌权的人，包括高高低低，只要违法，可以同样依法处置。这之下，如行政无权指使司法如何如何，就更不在话下了。

最后说说，法律总是带有强制性，所以其"价值"不是无上的。

130

这样说，是因为：其一，即使法令如牛毛，总会有些人（纵使是少数）不怕甚至甘心犯法；其二，求社会安定，比法律更重要的是绝大多数人有守法的习惯。这习惯，少半来自有合理的法律，多半来自绝大多数人有适当的教养。打个比喻说，我们画一条水平的中线。法律主要是防止人落到中线以下，至于升到中线以上，那就要靠教养。如何能够提高教养？以下另题谈。

二七　道德

《孟子》有几句话："鱼，我所欲也，熊掌，亦我所欲也，二者不可得兼，舍鱼而取熊掌者也。生，亦我所欲也，义，亦我所欲也，二者不可得兼，舍生而取义者也。"各文言散文选本都收，还入了语文课本，所以大家都熟悉。这几句话，前半是比喻，重点在后半，是一种生活态度：好死不如赖活着，生死事大；可是万一被挤到生与义间只能取其一的时候，就死，所谓慷慨就义。这种生活态度，或说主张，任何人都知道，实践大不易。孟子怎么样，不知道，因为他没有被挤到这样的夹缝，寿终正寝了。孟子以外，至晚由荣居《史记》列传之首的伯夷、叔齐起，数不尽的男士，都照孟子指点的路走了；女士更多，因为世间有太多的男士，见色忘义，会使女士，不死就陷于不义。不管是男士还是女士，为之而舍生的义都不得不实指到事，而这事，用另一个时代的眼光看，评价就可能两样。举例说，某男士为某理当亡国之君死了，某女士为许嫁而未谋面的某短命鬼死了，在封建专制时代，男要赐谥，女要旌表，都是应该名垂青史的，我们现在看就未必是这样。说未必，因为对于忠和贞，在有些人的头脑里，像是还没有斩草除根。这里谈道德，重点是泛泛的理，忠和贞一类，因为牵涉到事，可以装作不见。其后，着重研讨的应该是：舍生取义，要有大力量推动，这力量显然不是由法律来，因为赴刑场是绑着去的，所谓被动；取义是主动，这力量从哪里来？任何人都知道，是从道德来。道德有如此的大力量，是怎么回事？

大概是因为难于追本溯源，昔日的贤哲都是只管当然，而不问其所以然。孔门的最高德是仁，说："君子无终食之间违仁，造次必于是，颠沛必于是。"孟子说："恻隐之心，人皆有之。"宋儒是喜欢钻牛角尖的，也只是说善来于天理，而不问为什么会有天理，而就有这样大的力量，能够使人虽未必有利而甘心向善。康德更进一步，是兼助以赞叹，说："有两种事物，我们越想它就越敬畏，那是天上的星空和心中的道德律。"畏，是因为感到它力量太大，能够迫使人舍生。敬畏，不进一步问本原，显然是因为本原难找。其实，由我们现在看，这难是由于昔人惯于集中一点，局于形上而忽略形下。形下是什么情况？不过是，人想活就不能不勉力也让别人活，日久天长，成为习惯，并（因为难）信奉这样更好而已。追问是学究习气，就本篇说，更重要的是，确认它有大力之后，要了解它的性质，以便能够适当地利用它。

关于道德的性质，也是不管落实到事会是若何形态，为了省力，可以引孔子的话，是："子贡问曰：'有一言而可以终身行之者乎？'子曰：'其恕乎，己所不欲，勿施于人。'"这是从消极方面说。还有从积极方面说的，是："夫仁者，己欲立而立人，己欲达而达人。能近取譬，可谓仁之方也已。"用现在的话说，是不管做什么，都要设身处地想想，即视人如己，我不愿意挨整，也就不整人；我愿意别人对我好，也就好心对人。再说得明快些，所谓有德，其本质不过是，自己想活，也给别人留点活路；或争上游，尽可能使相关的人得些好处，有时甚至不得不损己也在所不惜。能这样做，是心里总是这样想，这存于心的力量，用康德的话说是道德律。称为律，有不可冒犯的优点，但会引来谁所定的问题；不如多顾实际，就人说是有德，离开某某人而说这有强人为善的力量是道德。

任何人都可以看出，为了社会，至少是安定，这道德，作为群体的精神财富，是如何贵重。甚至可以夸大说，如果道德能够生实效于一切人一切事，那就可以不要法律。人人都是伯夷、叔齐，各种锁就不再有用，惩治偷盗的法规和法院自然也就成为多余了。我们没有（或说永远不能）做到夜不闭户，路不拾遗，显然是因为，花花世界，不能人人都是伯夷、叔齐，并且，至少是会在某时某地，绝大多数人成为蔑视道德的勇士，那就连法律也成为一纸空文了，这里且不管某时某地，还是正面说道德的优越性。这，可以引一句家常话来说明，比如有一家人住个小院落，院有围墙，不高，有柴门，很破烂，有人会说这样的墙和门，都是防君子不防小人。君子绝不会越墙或破门而入，是因为有力量管着，这力量是道德。说起这管着，与法律相比，优越性表现在两个方面：一是不择时不择地（或说永远跟着），此即古人所谓"尚不愧于屋漏"（《礼记·中庸》）。二是不会有逾闲的危险，因为定型为强烈的取义之心，管得严，就不会知而不行。法律就不成，杀鸡给猴看，有些猴胆小，或尚略有求好之心，可以生某种程度的功效；还有些猴，有时甚至数量不小，是既不胆小，又无求好之心，那就只能劳动民警或武警，昼夜跟随，然后，幸而天网恢恢，疏而不漏的，扭送法院了。显然，法网是不能密到必不漏一个的，于是就不免于积案多而不能破，这是说，为了社会的安定，法律的效力是有限的。

有限，可以不可以说，要用道德的力量来补充？我的想法是应该反过来，说以道德为主，因为它不能在任何人身上都百分之百地有力量，所以才用法律来补充。这样说，我们就会想到一种此长彼消的情况，是：如果道德的力量增大，法律管辖的范围就可以缩小，社会反而容易安定。由此推论，谈论社会，讲治平之道，就应该在培养道德方面尽大力量。而说起培养，有些事情就不能不注意。这是一，要心明眼亮，知道所谓道德，所谓有德，本质是什么。比喻说，提倡视人如敌，父不为子隐，子不为父隐，就是反"己欲立而立人"之道而行，培养云云也就名存实亡了。二，培养，难易，甚至能不能成功，都决定于群体（或说绝大多数人）的文化教养。有教养，容易看到并重视己身利益之外的一切，这一切自然包括己身之外的人及其利益。反之，不识之无，正如我们睁眼所能见，蝇营狗苟，眼只看私利，手只抓私利，甚至信奉人不为己、天诛地灭为天经地义，培养，即使尽了最大力量，求这样的人变为伯夷、叔齐总是太难了。三是言教不如身教。身指（或偏于指）位高者和年长者之身，所谓上行下效，"草上之风必偃"，无言或少言，方法是感化，总会比夸夸其谈而行则另一套，容易生实效。四，要在风气方面用大力，使群体中几乎人人都相信有德是荣，无德是辱。这荣辱的观念力量最大，因为义是心理的，荣辱是世俗的，上面所说旧时代许多男女士为忠贞而死，推动的力量，明显而直接的就是这荣辱，义云云通常是隐在背后或书生的书本中的。五是不可求速成。人，就其本原说同样是有欲因而不得不求满足的动物，"人之所以异于禽兽者几希"是孟子的看法，这希大概就是指能够文而化之。文化，表现于物是各种利生的设施，直到汽车中也加空调；表现于心，至少我这样想，就是克制自己，"能近取譬"的道德修养。物方面的设施，心方面的修养，都要慢慢来。求速成，其情也许可原，其效果则常常是可悲。如物，求几个朝夕就亩产几十万斤，其结果只能是饥饿和可笑。心方面也一样，用鞭挞的办法求一动之后小人尽变为君子，其结果必是连原来的君子也变为小人，因为德是来于自发，鞭挞则自发毁灭，道德也就连根烂了。

这不能求速成还使我们不能不想到另一种情况，是速毁却非常容易。可以用比喻来说明，那是瘾君子的戒烟，一天两天，一月两月，甚至一年两年，想吸而竟忍过去，可谓大不易；可是开戒却太容易，只是人家让，自己伸手一接之功。道德（文化的重要成分）也是这样，还是以小事为例，穷困，路上遇见遗金不拾，是千百年（就群体说）来正心诚意修身而成，变为拾，回去换酒肉，享受一番，只凭一念之差就可以。所以讲治平之道，不可凭幻想，拿道德开玩笑。比如说，为了目前的某种利益，广开门路，引导并驱赶人舍爱而取恨，舍诚而取诈，舍慈悲而取残暴，短期也许能有所得，日久天长，群体中都成为这样，后悔，想挽救就太难了。所以，有时我甚至想，一种不完全合理的道德总比没有好，因为其本质总是克己，这是社会所以能平定的纽带，没有这个，人人为私利而甘心无所不为，那现实和前程就大为可悲了。

最后说说，道德的本质和表现都离不开利他，这他，无论是就理论说还是就实际说，都有范围问题。孟子说，"人皆有不忍人之心"，这人指己身以外的，想来也不排斥人类以外的，因为他还说："见其生不忍见其死，闻其声不忍食其肉，是以君子远庖厨也。"这就心说是仁的范围扩大；可是儒家讲的究竟是常人常道，所以纵使推崇仁为美德，还是吃肉，只是饭桌离厨房远一点，以求耳不听心不烦。佛家就比较心行合一，是定杀为大戒，所以也就不许吃肉食，连穿皮毛也不可以。魏晋以来，中国不少佛门的信士弟子不吃荤，这是他们的德。他们也是人，这就引来一个问题，德的本质是利他，我们推重道德，吃红烧肉、烤鸭之类究竟对不对？这个问题很复杂。可以从信

仰方面看，大概只能各行其是。还不得不从实际方面看，求人人都成
为虔诚的佛门信士弟子必做不到。不可能的事，不深追也罢。不过，
"人皆有不忍人之心"终归也是实际，怎么办？在这种地方，可行之
道也许只是差不多主义：比如对于牛羊鸡鸭之类，能够研究出某些方
法，使之得安乐死，总当算作向文明迈进一大步；至于夏日在身边搅
扰的蚊蝇之类，只好狠狠心，用蝇拍一拍，使之往生净土（据说也有
佛性）而已。

二八　时风

何谓时风？古谣谚如"城中好高髻，四方高一尺"是最简要的说
明。这样的时风有不少特点。一，不管出于什么原因，或竟不知道出
于什么原因，有的渐渐，有的甚至相当快，在一般人的心目中，就成
为美，成为好，总之就带有高程度的荣耀，于是也一般人，就趋之
若鹜，简直成为非此不可。二，常常未必是必要的，如古之高髻，今
之高跟，换为不高，反而可以方便些，只是因为成为时风，至少是不
惑之年以下的，抗就不很容易。这里说非必要，被时风吹得东倒西
歪的人或者不同意，因为他或她们会认为，既然带有荣耀，就是必
要。那就补说一点解释，是这里所谓必要，是指没有它，生活（包括
社会）就不能维持的那些，如古人称为大欲的饮食男女之类，必不因
时而变；高髻和高跟不属于这一类，也就会因时而变，所以不是必要

的。三，也就可能未必是好的，如走后门也可以成为时风就是这样。四，因为是时，纵使这时可以相当长，甚至很长，总会由于来个过时而成为陈迹，如高髻就是这样。五，因为是风，非必要，未必好，总有一些人，褒之是一般人以上的，贬之是顽固不化的，会不趋之若鹜，甚至有反感。

非必要，未必好，还会为少数人所鄙视，是一面，由影响方面看是不重要的一面。另一面则绝顶重要，是力量非常之大，至少是一般人，被吹而想逆风而行就几乎做不到。以高谈祖国灿烂文化而不愿碰的女人缠小脚为例，这是最典型的时风，可以看看它的力量是如何大。谈大的现象之前，似乎应该先考虑一下相关的理。大概是黑格尔说的吧，凡是已然的都是应然的。应然是必然之外还加上某种量的价值。还是限定说女人的脚，在其上玩各种花样，由身外的高跟、绣花、嵌香料起，到身内的加工求瘦小止，就真是这样吗？不知道性心理学家如蔼理斯之流会怎么认识，至于我们一般人，就最好是安于近视，只看表现而不问价值。退一步，就说是也许与价值有多多少少的关联吧，这所得总是大的所失换来的。专说身内的加工，变大为小，变宽平为尖，其所失是立不能稳，行不能快，总是牺牲太多了。可是风的力量就是如此之大，因为男士女士都觉得女性以娇柔为美，脚瘦小显得娇柔，于是由很早起，爱美的女性就在这方面用力追求。先是小修饰，如赵女郑姬之类卖笑佳人"蹑利屣"，见《史记·货殖列传》，利屣就是尖头鞋，瘦了。到唐代，传说"平明上马入宫门"

（唐·张祜《集灵台二首》其二）的人物着小蛮靴，推想必是小巧玲珑的。小巧，身内是否加工，如加，加到什么程度，不知道。其后到北宋，就可知是加了工的，有近年发现的艺妓的图像，脚短而头尖为证。推想此风到南宋就急转直下，变小加工为大加工，铁证是王实甫的《西厢记》，崔莺莺的绣鞋是"半拆"（三寸），这是当时美人的形象，脚已经小到极限，其后明清两代，不过依样葫芦而已。这样，可见至晚由北宋起，女性脚加工求瘦小已经成为时风。然后看看其力量是如何大。只须举一点点例。先说个别的：男性，如蒲松龄，我们视为国宝的开明人物，写《聊斋志异》中的"织成"，"三寸"之不足，还夸张为"细瘦如指"；女性，清初以满俗改汉俗，曾下令禁止缠脚，青年妇女有因此而自杀的，见《东华录》。再说泛泛的，是无论男女老少，都认为女人的脚就应该这样，不这样就不成其为女人。这就是时风，因为力量过大，又常常不合理，或说不讲理，所以简直说是可怕的。

时风，由起因方面考察，都有所为。这所为，有出于多数人的，如上面谈的女性贵娇柔，因而在脚的瘦小方面下功夫，就是自天子至于庶人，几乎都是这样看。有出于少数人的，如楚王好细腰，汉武帝崇儒术，来源只是孤家寡人一个；六朝时期讲门第，来源是王谢之类朱门大户，终归还是少数。这关系都不大。关系重大的是一旦成为时风，它就有了比法律更为强大的强制力量，更糟糕的是就几乎不再有人想到跟它讲理。也唯其因为不讲理，它的影响，及于社会，自然包括其中的个个人，就特别深远。这影响，有好的可能；但是俗话说，由俭入奢易，由奢入俭难，风，没有理控制，刮向不合理的可能总是更大的。如果不幸而竟刮向不合理，而它又有难于抗拒的力量，为社会的治平和向前、向上设想，问题就严重了。

所以管理社会，求治平，必须重视时风的情况。显然，行之前，先要能够分辨好坏。这方面的问题更加复杂。因为一，人心之不同各如其面，比如视有钱加物质享受为荣耀，你不同意，视为荣耀的人或则不理睬；即使理睬，也必是你说公的理，他说婆的理，在人生之道方面，以理服人是很难的。还有二，时风也许大有来头，如楚王、汉武帝、王谢之类，他说某装束美，某信条是真理，你就不再有争论的权利。还可以加个三，是时风如决口后的水流，都顺流而下了，谁还有力量或闲心想想，这顺流而下究竟对不对呢！分辨好坏难，不过管理社会，求治平，求向上，却又非分辨不可。不得已，只好仍乞援于人文主义，用常识或通俗的话说就是，凡够得上"文明"这个称号的，我们要，反之，我们不要。举个概括的例，喜爱科学、艺术与喜爱金钱和物质享受之间，平心静气用理智衡量，我们总会承认前者高于后者。等而下之，惯于公道、依法办事与走后门、行贿受贿之间，其好坏的分辨就更加容易了。

知之后是行。如何行？具体难说，因为不能不就事论事。只好说说原则。比喻坏的时风为病，精于养生之道的人必是多在积极方面下功夫，即用各种方法锻炼将养，以求不病。治大国如烹小鲜，理是一样，也是要用一切办法，如教育、宣传、奖励之类，以求绝大多数人愿意顺着正路即向上的路走，形成好的时风。这样做，还有个成功的秘方，是用荣耀感为灵药，比如说，如果能够使绝大多数人"感到"入餐馆宴会，越俭朴越荣耀，就用不着三令五申，严禁大吃大喝了。不病是用引导法有成的结果。但人是活的，各有各的想法，各有各的所好，还是以养生为喻，无论怎样谨小慎微，求永远不病终归是做不到的。这是说，时风变坏的可能必还是不少。如果不幸而竟至变坏，出现以发财和享乐为荣耀、以行贿受贿为当然之类的时风，怎么办？自然还是只能说个原则，是如对付患病然，一方面要有决心治，另一方面要想尽办法治。

决心也许不难，收效则大难，因为追到根柢，关键还是人心所向。所以求治本清源，还要在变人心方面下功夫。所谓变人心，仍须从根本方面说，不过是提高群体的教养。这在前面已经说过，教养的提高包括知和德两个方面。如果两个方面都能提到很高，说句近于幻梦的话，群体中人人都成为顾亭林或秋瑾，那就真可以垂衣裳而天下治了。

二九　育人

人，由呱呱坠地算起，得生于自然。自然赋予的资本不少，可见者为肉体，不可见者还有本能、资质之类。但为了能活并且活得好，他或她就还要取得应付环境（包括自然的和社会的）的多种能力。这多种能力，首要者可以概括为两个方面，知和德。或者换个说法：人生来都是野的，为了能在已然的社会中生活，而且活得好，就必须变野为文。变野为文，要靠身外的力量以文明化之。这化的大业，由社会方面说就是育人。

育，要有方法，或兼有设施。育者教，受育者学，形式可以集中（时间、地点、规模等），可以不集中。我们可以称集中者为狭义的育人，典型的为各类学校、各类训练班之类。这狭义的育人，特点为明确、整齐，比如初中一年级，收多大岁数的，学什么，何时上课，考试及格如何，不及格如何，等等，都有明确规定。不集中的广义育人是个大杂烩，大大小小，各种形式，凡是受育者知见上有所得的都是。举例说，幼儿初次看见驴，呼为小马，妈妈告诉，是驴，不是马，这也是育人；大街上吐痰，受罚，自然也是；甚至投稿，字迹不清，审稿人批个"字多不识，故退"，同样是育人。这广义的育人，重要的是一些大类，也说不尽，容易见到的如宣传（典型的如各种广播）、出版、社会风气，直到通过各种规定和措施，让玄奘去译经，李清照去填词，等等，都是。但目的则是简简单单的一个，无论就个人说还是就社会说，都是求变野蛮为文明。

人类过群体生活，置身于社会，凡是社会都是有文化（可高可低，可好可坏）的社会，所以就个人说，想在社会中生活，就要融入某种文化。如何融入？要经过历练成为熟悉。熟悉，或提高说是造诣，有程度之差。算作举例，可以分为高低两等。低是能够靠自力存活，或说具有"必须"具备的过社会生活的能力（这是就一般成年人说，病残例外）。比如会说话，能够从事某种劳动以取得工资等就是。高是除了过社会生活所必需的能力之外，还具备某种或多种非必需的可以为文明大厦增添砖瓦的能力。比如在科技方面或文学艺术方面以及其他技能方面有超出一般的成就就是。由育人的要求方面看，比喻有个目标，低的造诣是必须达到的；高的造诣是超过，虽然就某个人说不是必须，可是就整个社会说，这属于理想性质，反而应该努力追求。

无论是低的造诣还是高的造诣，都要千里之行，始于足下，或说以某些最基本的文事为基础。这文事，最基本因而也就最重要的是知识和品格。所以育人，具体的方法和所求虽然千头万绪，作为枢纽，不过是变无知为有知，变无德为有德。关于品德的重要及其培养，前面谈道德的时候已经谈过，这里只谈知识。知识取广义，包括以之为基础的各种大大小小高高低低的能力。在这方面，育人的要求，或说原则，是两个。一是一般的高度（大致相当于义务教育培养的目标），应该是势在必成。这一般的高度指一般的文化常识，虽然名为一般，名为常识，内容却非常广泛。比如对于某事有意见，无论用口还是用笔，都应该能够把论点和论据有条理地说清楚。知识呢，俗语有所谓上知天文，下知地理，天文，如我们居住的大地不过是太阳系的一个行星，地理，如赤道以南还有不少国家，也属于常识范围，应该知道。由古今方面说，应该大致了解我们的历史，朝代的递嬗，直到今天，我们的经济情况，等等。此外，看来较冷僻的，如逻辑常识，似乎也应该算在一般文化知识之内，因为分辨是非对错的时候常常要用到。总之，这一般的高度，虽然是育人的低要求，达到却并不容易，原因很复杂，不好说；只说现象，如果连扫盲都做不到，那就这一般的高度也成为理想，甚至幻想。谈到理想，就上升到另一个原则，是要尽大力，求一部分人（多多益善），由一般的高度再往前走，在某一领域取得更高的造诣。这是培养拔尖儿的人才，社会的从速发展、向上，甚至可以说主要是靠这方面的育人取得成效。

育人，求群体中的人人（病残除外）都达到一般的高度。尽人皆知，主要的办法是普及教育。比如说，能做到成年以前都高中毕业，就差不多了吧？但说容易，真做就问题不少。一个最大的问题恐怕是，人太多，钱不充足。还有另外的问题，比如说，有上学的机会，有些人宁可去叫卖赚钱，怎么办？可见普及教育，还要社会风气不扯后腿。此外，如上课教什么，怎样教，师资的质与量，出版以及图书馆等能不能配合，等等，都会对能否达到一般的高度产生影响。

培养拔尖儿的人才，困难就更大，因为不能专靠学校。或主要不是靠学校。由理论方面说，最好能够做到，消极方面不屈才，积极方面人尽其才。天之生材不齐，有的人见数字就头疼，却喜欢并能够作诗，那为育人计，就不要让他去钻研数学，而去钻研文学。最大的困难是人的兴趣和才能尚未显露之前，怎么能够经过分辨，让杜甫去学诗文，让李时珍去学本草。这里只能说个原则，是想尽办法（规定、

144

措施等），让人人有自由发展的机会。譬如有那么一个人，本来是从事农业劳动的，可是喜欢音乐，并表现出有这方面的才能，就要使他不很难地从农村跳到某音乐的单位。显然，没有适当的财富、人事、社会结构等方面的条件，这是很难做到的。

育人方面还有个像是看不见却永远存在的大问题，是育人者总希望受育者信己之所信，跟着自己的脚步走，这究竟对不对？好不好？这问题大，还因为它太复杂。一方面，人总不当（几乎也不能）教人信教者自己所不信的。如孔孟信仁义，就不会告诉弟子说仁义不好，不要行仁义。可是还有另一面，是某人之所信，可能并不对或不好。反观历史，这样的事太多了。一时的，如秦皇、汉武相信求得仙药可以长生，错了。长时期的，如相信天子圣哲，因而应该君辱臣死，我们现在看也错了。可能错，实事求是，似乎应该容许甚至要求受育者存疑。但这就不好登上讲台了，尤其传授一般常识的时候，怎么能兼说这未必靠得住呢。一条由夹缝中挤出来的路，可能只是，教者自教，容许受教者不信。这种态度来自一种精神，用佛家的话说是鸟身自为主，用康德的话说，人是目的，不当当作手段，其实也就是民本主义。当作本，育人的最高要求就应该是，育成的人，对于复杂现象和不同意见，有根据自己的理性以判断其是非的能力。

为了社会的向上，我们最需要的是能够判断是非并甘心取是舍非的人；或退一步，为了治平，需要的是能够适应社会生活的人。所以我一直认为，一个社会，诸种建设之中，育人应该是首要的。

三〇 自由

在一些大号口头禅，如民主、平等、权利、义务等之中，"自由"像是更常在嘴边；可是意义最难定，因而问题也就最复杂。比如说，小两口，星期日，女的想一同到市场买点东西，男的说不成，因为与一位女同事约定去游某名胜，女的生气，吵闹，男的有名火起，大喊"这是我的自由，我偏要去"。就事论事，这里提出两个依浅深次序排列的问题：一，男的有没有这种自由？二，有或没有，理由是什么？我看，答复大概只能是清官难断家务事，装作视而不见，听而不闻。难答，原因就来自与"自由"相关的问题太复杂。以下想探索一下这复杂的各个方面。

先谈个最难，我们有力想到而无力对付的，是哲理方面的"意志自由"问题。所谓意志自由，旧说法是"我欲仁，仁斯至矣"（《论语·述而》），新说法是，在两种行为之中，比如一恶一善，我们的意志有能力舍恶而取善。我们的觉知承认有这种自由，总的说，是我们的绝大多数活动（少数，如做梦，我们无力选择），是我们想这样（二者之中或多种之中择一）才变为行动的。以这种觉知为根据，我们才能够树立一整套道德系统和法律系统。比如一个人骗了朋友，我们鄙视他，这在理论上是设想他可以不骗。法律范围内就更加明显，一个人杀了人，法院要判他刑，这在理论上也是设想他可以不杀。因为他有自主能力不做坏事，所以做了坏事要"自己负责"。负责，深追，是建基于哲理方面的意志自由上的。这就是，人怎么想就"可以"怎么做。如果事实真是这样，很开心。开心事小，大事是我们就可以并且应该希圣希贤；间或反其道而行，轻则可以斥责，重则可以处罚。总之，我们就有了奔头儿，乐观，向上。不幸的是，与这种觉知并存的还有因果规律的信仰，或简直说是科学知识。依照这种知识，不只我们，而是我们的世界，大大小小部分，都在因果的锁链之中，没有无因之果，换句话说，那就所有的果都成为必然的。若然，意志自由的自由放在哪里呢？以古语为例，"仁斯至矣"是必然的，"我欲仁"呢？如果也是，那就它也是前因之果，意志自由的自由就成为幻想。而如果竟是这样，"个人负责"就失掉基础，因为做者本人没有改变因果的能力。于是我们落在两难的困境中：偏向意志自由，因果规律就有了例外，有例外还能成为规律吗？偏向因果规律，道德和法律就架了空，甚至生活就不再有奔头儿。如何从夹缝中闯出一条路？理论上大概不可能。于是我们不能不退让，用不求甚解法：种瓜时相信因果规律，以便得瓜；坐餐馆看菜谱时相信意志自由，我要红烧鲤鱼，厨师就红烧而不糖醋。意志自由问题就是这样有理说不清。不可能的事纠缠也没什么好处，所以知道有那么回事之后，只好离开哲理，谈常识的自由。

常识的自由是指不受"来则不舒适（身体的、心情的）而可以避免的种种"拘束。先说可以避免，这就把大量的不可避免的拘束清除出去。这大量的拘束可以分为两类。一类来于自然，如挟泰山以超北海，自然限定我们没有这样大的力量，这也是拘束，但我们并不觉得这是拘束，也就不会要求有这样的自由。另一类来于成文或不成文的社会契约（用卢梭语），比如上市买五元一斤的鲤鱼，一条重二斤，需付十元，这也是拘束，可是不会觉得这是拘束，因为想群体能够安定地活下去，非有这类拘束不可。再说另一个条件，来则不舒适。我们活，要动，每天有大量的动，或此或彼，无所谓，也就不会引来不舒适，因而也就说不上自由或不自由。也举个例，夫妻对坐吃早点，一人一个煮鸡蛋，夫想先磕破小头，妻说先磕大头好，夫从命，没有像《格里弗游记》那样引起两国间的战争，就夫说这是小拘束，可是不会引来不舒适，也就不会觉得这是不自由。以上是根据定义，把大量的不合定义的清除出去，剩下合于定义的还有多少呢？还是问题很复杂。仍以家常生活为例，夫是吸烟的瘾君子，妻反对，依时风，夫不能不服从，就夫说这是拘束，受，不舒适，而且看看世态，可以避免，能不能说是不自由？理难讲，只好依靠常识。常识会说这是鸡毛蒜皮的小事，而且出自好心，就算是拘束吧，也不能戴这样的大帽子。这就又须清除出去一大批，小而于己也许有利，因而应该承受的。分析到此，我们就会发现，想由定义或理方面讲清楚什么是自由和不自由，不容易；不得已，只好避难就易，从常识，从习惯，看看所谓自由和不自由，通常是指什么。这有大号的，如专制时代，手揭竿而起，口说不拥戴坐在宝座上的人，不许，这是自由问题；有中号的，如太平天国时代，金陵设男馆女馆，青年夫妇要分居，治下的人民，晨昏要礼拜天父天兄，不得违抗，这也是自由问题；有小号的，如室内要悬某某像，室外游行，要从众呼万岁，不得违抗，这也是自由问题。依这样的习惯，所谓不自由，范围就缩小了，性质就单纯了，一般是指来自有大力的上，具强制性，不从有危险，从则相当难忍的。

因为难忍，所以要努力争取自由，驱除不自由。何以难忍？记不清是不是李笠翁的书上说的，某仆人受主人惩治，夏夜捆绑裸体放在院里，蚊子满身，想赶而手不能动，其苦可以想见，这苦就来自没有自由。又如时风限定要信某教条，并且要求用语言甚至行动表示坚信，而实际是自己并不信，这"用语言甚至行动表示"就成为苦事，这苦也是来自没有自由。许多这类切身的感受可以证实一种人生的大道理，是：自由是幸福的必要条件。"必要"与"充足"有别。只是必要，情况是：有自由未必就能幸福，没有自由就必不能幸福。根据这样的大道理，自由就成为人生的"必要"，所以其价值，说极大并不能算是夸张。

还要说几句避免误会的话，是价值大并不等于越多越好。换句话说，人在群体中生活，自由总不能没有限度。举例说，人总不当以自由为理据，举手打人。退一步讲，也不当以自由为理据，闯红灯。更退一步，也不当以自由为理据，小两口度日，一方用仅有的一点钱买对虾吃。这类实例的当不当，其根据也是个大道理，是自由有个限度，是不得侵犯别人的自由，或说破坏别人的幸福。依常识，这没有什么可以争论的。会引起争论的是，人有没有危害（也是用常识义）自己的自由？这在理论上是个大问题。比如说，有的人为结束某种大苦而想自杀，我们承认不承认他有这种自由？至少理论上很难定。譬如有人心里同情，出口也不容易吧？因为多数人实行，是不承认有这种自由，所以某人吸毒，才可以法办，某人喝了敌敌畏，才送往医院抢救。这就表示，我们，意识到或无意识，都认为，活和幸福是比自由更为大的大道理。

幸福大，那就自由随着水涨船高，也成为大，因为它是幸福的必要条件，没有它就难得幸福。大，应该受重视。重视是知；更重要的是行，即想方设法使人人的自由（当然指不超过限度的）得到保障。什么方什么法？由教养而来的道德很重要；但讲治平，更实际的是防小人不防君子，所以要多靠法律的明文规定。过去，我们这样做了。有大量不明说的，如杀人者死之类就是。还有小量明说的，即宪法上照例要开列的几种自由是也。这小量，够不够？合适不合适？这里想只谈谈更为迫切的问题，是纸上的条文怎么样才能成为实际。比如说，纸上的条文说有思想、言论自由，清清楚楚，可是在上者出言成为更高的法，那就有些思想、言论可能成为犯法，因而清清楚楚的条文也就成为一纸空文，自由自然也就随着灰飞烟灭了。所以绝顶重要的，如果相信法并依靠法，反而是，要明确规定，在上者没有侵犯别人自由的自由，并有办法（主要是制度）保证实行。这方面，前面谈授权、限权的时候已经说了不少，不重复。

提起在上者，对口头禅的自由我们可以有进一步的认识，这是：理论上自由像是千头万绪，而实际则是指（至少是习惯上）从在上者那里夺回来的少头少绪。这有来由。一种是历史的。过去，专制君主至上，连他的小爪牙也可以发号施令，说了算，小民则困苦不堪言，也不敢言。人总是愿意变苦为乐，至少是变不可忍为可忍的，所以到适当时机就争，所争者即名为自由。还有一种来由可以名为买瓜心理，取大舍小，因为没有这种自由就一切都谈不到，所以提起自由，通常就指从在上者那里夺得的那些。这就是各国宪法上都写着的那些，思想、言论、集会结社之类。为什么把这类活动摆在桌面上？想是因为，思想、言论如果自由，它就大有可能不合在上者的口味，何况它还经常是行动的前奏呢。至于集会结社，那就成为多人的行动，如果不幸而也不合口味，那就更不得了。

这就触及治人者与治于人者如何协调的问题。问题不小，解决可难可易。易，要靠法（当然要有教养、德、风气等协助），保障各方面都有适度的自由。在这种"适度"的笼罩之下，有些常常会感到棘手的问题就不难顺理成章。举例说，思想，防患于未然也许有些效力，这就是古人说的"不可使知之"，愚民政策。但就是古代，这办法也并未完全生效，如孟子就有"天下之言，不归杨则归墨"之叹。现代就更不成，因为印刷容易之外，还有电传等等。头脑，就算作受污染吧，这有如传染病，受污染者本人也无可奈何。以孟德斯鸠为例，他不信上帝，垂危，强迫他信，说"帝力大"，也不过逼他说出一句"如吾力之为微"而已。总之，思想是自己也无力左右的，强制之力，也只能使他不说或说假的而已。言论自由则是另一回事，因为它有两面性。好的一面是争鸣的结果容易去假存真。但是另一面，我们总不当容许诲淫诲盗的自由。这就又碰到分辨是非好坏的问题，为了避免岔入另一个迷魂阵，只好不谈。至于集会结社，可行与否，行，利害如何，都牵涉到有没有授权制度的成例。有，争执会集中于选票；没有，争执就有可能滑到诉诸干戈。

由此可见，总而言之，自由就是这样一个理论上难于说清楚，实行方面又关系重大的既抽象又质实的怪玩意儿。人，尤其关心治平或进一步管治平的，都应该注意并了解这怪玩意儿，以期共同努力，解决好与它有关的诸多问题，使它成为福因而不成为祸根。

三一　宗教

宗教是一种信仰。多种宗教是多种信仰。说"一种"，意思是宗教与信仰有关系；但信仰范围宽，宗教范围窄。信仰的意义可以很宽，比如男士领上加带，女士鞋下加跟，就以为比不加时美了几分，也可以说是一种信仰。不过通常说信仰是指大号的，即总的能够指导生活的一种什么。称为"什么"，不称为"理"，因为经常是不能用理来证明必真，必对，必有效，甚至不容许讲理。信仰有多种，玄而远，如汉人相信五行，宋人相信《太极图》，玄而近，如有不少人迷《易经》，找什么铁嘴，以至认为如何一主义，一运动，地狱就可以立即变为天堂，等等，都是。信仰上升或凝聚为宗教，要具有一般信仰没有的一些条件，那是：一，信的程度深。要如成语所形容，至死不悟。中国的杂神里有灶王和城隍，有自然是来于信，可是传统剧目中有《打灶王》和《打城隍》，可证这是利用，性质是巫术而非宗教。像基督教的信仰上帝就不同了，生活中有幸福，说是上帝的赐予，有痛苦，说是上帝有意使自己受到历练，所以都应该感激涕零。二，要有个"至上"的对象。所谓至上，是具有一切理想的好而没有星星点点的坏，如上帝是"全知全能全善"，佛是"无上遍正觉"，等等。三，要有礼拜的仪节。通常是，身，五体投地，口，念念有词。这作用有两个方面：己身，可以使信心更加巩固；对于至上，可以表示诚意效忠，以期福报可以更有把握。四，要有组织。由成因方面说是物以类聚，由作用方面说是有如围墙加鞭子，既可以防止跑出去，又可以互相督促。其表现形式是，个体，要有个加入之后的名堂，如修女、和尚之类；整体也要有个名堂，如公理会、临济宗之类。这样说，宗教就成为更明确更坚强的信仰。

上面说，信仰经常不能用理来证明，甚至不容许讲理。人，至少是主观愿望，是既有理性并惯于讲理的，为什么还容许宗教，或扩大一些说，容许难得以理证的多种信仰存在并流行？原因很简单，是我们自己还未能全知全能，以致不能解答诸多迫切想了解的切身问题，尤其重大的是不能掌握自己的命运。而所欲呢，是有疑难，就是费大力也好，终于能够明白；生涯，终于不至有非所愿而又不可抗的什么，突然来到跟前。显然，这所欲，是命定必落空，怎么办？舍"欲"（佛家有此理想）是万难的；不得已，只好乞援于神秘。尘世多苦难，但死后可以升天堂，在上帝身旁安坐，总比没有此信仰，到弥留之际还只有绝望好吧？同理，想到大祸即将来临的时候，相信龛内的观世音菩萨会保佑化险为夷，也总会比哀哀无告为好。所以宗教之存在，是因为我们还微弱，而又想活得安心些，不能不拉它来做靠山。

这样的靠山，有优点，除了无可奈何，慰情聊胜无以外，还有个社会作用，是增强道德的力量。各种宗教，几乎都有个共同的特点，是设想尘世之外或之上，还有个高尚的清净的有乐无苦的境界，想升入此境界，就必须修身洁行，也就是先成为有德之人。这德，其精髓无非是利他，如基督教的反对"以眼还眼，以牙还牙"，佛教的"众生无边誓愿度"，就是。这样的德，追根问柢，是来于有所求，像是比施而不望报低一等。其实不然，因为世俗的德也不是无所为的，这可以由得方面说，内是心安，外是荣誉，就是圣贤也不会把这些当作无所谓。这样一计较，宗教就占了上风，因为所求更远大，更昭著，因而也就力量更大。总之，在进德修业方面，我们要承认，宗教同样有用。但是它也不是没有缺点。计有轻重两种。轻是不扩张的迷信。所谓不扩张，是自己信，不强迫别人信（宣传而只求愿者上钩的不算强迫）。但就是这样，也终归不能不与人文主义拉开距离。人文主义讲是非对错，依据的是理；宗教不然，是神（或其他异名），或神之下的理。这就不免要阻碍求真的努力，或说阻碍进步。这在中古时代的西方表现得最为明显。宗教总是不能容忍异己者往前走一步的。缺点还有重的，是扩张的迷信。这是不只自己信，还强迫别人信。说强迫，是对经过宣传而仍旧不信的异己者，用异己者难以抗拒的各种力量，使他"表示"也信。所谓难以抗拒的各种力量，枚举不易，可以窥一斑以概其余，如有轻的，斥责、辱骂之类；有中间的，饥饿、监禁之类；还有重的或很重的，发配、处死之类。宗教何以有这样大的力量？是与政治力量结合，成为国教。这之后，真理、正义成为唯一的，独占的，因为其后有武力（或说暴力）为后盾，异己者就不再有不信的自由。这结果，正如上面所分析，人文主义就不再有地盘，纵使洞察内心，还有异己者，也只能无人时沉默，有人时从众念天父天兄了。不信而念天父天兄，苦难限于个人，是小事；大事是不再有人敢问是非对错，或说讲理，影响就太大了。

这就使我们不能不想到宗教与科学的关系。历史的情况显示，两者有此消彼长的关系：宗教势力强大的时候，科学知识就难得生长、普及；科学知识如果能够生长、普及，宗教就不得不忍痛缩小地盘。此消彼长的关系来于两者多方面的南辕北辙：所求不同，宗教是拯救灵魂，科学是安抚肉体；树立的方法不同，宗教起于信，无征也信，科学起于疑，有征而信；家业的来由不同，宗教是神的启示，科学是明辨因果，逐渐积累；对应的态度不同，宗教是永远正确，科学是新破旧，后来居上。这样说，加上近几个世纪的现实为证，就可以推知形势必是，科学知识的力量逐渐增加，宗教的力量逐渐减少。但也只是减少，而不会消亡。原因上面已经说过，是有不少玄远的问题，如宇宙实相、人生目的之类，科学还不能圆满答复；而人，总愿意活得如意，却又不能掌握自己的命运。有所希冀，而且是迫切的，科学不能或暂不能供应，那就只好任宗教开门，听愿意照顾的人去登门照顾吧。这时间，至少我看，会相当长，也许竟至与人类共始终。

宗教常在，站在群体的立场，如何对待才好呢？目前通行的宪法差不多都承认有信教的自由。说"差不多"，因为其中还暗藏着问题，是这规定的自由，是否允许扩充为原则，如果允许，那就成为"信仰"的自由。显然，这样一扩充，信仰就必致成为多元的，这好不好？好不好是理论问题，允许不允许是实际问题，都不是三言五语能够讲明白。这里还是限定说宗教，承认有信的自由是应该的，因为，如上面所分析，我们还微弱，有的人（数目也许不很少）有心安理得的奢望，科学和群体的组织还不能满足，就应该允许他到其他玄远的地方去求得满足。不允许也没有用，比如你砸了寺院，明令禁止宣阿弥陀佛佛号，他变有声念为无声念，信心也许更坚定，那就真是可怜无补费精神了。但这允许要有个限度，或说有个限制，是不得用任何形式"强迫"不信的人也信。这任何形式，有不很严重的，如要求晨昏念天父天兄之类；有很严重的，举个极端的例，如不信三位一体就用火烧死之类。自然，如果宗教力量不与政治力量结合，成为国教，它就没有这样大的力量。这情况使我们领悟一种绝顶重要的道理，是：科学与宗教之间，政治力量应该尽量接近科学，疏远宗教。这贯彻于实行，就是多讲理，少讲信。说起讲理，显然，比喻它是一棵娇嫩的禾苗，想成活、生长，就不得不有适宜的土壤，气候，灌溉，等等。这内容很复杂，但可一言以蔽之，不图长治久安则已，图，靠科学，讲理，总是比较稳妥的。

三二　贵生

这题目是由《吕氏春秋》那里借来的，意思是，应该把人命当作最贵重的。说"人"命，因为通于古今，人既吃两条腿的鸡鸭，又吃四条腿的猪羊，再放大，还吃五谷杂粮、黄瓜白菜，等等，所有这些也都是有生的。贵生只能贵自己之生，虽然在理上像是说不过去，可是人为天命所限，既然要生，也就只好常常张口，吞下其他力量较人类为小的生。这样说，宋儒所谓"物吾与也"，想来不过是坐在书斋里一时的玄想，走出书斋，他是还要吃爆羊肉和蒸馒头之类的。所以，打开窗户说亮话，人，自夸为万物之灵，为"天命之谓性"所限，要活，就不能不干些乱七八糟的，与万物并没有两样。与万物同，是认识；至于行，就只好如《中庸》所说，"率性之谓道"。依据这样的人生之道，我们说，雅的是"天地之大德曰生"，俗的是"好死不如赖活着"。不管雅俗，因为我们活着，就不能不承认贵生是无条件的正确。

这正确就成为处理世间大小事务的一个原则，说细致些是：只要有助于生，就要不惜一切代价，实行；除非万不得已，决不干有损于生的事，尤其是死。依据这样的原则，再加上墨子的利取其大、害取其小的量的原则，对于以下这些情况，如何评价就比较容易了。一种情况是，为救多数人之生而牺牲了自己之生，评价为好，为对，没有问题。一种情况是，为救一人之生而牺牲了自己之生，依通例是也评价为好，为对，这里暗的虽然没有放弃量的原则，明的却更直接地用了尊德行的原则，至少是在常识范围内，也可以算作没有问题。还有一种情况是，为保护与生命无直接关系的某数量的财物而牺牲了自己的生，依时风，如果这财物是公有的，也评价为好，为对，也没有问题吗？似乎还值得研究，因为那会成为贵物，不是贵生。

与贵生有关的还有一些值得研讨的问题。一个是孟子强调的舍生取义。如传说的伯夷、叔齐饿死首阳山，理由是"义不食周粟"，就是为设想的义而舍了生。说设想的，因为他们还相信现在看来颇为可笑的"普天之下，莫非王土"。但在彼时那总是义，所以值得赞扬。何以舍生还值得赞扬？这是因为，德是群体（至少是绝大多数人）所以能生，而且能生得比较好的必要条件，小量的死是为了大量的生。

说到大量的生，就引来另一个问题，既然天地之大德曰生，是不是如韩信将兵，生育也多多益善呢？由现实推测天命，也许是这样，因为，即如繁殖比较少的人、猿、虎、象之类，下一代也总是成倍地增加。由天命而降到人的所欲，至少是还有不少人，纵使罚款也还是要多生。这样说，是不是生育也应该开放呢？这要看国情，开放不开放，应该用打算盘的办法来决定。如果未生而生的数目大增，会影响已生的甚至不能生，至少是不能生得好，那就还是为了贵生，要想尽办法，求未生而生的数目不增。这说得更简明些，是唯其贵生，反而要限制生育。

比问题更迫切更重要的是措施。显然，排在首位的应该是求维持生的"必要"条件的充足。所谓必要，是没有它就不能活，至少是不能活得还可以忍受。举例说，粮食、房屋、棉花之类就是，没有或缺少，纵使不致立刻都死亡，总是太困难了。所以讲治平之道，总要在这方面尽最大的力量，以求能够养生。供给养生之物，有何先何后、如何协调等等问题。原则是先大众后少数，先直接后间接，先低级后高级，既要顾及目前，又要顾及长远。举例说，如果国力充足，就可以于生产面粉之外，兼生产可口可乐；即使国力不怎么充足，修水利花费很多，也要修。自然，至少是理论上，还会有些难于处理的问题，比如纸烟，都承认有害无利，可是咬一下牙，从某时起不再生产，显然也大不易。这里我们不得不兼用个容忍的原则，或者说"大德不逾闲，小德出入可也"的原则，人类究竟是"异于禽兽者几希"的一种生物，求十全十美必做不到，所以在一些不至割筋动骨的小事上，只能睁一眼闭一眼。

上面说到低级、高级，贵生，还要求活得好，所以应该由低级走向高级。高，首先是生的必要条件的改善。以吃为例，原来限定一天几两改为放开肚皮吃，是高了；原来三月不知肉味改为间或有荤菜，也是高了；其后是由间或有改为鸡鸭鱼肉任意吃，是更高了。其他衣住等条件可以类推。必要条件之外，为了贵生之贵由理想化为现实，还有两个方面也不可放松。一个方面是娱乐。这包括的项目多到无限，由小玩意儿的吹口琴到大举的出国旅游都是。娱乐之为需要，性质与粮食之类不尽同，比如由苦行僧看，这确是饱暖生闲事；可是由常人（至少是一部分常人）看就未必然，而很可能是，越是闲事越难以割舍，如省吃俭用以求买个电子琴就是这样。也就因此，讲治平，达到富厚程度之后，就要兼顾这方面。此外还有个更重要的，是提高群体的教养，这在前面已经谈过，如果这方面过不了关，求生也许不致落空，求生得好是必做不到的。

佛家常说生老病死，生之外确是还有病、老、死的问题。先说病，是没有任何人欢迎也没有任何人能够避免的事物。不幸来了，要对付。最好是能够驱除。万不得已，仍是依据贵生主义，也希望能够苟延残喘。这要靠医药。科技进步和公费医疗制度都是不可离的，当然只有群体或说国家才有这样的力量。公费医疗是健康人养病人的办法，只顾小体也许有欠公道，顾大体就非此不可。一个理想的情况应该是，病由个人承受，治病由群体负责。

再说老，是除早死以外，人人虽不欢迎而必经过的阶段。老的大麻烦是不能自理，小麻烦是难于消磨长日。对付老，也适用对付病的原则，那是健康人养病人，这是能工作的养不能工作的。总之，都应该群体或说国家负责到底。所谓负责，是针对不同的情况，采取不同的办法，使"老者安之"，即不感到有困苦。所谓不同的办法，例如，对于能自理而感到难于消磨长日的，就可以从其所好，有的坐在屋里下棋，有的到后边的园地里养花种菜。

再说人人最不欢迎而必来的生的结束，死。人死如灯灭，一切问题都是活人的，一死就不再有问题。可是语云，人过留名，雁过留声，就说是自欺的幻想吧（因为自己不能知道），既然有此幻想，宁愿自欺，活人也就只好成人之美。但是总当记住，贵生先要有生，如果因慰死者而影响了生，甚至妨害了生，如严重的，秦之用"三良"[1]，后代君主之用妃嫔殉葬，其下的，秦始皇之大造兵马俑，以至中产之家，用家产之半，买金丝楠木棺，大办丧事，直到今日之死后易新衣，戴进口手表，推入化尸炉，等等，就太不合理了。其实，细想想，为人过留名，如开会追悼，刻碑，印遗著，供骨灰盒，等等，也只是活人眼目，死者总是如灯灭了，所以，凡是有利于生的事物，不只进口手表，还包括时间，非耗费不可，也要以尽量少为是。

以上都可以算是正面有关贵生的。还有反面的，是刑罚。贵生，是求活得好，这好的重要表现是乐多苦少，甚至无苦。很明显，刑罚

---

① 秦穆公时被殉葬的三个良臣奄息、仲行、铖虎。参读《诗经·秦风·黄鸟》。

是有意与人以苦，直到夺去生命。这是否可以从贵生方面找到理据呢？常识承认可以找到，那是利用量的原则，是惩罚少数人，才可以贵多数人之生。如惩罚抢劫犯就是个好例，是如果纵容，群体中的许多人就不能安生。这里有个理论上不很容易解决的问题，是应否废除死刑。有的国家废了，理据是贵生；多数国家未废，理据也是贵生。哪一种好些？很难说，但有一点是明确的，为了贵今后之生，一些对贵生有太大危害的人，让他做个样板，能够早些离开也好。

最后还有个问题，是生与苦之间，如果后者太强烈，依照贵生的原则，当事者有没有舍生的权利？强烈的苦有多种，如昔日的饥饿、苦刑、多种折磨，今昔皆有的重病、失恋之类，勉强活则苦不可忍，舍生可以算作错误吗？这是理论和实际两方面都很难解决的问题。说理论，因为可或否都会找到不少理由。说实际，因为今日世界，还找不到哪一个立法机构，有胆量举手，通过一条法律，重病人要求死，医生就可以照办。人生就是这样复杂而且微妙，有不少事，不要说行，就是知也大不易吧？

三三　文治

由文化说起。文的对面是野。人自负为万物之灵，主要理由恐怕就是能够由野而文。这变动的情况是，心想手制一些原来没有的，以改善自己的生活。这原来没有的，由衣冠、鱼米、宫室、车船直到语言文字和百家争鸣的思想，统称为文化。人总是做了皇帝还想成仙，就是说情欲无尽，所以文化的内容也总是越来越繁杂。说繁杂，不说优越，因为其中有些事物，如皇帝的骄奢淫逸，上压下的酷刑，以及平民的男人做八股，女人缠小脚，等等，显然并不优越；还有不少事物，举现时的，如穿华装，喝名酒，等等，算不算优越，还需要研究。这样就可见，我们一股脑儿说"灿烂"的文化，有好处，是可以自我陶醉，也有坏处，是不免于鱼龙混杂。如何分辨好坏？原则好说，可以仍乞援于贵生主义；具体就很难断定，即以酒为例，由远古就有，直到现在还在生产，还在喝，究竟利多还是害多？又是一笔胡涂账，难于算清。为了减少头绪，这里只说，文化并不等于文明，只有其中的可以称为优越的部分才是文明。

以下只说文明。我们常说物质文明和精神文明，像是文明可以分为这样两类。怎样划界，或说怎样分为界限分明的两个堆堆？粗想象是不难，如烤鸭算物质文明，吃烤鸭时作了诗，诗算精神文明，界限分明。但细想问题就来了，如精印的美人挂历，算文明没有问题，进一步，问属于物质还是属于精神，不同的人就会有不同的看法。这里只好安于差不多，说偏于肉体享受而没有明显危害的是物质文明，偏于心意驰骋而能使生活纯净向上的是精神文明。举实事为例，室内有空调，出门坐汽车，是物质文明；坐在有空调的室内写小说，坐汽车去看莎翁戏，是精神文明。两种文明有千丝万缕的关系，只说两种最重要的，是相生相克。相生是互相依赖，如不能饱暖就难于吟诗作画；科学研究可以促进科技，也就可以提高物质享受。相克呢，举实事为例，钱多，追求物质享受，脑满肠肥，也就不想去钻研文学艺术了；其反面，如迷于数理，觉得方程式和基本粒子最有意思，肉体享受的多少也就成为无所谓。讲治平，要注意这相生相克的情况，尤其相克的情况，因为处理不好，就会物质文明日长，精神文明日消，其极也会连"文明"都有倒塌的危险。

何以故？又是由"人生而有欲"的"天命之谓性"来。欲，排在最前面也最强烈的是肉体之欲，所以群体的绝大多数，求，以至争，几乎都是为这方面的。精神方面的欣赏、钻研、创造等也由欲来，可是这样的欲不那么明显，也就不那么力大，又因为需要以较高的修养为条件，就难得普遍，或者说，在群体中不能占多数，总之，在相克之争中，最容易占上风的还是物质文明。近一二百年的史实可以说明这种情况，各国人都在忙于制造，大至飞机大炮，小至可口可乐，还有几个人想到人生的意义和理想？享受成为最显赫的目标，其结果必是，内向，求安逸快乐，外向，争。或说得严重些，个人成为金钱的奴隶，世界成为角逐的场所。

很多年以前，就有不少人看到这种弊端。张之洞的"中学为体，西学为用"虽然失之陈腐，因为他的中学指旧的纲常礼教，但作为兼注意人心和道德的一种原则，也不能算完全错。托尔斯泰比他更进一步，干脆说中国人的忍让是至上的德，可以救列强的崇拜飞机大炮之弊。这都是认为，精神文明高于物质文明，想救世界，就要舍物质文明而取精神文明。显然，这是矫枉过正的想法，但其用心是可以谅解的。用心是求什么？求有这样一个社会，其中的人都成为贤哲，因而就可以和睦相处而无争，有如陶渊明设想的桃花源，《镜花缘》描画的君子国。然而可惜，不图物质享受因而无争的社会终归只是幻想，我们所能求的应该是：尽量由精神文明笼罩着，其下也不少适当的物质文明。把精神文明摆在上方，是因为它难，本身无弊，还可以救，至少是缓和物质文明之弊。

这即使不是幻想，总是理想，实现必不容易。试想，即以我们睁眼能见的现象而论，甘心做诈骗、偷盗等坏事的害群之马不算，只说一般全力为金钱、享受奔走的人，求在一段不太长的时间内，都（或大多数）变为更重视科学、艺术等，从而就不再用心用力去奔走，说是难于上青天，总不过分吧？不过讲治平就不当知难而退。可以不求速成，但不能不求。求是愿望，实现或接近，或再退一步，只是趋向，要有措施。具体措施说不尽，只说原则。计有三个方面。

其一是鼓励向上。上指精神文明的种种，难以枚举，可以举例对比以明之。如面对某种金钱性质的利，一个人力争，一个人退让，我们推退让的一方为上，因为有德。又如打麻将与钻研数学之间，我们推钻研数学的为上。再如一时有闲，一个人自斟自饮，另一个人读杜诗，我们推读杜诗的为上。其他可以类推。怎么鼓励呢？很简单，不过是给与各种形式的较好的待遇，其中最重要的是荣誉。传统和时风可以证明，荣誉是引导人、督促人向哪里走的指针，昔日，不少人为节孝牌坊死了，今日，不少人为发财享乐而不惜跳入法网，都足以显示荣誉的力量是如何大。当然，强调荣誉并不等于轻视物质方面，因为金钱几乎可以换取一切，使荣誉与财富彻底分家是办不到的。这具体说就是，社会的经济措施应该做到，不使背向精神文明的人反而容易得利。

其二是维持公道。这个原则，也可以说是由上一个原则推演而来。公道的第一步是认识的公道，就是评价，要给精神文明方面的一切活动以较高的分数。打分之后还要有第二步，即各种具体措施。还是只能概括说，比如既然鼓励人钻研科学、艺术，就要供应方便的条件；对于在精神文明方面有贡献、有成就或只是有兴趣接近的人，要保证其获得至少不低于不接近精神文明的人。举个突出的例，如果出租汽车司机的待遇比大学教授高几倍，那就怎么样喊重视精神文明，也必成为空话。

其三是制止下坠。下坠指一切反精神文明的活动，大至刑事犯罪，小至求神问卜之类都是。这方面的工作相当难做，一是常常未必容易抓住；二是该管不该管之间，难得有个明确的界限。比如扫黄，很应该，可是有些出版物，颜色只是微黄，或者只是低级趣味，管好还是不管好？这就使我们想到前面一再提到的原则，最重要最有效的办法仍是提高人民的教养。文治，最好是能够做到，人人乐于向上，不争气的只是少数或极少数。

三四　武功

世间生物不止一种，图生存，都离不开自卫和侵他的"力"。演变发展为人类社会，靠力以求能够生存，还是与其他生物一样。只是力的级别高了，花样多了，"国"成为一个整体，力有专业的组织，也就有了专名，曰"武力"。花样，大别有两种：一种对外，曰军队；另一种对内，曰警队。专业化以后，职能与其他生物有了大分别。其他生物用力，一般是对付异类，如虎豹吃鹿，蚊蚋叮人，等等。人类就不同，杀象取象牙，杀羊吃烤羊肉串，等等，已经用不着在战场一较高下，也就像是可以不必用力；用力都是对付同类，举历史事件为例，如明朝的镇压李自成起义是对内，抗清是对外，内外都是同类。

准备武力对外，是因为不同的国度，尤其邻近的，会有利害冲突，或只是感情不融洽，或其中一方想扩张；不管由于什么，都会形成心理的不信任。专就不信任说，既然认为不保险，当然就要宁可备而不用，不可用而不备。准备武力对内，是因为花花世界，什么样的人都有，就说是少数吧，无德因而也就不能守法，成为害群之马，而这样的害群之马，通常是既有力而又滥用其力，所以为了维护群体的利益，就不能不有更大的力。这样分内外是就合理的情况说；至于实际，在旧时代，君主家天下，也是常常动用武力对内的，如历代镇压反政府的活动就是这样。

互相不信任会引来严重的后果。初步是扩军（包括改进并增加武器）备战。这会耗费大量的财富，而财富，显然只能由人民身上来。这就必致出现一种难以解决的矛盾：准备武力是为了保障人民的生活，却又不能不影响人民的生活。说难以解决，是因为，至少在不很短的时间之内，在大同理想没有实现之前，国与国界限分明，想变不信任为信任是不可能的，那就听说对方造了枪，我们就只得赶造炮，此之谓军备竞赛。竞赛，主观也许都可以说是为了威慑，即以求对方不敢轻率动手。但人心之不齐，有如其面，上天生传说的太王（邻国欲得其土地，他就带领人民转移），也生希特勒，于是有时不免就要诉诸战争。这就带来更大的矛盾：本来养兵是为了人民的生存和安定，却可能引来死亡和破坏。矛盾如何解决？理论上并非绝对不可能，如果都变为传说的太王，因而都不争，是一条路；另一条路更彻底，是全世界大同，不再有国别，也就不再有国与国之争。显然，至少是在目前，这两条路都是幻想，因而也就不能避免，都要扩军，都要备战。

看来问题的难于解决，首先是因为有国与国之别，其次是有权动用武力者，有的不甘心于自卫而想扩张。两个原因都很硬，也就都很难消灭。看各国的历史，都是人由少而多，社会组织由分而合，合几乎都是来于强凌弱，众暴寡，即力大者扩张。如中国，传说的尧舜前后，部落也许不下几百吧，到春秋时期，大大小小的国还有几十个，到战国时期就成为七雄并立了。在专制君主统治时期，扩张主义是不可避免的，积极方面是想扩大统治地区，消极方面是卧榻之旁，不容他人鼾睡。扩张成功，其后还是靠武力，使心不服者不敢造反。现代情况有变，是绝大多数国家，也就成为舆论，都反对扩张；而心不服者（主要来于民族问题）却不少要求独立。去国界以实现大同的理想，至少是暂时破灭了。剩下的唯一希望是有动用武力之权者都安于自卫而不想扩张。这如何才可以做到？精神的条件是掌政者明智，制度的条件是发号施令不是来于个人，而是来于代表人民的集体。集体，信理智的慎重考虑，不到万不得已是不会动用武力的。

信任理智，举措能够明智，也是理想。如果此理想成为现实，各国武力的军队部分就可以削减，直到殆等于没有。但这终归是理想，正如《镜花缘》中君子国之为理想，成为现实是万难的。那就不能不实事求是，求尽量多的国家，由制度和教养保障，关于武力，安于自卫而不求扩张。为了防备万一，这样的国家可以联合，不管如何称名，目的主要是反联合体以外的扩张主义。如果这样的联合体团结紧密，内部没有利害冲突，扩军备战的情况就会有所缓和。

另一个理想，是最强大的武力属于联合国，它就可以履行世界警察的职能，使个别的想扩张的国家不敢动，各国也就可以不扩军备战。这也许是一条可行的路，可惜太长，非短时期所能到，因为在现时，联合国的一点点力量是来自参加的各国（如经费就是）和一些国际舆论，与各国拥有的真刀真枪相比，力量是微乎其微的。

所以我们就常常听说，虽然绝大多数人，甚至更多的人，不愿意打仗，可是终归不能消除战争的危险。所以准备武力总是不可避免的。达则兼济天下，太远大，太困难；只好退一步，只求独善其身。这是为了社会安定繁荣和人民的幸福，关于武力，规模应以适用于，对外，自卫，对内，制止刑事犯罪，为度。超过这个限度，如对外，为了自己的什么利益，军队开入邻国的境内，对内，为了对付异己而使用武力，都是不合理的。动武通常是理已不起作用的时候，而反要要求合理，像是有些缠夹，可是讲武功，却应该勉为其难，尽全力争取做到这一点。

三五　变易

《论语》记孔老夫子在川上的感叹："逝者如斯夫！不舍昼夜。"这心情，浅是由恋旧来，深是由怕老死来。但恋也罢，怕也罢，客观情况还是逝者如斯。这里是谈社会问题，只好躲开似水流年，着重谈生活以及生活条件的变化。

我们命定生在以时间为框架，一切都在动的世界里。动有大的，如推想的宇宙正在膨胀，银河系在转动，等等；有小的，如脉搏跳动，呼吸，等等。动就必致有变化。我们这里着重谈人为的变化，因为如地球绕日运行，从而地上有季节变化，你欢迎也罢，不欢迎也罢，它还是要变。人为的变化，或者说文化的发展变化，与人的苦乐密切相关，因而其情况，以及如果有什么问题，就值得特别注意。

先说变的情况。这很复杂，只说荦荦大者的一些方面。变有断续，一般是续多断少。以衣着为例，忽而西服像是高雅了，有些人勇于趋新潮，做了西服，换上，这是断；可是回到家，也许脱下西服，仍旧贯，这是续；还有，由群体看，也许有更多的人到家门之外也是仍旧贯，这也是续。这种断续的情况，在头脑中表现得更为明显，如五四前后，有不少人也宣扬白话，可是写书札和日记还是用文言，就是好例。这情况告诉我们，某种生活方式已经成为习惯的时候，斩钉截铁式地弃旧从新并不容易，纵使这新是较好的。变有大小，如私有变为公有，信唯心变为信唯物，是大变；平底换为高跟，信观世音菩萨换为信《易经》，是小变。大变较难，因为与旧习惯距离太大，短期间不容易适应。变还有好坏的分别。一般说，变总是由幽谷迁于乔木，如换木板为席梦思，躺下必舒服得多。但也不尽然。这有客观的，如前些年，无冠变为加了冠，就等于堕入地狱。有主观的，如苦茶变为可口可乐，有些老朽就喝不惯，不欢迎。变还有心物或内外的分别。如上面所举，由信唯心变为信唯物是内心有变化，换木板为席梦思是外物有变化。心，像是与物有别，不硬邦邦，可是说起变，常常更难，所谓"匹夫不可夺志"。

变有原因。泛泛说，是求遂心。这心应该是己之心。说应该，因为也可能（或常常）是他人之心。如换木板为席梦思是遂己之心，加冠就反是，而是遂他人之心。再说遂心，为什么不说由坏变好？因为如加冠，或放大，说改朝换代，未必就是由坏变好；还有一种情况，比如玩古钱币时间长了，有些烦腻，改为集邮，两者像是并无高下之分，只是求遂心罢了。这是旁观者清的看法。换为由主观愿望方面看，情况就不同，无妨说都是求由幽谷迁于乔木。求而真就变，原因可以大别为内外两种。内是由自己感到不方便来，如茹毛饮血变为火食，椎轮变为大辂，清朝早年之设立军机处，晚年之设立总理各国事务衙门，都是。外是由与己之外的什么比较来，觉得人家的好，至少是接受过来也不坏，于是就变，如五四前后之欢迎德先生和赛先生，换文言为白话，目前之遍地可口可乐和卡拉OK，都是。不管什么原因，变都有难易问题，只说难，主要障碍是两种。一种，几乎所有的人，尤其年高的，改要舍去旧的，就不免，一方面会难于适应，另一方面会产生失落感，也就是都会带来小苦痛，苦，因而就不欢迎。另一种，是一部分人，改会触动自己的既得利益，如君主专制改为议会制度，说了算的人物是不会赞成的。

专就群体说，变有两面性：大趋势是由坏变好；可是其中的各个部分，具体说是某一时期的变，某种形式的变，也可能带来苦痛，甚至大苦痛。旧时代的改朝换代是个突出的例。新统治者都是马上得之，就是说要经过战争（有极少例外，如曹魏之代东汉，那是战争移前，胜负已定）。战争，举起刀枪，就不再讲理，就不再顾道德法律，遭难的自然是老百姓，严重的被杀或自杀（多数是妇女），其次也是颠沛流离。等到战争停止，新君登极之后，制度难免小变，人事难免大变，又来了受影响、难适应等等问题。所以就无怪乎不只在朝的，就是在野的，易代之后，过故宫而有禾黍之思了。

改朝换代之后或之外，还可能有对群体生活有大影响的变。这种变通常是来自有权者的一念之微和金口玉言，其后又常常跟着朝令夕改。如清朝初年的强迫被征服的男性剃发，太平天国之强迫人民拜天父天兄，就是此类。这种变，由发令者方面看，是改不正确为正确，改不合理为合理。而受命者所面对的实际则成为，在遵命与死之间，必须选择一种。不幸而不愿意变，处境就非常可怜了。可怜，是由于短期内不能适应而必须适应，其结果是苦。在金口玉言一方，只成全自己的理想（或竟是幻想）而不顾及群体的难于适应，是揠苗助长。讲治平，应视群体的幸福为至高无上，切不可揠苗助长。

那么，就应变也不促使其变了吗？当然不是这样，是变，要兼顾两个方面：一个方面是，变之后，有把握比不变好，如修铁路、扫盲之类就是这样；另一个方面是，要群体不难适应，如规定学龄儿童必须入学校受义务教育就是这样，顾及群体不难适应是个重要的原则，根据这个原则，由群体方面着眼，如果变可以分为主动和被动，那就应该尽力求主动多，被动少。还有，如果变可以分为小和大，那就应该尽力求小变多，大变少，甚至有些事物，真是可有可无，如果有也无大碍，那就暂保留也好。有人也许会忧虑，说这样讲变易，治平之道不就成为尾随主义了吗？其实不然，因为与尾随并行的，或说先行的，还应该有大方向并容许因势利导；说尾随，只是以民意为重，不凭奇想大变，使群体不能适应，从而人民幸福与举措实效两败俱伤而已。

三六　国际

我们住的这块地方，也大也小，都由比较来，比如与家门之内比，它太大，与宇宙（宇宙之外，会不会还有什么，我们不知道）比，又太渺小了。可是纵使渺小，其内涵仍然过于复杂，单说大块头的，以自然之眼观之，有几大洋和几大洲，以人事之眼观之，有大大小小若干国。足不出国门，如前面所说，问题不少。我们的老祖宗生在闭关自守的时代，心目中的世界是中央一块土，四面有水围着，所谓"四海之内，皆兄弟也"。也知道居中之外还有四夷，但心情上是看不起，万一有不得不重视的时候，就修长城，把称为夷狄的挡在外边，然后安坐在宝座上，妄自尊大。现在大不同了，正如我们常听到的，是不想化也得化。换句话说是，在这个大球或小球上，有很多国家并存。而且不只此也，来往还过于容易，上飞机少则几个小时，多则十几个小时，可以脚踏另一块国土；如面谈更省时间，摘下某种电话机，一拨，就可以同对方谈大事或家常。总之，国与国关系近了，因而必致引来更多的问题。如何处理呢？现实是文则谈判（其实后面也隐藏着武），武则战争。理想当然不能这样。理想与现实不能合拢，又是问题。问题很多，这里只想谈一点点概括而大的。

问题最突出的表现是争。争也有不同的形式，如文雅的，可以用经济，争取出口多、进口少，出口成品多、进口原料多，等等；常常欲文雅而不成，就只好不文雅，动用飞机、大炮。争是求得利，其结果呢，必是或一方失利，或两败俱伤。如扩军备战也是两败俱伤，因为都不能不用大量的本来可以用来改善生活的财富去造杀伤的工具。这样说，解决问题的理想办法，或说原则，就成为"不争"。

可是理想终归是理想，它与现实碰，正如俗话所形容，鸡蛋碰石头，必是立即破碎。难于做到不争，是因为有许多造成争的原因，我们还不能消除它。这原因几乎多到无限。作为举例，可以分为两大类。一类是实利冲突。比如秦汉时期，匈奴总是南下，因为长城以南生活条件好，气候温暖，生产丰富，得之，生活就舒服得多。他们南下，由秦汉的人民看是侵略。可是匈奴未尝不可以说，同是天之生民，为什么你们独占肥美的土地？应该有福同享，有罪同受。在这类问题上，必是有理说不清。也就只好反君子之道，动手不动口。古代如此，现代也一样，利害冲突，谈，各不相让，忍，坐立不安，只好动员，打，打还有不来于实利冲突的，如可以是个别野心家的想扩张，邻国只好抗，也就不得不举起枪。还有，如《格里弗游记》所讽刺，只是情绪不安适，此方吃鸡蛋先磕大头，彼方看着心里不舒服，彼方先磕小头，此方认为不合理，结果各不相让，也就打起来。这虽然是为了讽刺而编造，却也不能说完全是无中生有，因为时至今日，许多所谓民族问题，其中至少有些成分，与感情不能协调的关系近，与实利冲突的关系远。

争的对面是不争。如上面所分析，那就先要消除争的原因，即不再有利害冲突，不再有其他种种不协调。这在理论上并非绝不可能，而实际则可以说，至少在不很长的时期内，必难于做到。原因，除了上面提到的民族问题以外，还可以说个总的，是文化的差异。这可以分作质和量两个方面。质是诸多的生活方式（大到政治制度、宗教等等，小到服饰、食品等等）不同，不同，就会各是其所是，因而就成为不协调。量是有高下之分。分高下，排在下位的会感到不舒服，但这是事实，也就只好承认。有高下，比如有人提议合，推想不只高的不愿意，下的也未必肯接受，因为改变生活方式，以及承认己不如人，都是很难的。协调是合的条件，尤其合，是不争的条件。现在我们张目可见，有些地区还在合久或不久而分，可见不协调的情况是如何突出了。

《礼记·礼运》篇的，其后康有为著《大同书》发扬而光大之的大同（去一切界）理想，就目前说终归是幻想。事实是群国并立，而且都确信自己有独立自主的理由。所以谈问题，谈解决，都要在这铁的事实的前提下谈，死马当活马治。

还是只能谈原则。原则是协调比不协调好，所以应该尽力求变不协调为协调，即减少利害冲突和感情不和谐。这求的力量从哪里来？就一国说是以明智为根源的德，比如说，有这种德就会，对于邻国，注重互利而不想扩张；就多国说是以明智为根源的风，比如说，有某一国不讲理，甚至动武而求扩张，这股国际的风就要吹向它，由轻的舆论谴责起，直到制裁和动武。这股风很重要，但其生成并壮大要有个条件，即绝大多数国家讲理。讲理最好能有个公开而共同的场所，目前的联合国就是这种性质的组织，纵使有时需要吹风的时候，它的风力还不够强大。但小总比没有好，幼芽可以生长，逐渐高大。这力量主要还是只能由各国的明智，愿意并惯于讲理来。

科技使各国的距离缩小了。这会产生大影响，其中有可见的，如出国，朝发可以午至，逛大街，举目多见老外，衣食等用品，不少是进口的或合资的，等等。还有不可见的，是旧所谓想法，新所谓意识形态的变，内容过于复杂，只举一种最能说明情况的，是见到青年男女搂搂抱抱，连老太太们也认为可以容忍了。这是文化的交流，任何时候都不可免。交流（以较高向较低渗入为多）的结果是接近，或再前行，融合。国与国会不会也这样？趋势是这样，但又大不易。原因有总的，是生而为人，不到万不得已，是不会甘心由姓徐改为姓李的。还有分的，是治于人者不习惯大变，治人者不愿意放弃官位。于是如目前，情况就成为，国与国间，既心怀鬼胎又眉来眼去。这有如战国的形势，战争不断，因而人民困苦是大缺点，但也有优点，是百家真可以争鸣。如果成为大一统，又如果如秦汉之大一统，没有允许思想言论自由并真正照办的宪法，百家争鸣就必致成为画饼。

分，国情不同，文化交流终归不能不有个限度，就是说，其中的一些生活方式，比如两国确是有高下之分，下的也可能不容许高的一方渗入。这对不对或好不好，也是问题很复杂。如不干涉他国内政与人道主义的不调和就是典型的例。偏向哪一方，取决于由什么人看，怎样看。如被后世尊称为亚圣的孟子就这样看：

> 《书》曰："汤一征，自葛始。"天下信之。东面而征，
> 西夷怨，南面而征，北狄怨，曰："奚为后我？"民望之，若
> 大旱之望云霓也。归市者不止，耕者不变。诛其君而吊其
> 民，若时雨降，民大悦。
>
> （《孟子·梁惠王下》）

如果真是民大悦，孟子的主张就能通过吗？问题是夏桀绝不会同意，他还会举出理由，说夏之何去何从，应该由夏的人民来选择，而他是代表夏的人民的。总之，这又是一笔胡涂账，很难算清；如果一定要算，恐怕诉诸理就不能解决，还要诉诸力。

眺望远古，直到现在，人类社会，尤其国与国间的问题，总是嫌取决于力大小的太多，取决于理多少的太少。当然，这也不是说得胜的一定就不占理。但是纵使这样，这理终归是由大量的杀伤和毁坏来，所以是可悲的。可悲的反面是可喜，至少是不可悲，如何能做到？一种是近视的，或说可行的，是形体仍分，文化接近，以求不协调的成分减少；偶尔出现不协调，其处理，要增加明智的成分，多顾及互利，少顾及出气。这自然也要有基础，普遍的，是人民的文化教养；特殊但绝顶重要的，是必须有个不容许某一野心家有任意发疯的权力的稳妥制度。可惜在目前，国情之不同，也是各如其面，想做到

这样还大不易。

　　求做到可喜，还有一种远视的，或说理想的，是形体的完全合，联邦或干脆称为大同世界。这样的大同世界，其中有事务，由大大小小相关的单位管理；也会有问题，由大大小小的协商单位处理；还会有害群之马，所以还要有某种规模的警察性质的武力。核武器、隐形飞机之类的武力用不着了，因为不再有国与国的对抗；向地外嘛，全球动员，去攻子孙月球，去攻兄弟姐妹金、木、水、火等行星，甚至去攻君父太阳，总是太神话了。有人会说，这样的大同世界也是神话，是否如此？这要看时间长短，短期必做不到，上面已经说过；如果不出天文性质的如银河系混乱之类的奇迹，或者说，地球仍然照常绕日运行，人类的文化（包括科技）加速提高，各部分的距离一缩再缩，合也必是不可避免的。但那终是远而又远的事，就现在说现在，我们就难免有俟河之清，人寿几何之叹。

第
三
分

己
身

三七　自我

　　这个题目难写，可是不得不写，因为想谈与己身有关的许多方面，先要知道己身是怎么回事。这显然不容易。对于有些事，我们有时候感到，不想象时还明白，一想反而胡涂了。己身正是这样的事物，而且也许是最突出的，可以与"存在"或"有"（其对面的"无"同）并列。比如说，一阵发奇想，想问问，我吃饭，我与某人争论，总执着有个我，这"我"究竟是怎么回事？正是不问则已，一问麻烦就来了。可以用历史家的眼看，是由父母那里受生，有生命就有了我。但也有麻烦，是有我的一个重要条件是自己能觉知，受生之后多久能够自己觉知呢？确定某一刹那，恐怕实验心理学家也会为难吧？还可以用哲学家的眼看。很多人都知道，笛卡儿是用"我思"证明"我在"的。这显然也无用，因为思之前已经有了我。不得已，或者只能用叙述事实的办法，是受生以后，机体生长，感官的收获渐渐组成觉知（包括分辨实虚和感受苦乐），这觉知由一物和心的整体发出，并进而能够反照这整体，于是说这整体是"我"。这样说，所谓自我不过是个能反照的感知系统而已。也可以不学究气，只由常识方面认知。那就不必问究竟，只看现象。现象，或事实是，古今中外，有数不尽的人，每一个人是个物和心的整体，这整体有独自觉知的知识和苦乐，就自己觉得这整体是"我"。

神秘，或说有大力的是"觉知"。这神秘是由生命的性质来。生物与无生物的最本质的区别是，生物主动地要求保存、延续、扩充，这主动就是觉知，或慢慢发展为觉知。人类的觉知或者可以算作高等的，它能够以自己为对象，站在对面反观觉知。这有时就像是有了两个我，如悔的感情就来于，一个明智的我觉得那个胡涂的我做错了。其实，觉得有我，这我成为对象，如果相信笛卡儿"我思"的判断，总不得不承认，那觉知不是来自对象的我。总之，"我"就是这样神妙莫测。

但是它也有不神妙的一面，是一个人无论如何神通广大，想离开"我"是办不到的，因为能想和所想都来于觉知，觉知不能离开那个能觉知的整体（即反观时的"我"）。不幸是这能觉知的整体"生而有欲"，有欲就不能求，求而常不能得，于是有苦。苦与"我"难解难分，为了离开苦，有些人无力对外，就想在"我"上打主意。如庄子就有这样的设想：

南郭子綦隐机（凭几）而坐，仰天而嘘，荅焉似丧其耦

（躯体）。颜成子游（名偃）立侍乎前，曰："何居乎？形固可使如槁木，而心固可使如死灰乎？今之隐机者非昔之隐机者也？"子綦曰："偃，不亦善乎而问之也？今者吾丧我。"

（《庄子·齐物论》）

丧我是"我"没有了；可是还有个"吾"，吾也是我，至多只是个造诣高超的我，可见还是没有离开我。佛家也有这种想法，认为"我执"是一切烦恼的本原，所以想除烦恼就要破我执。如何破？似乎只能乞援于万法皆空的认识。如果是这样，那就又是走向觉知，而觉知，显然只能是"我"觉知。就我的孤陋寡闻所知，真正丧我，只有一则笑话故事可以当之无愧。这故事是：

　　一和尚犯罪，一人解之，夜宿旅店，和尚沽酒劝，其人烂醉，乃削其发而逃。其人酒醒，绕屋寻和尚不得，摩其头则无发矣，乃大叫曰："和尚倒在，我却何处去了？"

（明代赵南星《笑赞·和尚》）

这自然是笑话；至于实际，蓄发变为秃头，如果生疑，是只能问，我的头发哪里去了。这就可见，人，生年不满百，情况也许如邯郸卢生之梦，外，环境，内，身和心，什么都时时在变，只有"我"却像是始终如一，总跟自己的觉知纠缠在一起，除去丧失知觉，是绝不能离开，哪怕是拉开一点距离的。

因此，我们就只好不问究竟，考虑人生问题，对付世间的诸多大事小事，都由自我出发。自我，与身外的无数自我，即他人相比，有类的同点，有个体的异点。如一首二足是类同；同是一首，有大小、胖瘦、美丑等区别，是个体间必有差异。这就自我说，是生来就受"天命之谓性"的制约，只能顺受。昔人称顺受为认命，命指命运，包括得于先天和遇于后天的。这里只说得于先天的，也包括无限花样。不能不化简，只算作举例，可以分为身和心两种。两方面，都有得天独厚和得天独薄的；厚薄之间，自然又必致有若干等级和无限花样。只说厚薄。就身说，项羽力能扛鼎，西施有沉鱼落雁之容，是得天厚；相反，刘伶是"鸡肋不足以当君拳"，无盐甚丑，就得天不厚了。心也是这样，世间有神童，也不少弱智儿，这是同受自天，而厚薄相差很多。这差异，受生的"我"不当负责，却不能不承担。有违公道之义吗？老子早已说过，"天地不仁（无觉知）"，我们，以及外面的大环境，都来自天，而并非来自公道。如屈原，作《天问》，吐一点点郁闷，结果还是不得不跳汨罗江。所以说，既已有了"我"，这"我"就带来"天命之谓性"，不幸而不厚，甚至很薄，怨，难免，却没用，上策是用荀子的办法，求以人力补天然。如何补？显然，具体的必千头万绪，只好说几个原则。

一是"顺应"。上面已经说过，"我"之来，我不能负责，却不能不承担。这里说顺应，是要求"知道"有此情况。古今中外许多贤哲都重视这样的知。深思冥索，所求不过是想了解，外看，大千世界，内省，方寸之间，究竟是怎么回事。有些人明白说出这种心情，如孔子说"畏天命"，斯宾诺莎说人的最上德是知天，等等，都是。知天然后才可以知命。知命，我的理解，可以包括三方面的意义。一方面是外推，姑且限于有生之物，要知道，不止近邻，如五伦及路人张三李四，就是远邻，鸡犬蚊蝇，直到单细胞生物，都是在同一个天命的笼罩之下，所谓"民吾同胞，物吾与也"，说可怜就同样可怜。另一方面是知止，就是要安于自己的能力有限，具体说是接受天命而不强求了解天命之所以然。《礼记·中庸》篇就是这样处理的，它说过"天命之谓性"之后，接着不问"何谓天命"，而说"率性之谓道"，意思是，生之谓性，已如此，逆，无力，也许还有大麻烦，那就顺着来吧。对付"我"当然也只好这样，逆，如自杀，非绝不可能，总是太反常了。还有一个方面是知足，是感知有"我"之后就不要嫌弃。这种态度是由务实的精神来，例如生来不聪明，你嫌弃也不会变鲁钝为聪明，也就只好用庄子的办法，"知其不可奈何而安之若命"（当然也可以尽人力图补救）。幸而天命同时也赋予人知足之性，愚而自以为智，中人而自以为至美，老子天下第一，都是这种天性的表现。这种性对天（假定为也有觉知）有好处，是不会有人向他造反；对人也有好处，是集为"我"的一体，由生到死，都亲亲爱爱。

二是"自知"。这是因为过于在"我"的范围内亲亲爱爱，就会如俗话所常说，无自知之明。一个人，得于天，很少能够，或说不能，独厚，至厚，各方面都厚；后天也一样，不可能各方面造诣都最高。不厚不高而自以为厚为高，对人对己都无利，或说有小害甚至大害。所以应该有自知之明。这明来于多往外看，然后虚心比较。其结果就有如把自己放在衡器上衡量，一看明白了，本以为超过一斤，原来只有几两。这有好处，一是可以自谦，二是可以自励。其结果都会是造诣的向上，烦恼的减少。

三是"珍重"。这是由另一个角度考虑的，既然有了"我"，而"我"又至亲唯一，而且生涯只此一次，就应该珍而重之。如何珍重？还是率性，尽力求活得好。何谓好？不过是经历丰富且有价值而已。丰富，有价值，仍需要解释，为省力，用举例法，如某甲目不识丁，某乙古今中外读了数十万卷书，我们说某乙的生活比某甲丰富；汉武帝大量杀人，司马迁忍辱写《史记》，都忙累了一辈子，二人相比，我们说后者的生活有价值。这看法是常识也承认的，好说。难说的是为什么要看重活得好，或说为什么要珍重"我"。可以由认识论方面找些理由。柏克莱主教说存在就是被觉知，罗素认为最确实的所知是感觉所收（构成感知的材料），这能知的显然是"我"，没有"我"，外界如何，甚至有没有，至少是我不能知道了。这是说，"我"最质实，还最亲切，因为苦乐、是非等等，都是以"我"为本位的。为本位，就值得珍视吗？理由难说，只好信任情意，是活得好可以心安，反之就心不能安。人，碌碌一生，瞑目之前，难免算浮生之账，如果所得（丰富和有价值）不少甚至很多，总比毫无所得好得多吧？

有哲学癖的人或者会说，这也是自欺，因为难于证明有究极价值。这是又往上追问天命；我们既已只顾率性，那就珍重自我，算作安于自欺也好。

四是"超脱"。这不是要求如佛家理想的能破我执，而是遇见某种情况，宜于向这个理想靠近。这某种情况指欲的对象利禄之类和欲而不得之后的苦的情绪。人生于世，受天命之谓性的制约，总难免要，或多或少，见世俗的"可欲"而心不能静。于是而求，世间不止一人，僧多粥少，因而不能常如愿，或说常不能如愿。其后跟来的必是懊丧，苦恼。为"我"的活得好计，这不合算，所以要改弦更张。理论上有抓紧和放松两条路。抓紧，如果有成的机会不多，就会火上加油，越陷越深。所以不如放松。办法是跳到身外，视"我"为一般人，一时冷眼看，如叔本华所说，不过都是苦朋友，不如意乃当然，也就可以一笑置之了吧？能够反观也一笑是超脱，虽然有近于阿Q之嫌，如果以活得好为处理自我的目标，就，至少是有时，不能不用它。

三八　机遇

我小时候住在乡下，男女婚配还是凭父母之命，媒妁之言，而且大多是未成年，甚至三五岁就定亲。常听见这样的幽默话，某家有女儿，相识的人说闲话，有时问家长，"有婆家了吗？"答，"有啦。"再问，"哪庄？"答，"碰庄。"这是表示还没许配，将来嫁到谁家，凭机会。有悲天悯人之怀的人会感到，这里面包含不少辛酸，因为自己的未来自己不能决定，要受命运支配，不幸而命运不佳，就女方说就无异落入苦海。人生，或缩小到某一个人，由出生到老死，原来就是这样一回事吗？有人也许会想，现在好了，父母之命和媒妁之言变为花前月下卿卿我我，最后成与否，还要取决于自己的点头或不点头，总是自己掌握自己的命运了吧？这要看怎么样理解所谓命运。举例说，甲男与乙女结识，是因为在大学同年级，又同在一个读书会，于是有情人成为眷属，由自己做主方面着眼是全部主动；由多因致成一果方面考虑就不尽然，比如说，你报考此大学，如果命题的和看考卷的不是这些人而是另外一些人，你也许就不能录取，那就不要说成为眷属，连有情也不可能了。这样说，卿卿我我的同样是借了机会之力，与父母之命、媒妁之言的至多只是五十步与百步之差。说凄惨一些是，我们有生之后，不管怎样如孙悟空的能折腾，终归不能出天命这个如来佛的手掌心。

天命是概括说，表现为切身的具体，是无数的大大小小各式各样的机遇。甲男凭机遇与乙女结合是大，某人凭机遇与另一人在大街上对了一面是小；某人凭机遇上了青云，另一人凭机遇入了监狱，是各式各样；相加就成为无数。机遇与哲理有纠缠，是对应某些（或说绝大多数）情况，我们不得不信因果规律。信，才种瓜可以得瓜，种豆可以得豆，小至按电灯之钮，才确信可以变黑洞洞为亮堂堂。可是这样一确信，则一切出现的事物都成为前因的必然结果，还把机遇放在哪里呢？常识所谓机遇是碰巧，如果一切都是必然的，还有所谓碰巧吗？一种解释是，客观的必然联系，广远而微妙，我们所能觉知的只是小范围的一点点，那就像是来无踪，去无迹，我们姑且名之为机遇。这样讲，我们不管客观现实，只管主观印象，承认有所谓机遇，像是没有问题了。其实还留个不小的尾巴，是能不能连意志自由也不给一点地位。就算是也凭主观印象吧，我们都觉得，对于某事，点头或不点头，我们有选定的能力。就凭这种觉得或信仰，我们建立了道德系统和法律系统，说立德者应该不朽，杀人者应该死。立德，杀人，能够跳到因果规律的锁链之外吗？誉为不朽，杀，至少是这样行的时候，我们只好不求甚解，信常识并满足于常识。也是以常识为依据，我们在上一篇接受了自我，这一篇接受了机遇。

以自我为本位看机遇，已然的不可改，未然的不可知，而这些，即使相信有所谓意志自由，也总不得不承认，是决定我们生活的最大的力量。最大，而且切身，所以可以说是可怕。推想孔子所说"畏天命"，可能就是这种心情。这心情来于许多事实，细说，难尽，只谈一点点荦荦大者。由有了一个"自我"说起（如何能成为有，只好不管）。由这个"自我"看，成为男身或成为女身，是凭机遇。这个机遇，尤其在旧时代，影响更大。比如成为女身，除非碰巧是武则天或那拉氏老佛爷，不受苦的机会是很少的。生在什么人家关系也很大，乾隆皇帝生在雍正皇帝家，就可以做六十年太平天子，享尽人间荣华富贵；如果生在穷乡僻壤的穷苦人家，那就会走向另一极端，劳累饥

188

寒，也许还要加上不能寿终正寝。由男女和一家扩大，还有地域的机遇，例如生在北美与生在南非，生活就会相差很多；以及时代的机遇，比如在唐朝，生于贞观之治与生于天宝之乱，生活也会大不同。所有这些，在自我觉得有自我的时候，早已木已成舟，自我欢迎也罢，不欢迎也罢，只能接受既成的事实，想反抗，连冤有头的头、债有主的主也找不到，除顺受以外又有什么办法？不如意也得顺受，这就是在人生旅途上，机遇之所以为重大，为可怕。

重大和可怕，更多地（未必是更严重地）表现在觉知有自我之后。以散步为喻，大路多歧，我们不能同时走上两条，于是选择一条，走向前。两种可能成为一种，是机遇。这机遇下行，也许关系不大，比如兜了半点钟圈子，回家，还是与家人围坐饭桌，吃馒头和不硬的稀粥。但也可能关系重大，比如碰巧就遇见一个几年不见的熟人，他由于倚市门走了红运，念旧，他日相逢下车揖，于是自己也就当机立断，弃儒为商，而不久也就发了财，连带鸡犬飞升，晚餐饭桌之上，稀粥变为山珍海错，如果这时候一回顾，看到某日某时的与此熟人巧遇，就不能不赞叹机遇之力大矣哉吧？巧的程度下降，普遍性增加，就是说，人人都会感到，或有此经验，如入学和就业之类，总是一步踏上去就几乎决定了一生的道路。而这一步踏此地而不踏彼地，常常来于一念之微。比如我还记得，考入大学，可以随意选系，我原是想学英文的，碰到旧同学陈世骧，他的意见是我中文比英文好，应该展其所长，选中文，我正举棋不定，听了。现在想，如果他的推理是应该补其所短，我的一生也许就不钻故纸而翻洋纸了吧？这就可见机遇的力量是如何大。总的情况，仍须乞援于因果的老套说，是前一时的很小很小的因，常常会致成后一时或说无限时的很大很大的果；而这前一时的因，总是在我们觉知的能力之外，我们只得称它为机遇。

那么，我们就成为定命论者，甘心忍受定命（也就是机遇）的播弄吗？显然不应该这样。而是应该以人力补天然。事实上，我们也都在以人力补天然。就说是主观感觉吧，我们自信有分辨是非、利害的能力，就凭这种能力，我们有意或无意，都时时在调理自己的生活。由这种观点看，我们，求活得好，就都不得不接受意志自由的信念。也许都没有想到这个问题，而只是实行。实行有范围小的，如一种书，买精装本与买平装本之间，我决定买平装的，是想省下的钱还可以买一本别的。实行有范围大的，如孩子升大学，决定学文还是学理，那就影响深远，选得不得当，就会失之毫厘，谬以千里。实行选择，由一个角度看，是与机遇战，求尽量不受机遇的播弄；由另一个角度看，也可以说是利用机遇，就是凭自己的智慧，使好的小因结好的大果。

以上是乐观的看法。但也要知道，一己之力，甚至人力，终归是有限的，尽人力的同时还不得不听天命，也就是承担机遇的重压。这压力会由小路来，如传染病和车祸之类。还可能，甚至常常由大路来，如天灾，水、火、风暴、地震之类，如人祸，战争、文化革命之类。语云，闭门家中坐，祸从天上来，不幸而坏的机遇真就来了，怨天尤人，无用，也就只能消极，忍受，加积极，尽人力，如此而已。

三九　幼年

何谓幼？今律没有规定。查古礼，《周礼·司刺》说是七岁以下称幼弱，《礼记·曲礼》说是十岁称幼学。无定说，有好处，是可以我行我素。但也不可没个理由作约束，这理由，我想用必须依靠家中长辈之时，指实说大致是念完小学之前，或再向下移一两年。这段时间应该怎样生活，或最好怎样生活，难说。原因之一是家庭的条件人人不同，条件不同，处理生活的办法就难于划一。原因之二是这段时间，幼者还没有自主的能力，说应该如何就等于要求鱼飞鸢跃。所以谈就不得不，一，以时风的一些同点为依据，说大块头值得注意的；二，对着有左右幼者能力的人（包括养者、育者和教者）说，幼者听不见也关系不大。这大块头值得注意的，我认为有两项，"养"和"学"，一般说都处理得不够妥善；具体说是，养方面宜于偏薄而总是偏厚，学方面宜于偏多而总是偏少。以下依次说说流行的情况和视为不妥善的理由。

先说养偏于厚。养偏于厚，不妥善，似乎也有不少人感到或看到，所以有"溺爱"和"娇生惯养"一类说法。可是说者自说，行者还是照样行，为什么？世间的许多事都是有来由的。溺爱自然也有来由；不只有，而且来头特别大。可以请古人来帮助说明。古人说，

"天地之大德曰生"，又说，"不孝有三，无后为大"。这是人本位，本诸凡是喜欢的都是贵重的实利主义的推理，就像是既正大又堂皇。其实，如果由人本位扩大为"万物与我为一"，睁大眼普看生物，就会发现，所谓"天地之大德曰生"，不过是自己有了生就舍不得死。然而可惜，同样来于天地，是有生必有死。我的理解，传种是个体不能长生的一种不得已的补救办法；或者说，个体求长生不老不能如愿，只好退一步，用生育的办法，求种族能够延续下去。这样看，男女合作，生个小宝宝，乃是自己生命的延续，怎么能不肉连肉、心连心呢？爱，也来自天命，不可抗；问题在于如何爱才能如愿以偿。这是说，爱有目的，也就不能不讲求方法。目的是什么？卑之无甚高论，是离开养育者的照顾，走入社会，能够适应，活得好，至少是能活。这里不说挣饭吃的能力，只说性格，溺爱培养的性格是什么呢？一是享用尽量高，衣食，如果来自市场，都要最高级的，而且处处占先，头一份。二是只许顺，不能逆，比如看见新的什么，要而不得，轻则哭闹，重则打滚。三是这样惯了，就必致自以为天之骄子，自己以外的人都没有自己高贵。四是也就没有耐心学习什么，因为学习来于有需要，天之骄子当然没有什么必须自己去奔波的需要。显然，培养这样一个性格，到社会上就难于适应，因为社会很复杂，纵使不会处处都是逆境，总不能像家里那样，处处都是温暖。这样说，是溺爱的结果反而不能达到爱的目的。

所以，单就为了爱说，也要反偏于厚之道而行，或干脆说，宁可偏于薄。所谓薄，化为具体，大致是这样。不管家里条件如何好，要使幼者有个这样的印象，人都是社会上的普通人，就应该过普通人的生活。而且宁可偏下，理由有二：一种是，人应该自勉，即比能力向上看，比享用向下看；向上看的结果是学业方面知不足，向下看的结果是享用方面知足，这对个人、对社会都有好处。另一种是偏下对健康也有好处，举抗寒的能力为例，儿童是最容易适应环境的，可是因为溺爱，一入冬季就皮毛若干层，结果反而容易感冒，不敢着风淋雨。享用偏薄之外，还要坚持一个对待的原则，是不合理的要求决不迁就，以期孩子渐渐明白以至确信，他只有做好事的自由，没有不听话的自由。有人也许会说，这不容易，因为你不迁就，他会哭闹，大人心疼，孩子不退让，不好办。其实很好办。记得罗素《幼儿之教育》谈过这个问题，他说幼儿同样爱权力，并愿意行使权力。最常用的行使权力的办法是哭，想吃糖，想要什么，不得，就哭。如果一哭就给，他就感到他有这个权力，于是就不断行使。对应之道是视而不见，听而不闻，不管，这就等于告诉他，他没有这个权力，他用一两次不见效，也就不再用了。照罗素的想法，做父母的都应该懂点儿童心理。其实要求还可以高一些，是儿童心理之外，还应该了解一些有关人生价值的常识；无论如何，只把吃得好、穿得好以及说一不二当作儿童的幸福，总是过于浅陋了吧？

再说学偏于少。谈到这个问题，我总是先想到一些学得多，有大成就的。先说一位外国的，作《逻辑体系》的小穆勒，写自传，说他四岁，别的孩子口袋里装糖的时候，他口袋里装的是希腊文的语法变化。就这样，十四岁，他把应学的语言和各门学问都学完了。他一再声明，他确是中人之才，只是由于他父亲教法好，就有了成就。再说两位本国的，绍兴的周氏弟兄，入三味书屋识了字，大量地杂读，也就成了家。这类事，扩充为"儿童时期学习能力最强"的原理，几乎人人都知道；奇怪的是，事实则一方面放松学习，一方面还要大喊负担过重。我心理知识不多，据闻见所及，好像学习能力的高低与年岁的大小成反比，就是说，年岁越小学习能力越强。许多事实可以做证，只举两件。一是学语言，幼儿，一不上课，二不查词典，只是听，跟着大人嘟嘟，不过一年上下，就可以用，与上学之后学外语相比，速度简直有天渊之别。再一件是大难的道术，如高深数学、理论物理以及围棋之类，据说青少年时期如果还不能有成，拔尖儿的希望就不大了。由此可以推知，神经系统的最活跃时期是在人一生的早年，所以应该善自利用。

如何利用？不过是，把睡以外的时间，多给学习一些，少给玩耍一些。学什么可以由家庭条件和儿童兴趣，或说性之所近决定。比如玩电动汽车与弹琴之间，对于后者，儿童不见得就没兴趣。退一步说，识字，或学另一种语言，起初，总不会像玩电动汽车那样有兴趣，因为不能不费些力。但我们总要相信习惯的奇妙力量，是惯了，费力的可以变为不费力，从而苦的也就变为不苦，甚至起初须捏着头皮的却渐渐变为感兴趣。如果竟能这样，还有个暂时看不见而影响深远的大获得，是成年之后或一生，比如书店与赌场之间，他就会乐于走进书店而不走进赌场。

还有个问题需要分析一下，是上了学校，儿童感到负担重，或与教有关的人（包括掌管教育的人和家长）觉得儿童负担重，是怎么回事？我的看法是教法不当，本当让儿童主动学而设置不少束缚儿童活动的框框，如几段教学法，反复分析讲解，出繁琐而无用的问题，强制作答，等等。记得我的外孙女上小学时期喜欢语文，每到假期就向我要下学期的语文课本，先看看，问她，大致是一两天就看完了。可是开学以后，每周几课时，还要坐在那里听分析讲解，这是典型的浪费，如果用这些时间任儿童自己去阅读，最保守的估计，总可以多十倍以上吧？可是不这样教，而是不只把儿童圈在课本之内，还要玩一些问题形式的花样，比如念了一篇文言文，就会出题，让学生指出一篇的所有"之"字，各属于什么词类，在此处表示什么意义，等等。这当然要费力，费时间，可是几乎无用。儿童负担重，主要原因就是不能主动地驰骋，而必须在机械的框框里打转转。但这已成为多年的定例，改必大难。这里说说，是还希望有人会对成例生疑，因而试试，比如教识汉字，辅助孩子看些杂七杂八的，至多一年，认识三四千常用字总不难吧？可是我们是一贯把儿童的学习能力估计得太低，而结果呢，儿童的学习成绩果然就低了。至少我看，这是最好的机会没有利用，只是就一个人说，也是太可惜了。

四〇　就学

《论语》开篇就说："学而时习之，不亦说（悦）乎？"我想这是指学而有得说的，因为孔子说自己的学习体验是"吾十有五而志于学"，志于学不是开始学，开始学是未必能感到乐趣的。但也不能不学，原因可想而知，是人受天之命，不但要活，而且想活得好，活，要有所能，活得好，尤其要有所能，这能（力），除了极少数，如呼吸、吃奶等之外，是都要来于学的。所学，学的方法，都有多种，其中一种，普遍而基本，是我们都熟悉并在利用的，是各等级各类型的学校制度。这里主要说这种形式的学。

这种形式的学是古已有之。如低级有庠、序，高级有国子学、太学就是。古今通行，是因为我们不得不分工合作：如请某人教高等数学是分工（不是人人都会高等数学），各家子弟集到一地学是合作（可以多方面节省）。这种形式发展到现在，主要成为小学、中学、大学的三级制。说主要，是小之前有幼儿园，其中活动也兼有学的成分；大之后有研究生的更深造办法。由小而中而大是一条最通常的学的路。通常，是否就最好？不好说。一方面，我们要承认这种形式并非十全十美。原因有多时的，如不容易适应天资的不齐；有一时的，如课程、教法、师资有问题。但还有另一方面，是至少就现在说，我们还没有能力另来一套。不能另来，我们只好利用它，就是说，争取做到由小而中而大。说争取，是因为，就个人说，做到是可能的，就全体说，暂时还是不可能的。不可能的原因之中，有一种，是有机会由小而中而大，可是不愿意走这一条路。这是受时风的影响，有些人认为，不走这条路反而容易致富；而致富，在数量很大的一部分人的心目中，已经成为唯一有价值的事物。这问题很大，甚至说很严重，这里不谈。只说有条件学，我们应该如何利用这条件；又因为小、中有共同的性质，与大不同，先谈小、中，后谈大。

小学和中学阶段最重要，因为所学是常识，是工具，或总的说，是应付生活各个方面以及往各个方向发展的基础。说说这样重视的理由。常识，浅易，可是方面广，而且接近生活，所以最重要。以地理方面的为例，生为现代的中国人，如果连地球为太阳系的一个行星、世界各国的大致情况也不知道，应付现代社会的生活，总会有不少困难吧？工具，如运用语言文字的能力，计数的能力，几乎时时要用到，所以也非常重要。而且有这方面的能力，就止可以守，进可以取（例如学会一种外语，就可以进而从事某种专门研究），即使旅途不平坦，也可以比较容易地往前走。

再说要怎样学。琐细的诸多方面不好说，只说应该注意的两个原则：一是目的，求多；二是办法，勤。勤，能否如主观愿望那样见功效，不能不受诸多客观条件的限制，如多读要受图书馆藏书情况的限制，课下时间多少要受教材、教法的限制，这里只好假定都不成问题，单说求多的情况和好处。求多包括许多内容。一是知识面广，课程有的可不在话下，没有的，只要是常识性的，也应该学。二是某一门，所知的量要适度地求多，例如中学课内讲一些古典作品，课下就最好找一种中国文学史看看。三是工具性的，如现代汉语，文言，一种外语，要尽力求熟悉，能用。这能用当然要有程度之差，如现代汉语，一定要做到能写；文言，要能读一般不过于艰深的作品；外语，能读浅易的文字，日常用语要能听能说。以上这些能力，主要靠多读杂读培养，所以最好是，由小学高年级起就养成爱读书的习惯。写和说的能力也要靠多练习养成，所以眼勤之外，还要手勤嘴勤。俗话有勤苦的说法，可见，至少是早期，勤总不会像闲散那样舒适。这就要，于志向坚定之外，明白一种重要的学习道理，是：习惯可以冲淡以至消灭艰苦，并逐渐培养兴趣，到兴趣生成，任何艰苦的活动也可以成为乐事，所以可以说，求多也不是很难做到的。

这样求多，有什么好处呢？总的说，是有如建筑之打好地基，上面就可以并容易修建高楼高阁。加细说还可以分为三种。其一是有利于确定性之所近或资质之所长。人，得于天不会面面俱到，如事实所显示，有的人长于数学，可是缺少诗才，无论为个人着想还是为社会着想，都应该让长于数学的去研究科学，多有诗才的去从事文学艺术。可是本性长于什么，就学之前不容易看出来，多学，比如学校课程只是有限的几门，而且都过于浅易，就可以在门类和量方面都有所补充，这就有利于早确定性之所近，资质之所长；之后就可以避其所短而发展其所长。其二是有利于用。多学的结果是多知多能，那就无论是升学还是就业，当然都可以应付裕如。其三是有利于发展。发展指两种情况，一种是升学，继续学，一种是就业，学无止境，业余仍须继续学。不管是哪种情况，所学的资本雄厚，专以语言为例，比如现代汉语之外，兼通文言和一种外国语，那就走向哪条路都会感到方便。以我个人的经验为例，小学、中学阶段，我读书不算少，可是有所偏，也就是不够多。结果是现代汉语和文言可以通过，英语不成，数学更不成。升大学以及大学毕业以后，有个时期钻研西方哲学，有些著作须读原文，才感到英语没有学好，不得不补学；现代哲学与科学关系密切（最典型的是数理逻辑），才后悔数学没有学好。所以多年来我总是想，尤其是小学、中学阶段，教育的成功与否，应该以学生的是否多学为衡量的标准。

再说大学阶段。目前还不能人人都入大学，但这总是现代文明国家应该趋向的目标。大学造就的是专业人才，入学之后应该往学业的一个角落里钻，当然不成问题。这里想说说的只是，与求专的同时，也应该求多。多有两方面的多。一方面是在专业范围之内的求深入。大学的专业课程有限，学就不当满足于这有限。以学本国历史为例，据我所知，上课听讲，都是概说、观点之类，有的人几年毕业，连《资治通鉴》也未通读一遍，这是浅入，也就是应多而很少。另一方面是专业范围之外的求博。博不是要求各方面都精通，是要求常识丰富，现代文明人应具备的能力都大致不差。什么是常识？我的体会，如宏观，银河系只是无数星系中的一个星系，它的直径若干万光年，是常识，如何算出来的不是常识；微观，有电子、基本粒子等是常识，如何测定的不是常识。能力呢，就最通常的说，要有思考的能力，而且有情意，能用文字明白晓畅地表达出来。说句不客气的话，有不少人大学毕业，门门课及格，可是用这求多的标准衡量，却远远不够。这无论就个人说还是就社会说，都是损失。这里只说个人，为了避免悔之已晚，就要争取就学，并尽力多学。

四一　知识

前面谈就学，就学是为求知（包括技能）。依常识，有知比无知好。可是如果进一步问，为什么有知比无知好，或更进一步问，什么是知识，如何求，量要多少，质要哪种，问题蜂拥而至，想弄得一清二楚就大不易。这里只好勉为其难，说说一时想到的。

由什么是知识说起。不久前看了一本认知心理学的书，根据其中所说可以推想，感官所感在神经系统中成为图像，单独是感觉，与其他图像比对就成为知觉。以声音为证，门外有打小锣的，只是听见而并没有觉得，所谓听而不闻，是单纯的感觉；与旧存的感觉比对（其中有推理、判断等复杂的心理活动），觉得这是卖糖的来了，就成为知觉。这简单的知觉也是知识，是低的一端的知识。高的一端呢，那就可以量很大，如马端临的《文献通考》，意很深，如爱因斯坦的《相对论》，都是。我们通常所谓知识，是指高低两端之间的，可意会而难于言传。勉强说，是指一般能读的有文化的人所应具有的常识，容许再高而不容许再低。或者用更省力的说法，一群人，依常识，可以分为知识分子和非知识分子两类，我们说知识分子头脑里装的那些是知识；非知识分子头脑里自然也不是空的，但量少，可以不算。

这种知识分子具有的知识，主要由读来，读书，在现代，尤其是读报刊。所知的范围呢，虽然限于常识，也要古今中外；还要能推理，有判断是非的能力（不是要求必正确）。有这样的知识好不好？常识认为好，并认为没有问题。其实也有人不这样看。这有国产的，是道家。如《老子》说：

> 是以圣人之治，虚其心，实其腹，弱其志，强其骨，常
> 使民无知无欲。
>
> （第三章）

《庄子》说得更决绝：

> 南海之帝为儵，北海之帝为忽，中央之帝为浑沌。儵与
> 忽时相与遇于浑沌之地，浑沌待之甚善。儵与忽谋报浑沌
> 之德，曰："人皆有七窍。以视听食息，此独无有，尝试凿
> 之。"日凿一窍，七日而浑沌死。
>
> （《应帝王》）

这是说，想活得好，要无知，以至于连感知也不要。何以会有这种想法？原因之一来于看社会，欺诈、斗争等等混乱现象触目皆是，道家以为都来自心的复杂化，所以认为根治之法应该是归真返璞。原因之二来于看己身，越有知痛苦越多，越强烈，所以想减少苦恼，就不如安于无知。知识会带来苦恼，西方也有这样的看法。最典型的是《旧约·创世记》所说：

> 女人对蛇说："园中树上的果子我们可以吃，唯有园当中那棵树上的果子，神曾说，你们不可吃，也不可摸，免得你们死。"蛇对女人说："你们不一定死，因为神知道，你们吃的日子，眼睛就明亮了，你们便如神，能知道善恶。"于是女人见那棵树的果子好作食物，也悦人的眼目，且是可喜爱的，能使人有智慧，就摘下果子来吃了。又给她丈夫，她丈夫也吃了。他们二人的眼睛就明亮了，才知道自己是赤身露体。……（神）又对女人说："我必多多加增你怀胎的苦楚。你生产儿女必多受苦楚。你必恋慕你丈夫，你丈夫必管辖你。"又对亚当说："你既听从妻子的话，吃了我所吩咐你不可吃的那树上的果子，她必为你的缘故受诅咒，你必终身劳苦，才能从地里得吃的。"

亚当和夏娃，吃智慧果以前，过的是如《诗经》所说，"不识不知，顺帝之则"的无忧无虑的生活。吃了智慧果，也就是有了知识，情况就不同了，他们就不能不受苦。这种想法对不对呢？情况很复杂。先说这种想法也是事出有因。社会方面，因为牵涉到多数人，问题更加复杂。姑且站在老庄的立场，如果真有老子设想的"小国寡民""老死不相往来"的社会，知识少，可以推想，欺诈、斗争等等混乱现象也会相应地减少，从而民生疾苦也许会减轻一些。这样说，就是离开老庄的立场，我们似乎也不能不承认，对于社会，知识的增加也会带来有害的一面。现代科技的进步可以为证，是我们既有了养人的提高农业生产的能力，也有了杀人的制造核武器的能力。再说个人方面。知与苦相伴，可以从根本说，是苦是一种感受，当然只能从能知的渠道来。还可以用比较法找到证据，是能知的程度越浅，感受的苦越少。长亭折柳送别，柳树也是生物，推想即使不是毫无所知，也因为模糊而不致感到有多少痛苦。上升为动物，如蝗虫、蟋蟀之类，我们常看到因某种挫折而失落一条大腿，推想它不会毫无感觉，可是看样子像是处之泰然，原因只能是，能知的程度远远低于我们人类。上升为人就不同了。肉体的痛苦，程度深浅，知识多少可能关系不大，即俗话所说，人都是肉长的。精神方面就变为关系很大。总的说，一种境，有知识的人可以有所感，不识不知的人就可能无所感；有所感，不如意的机会至少占一半，那就，与不识不知的人相比，多了许多苦。这类苦，举例说，有的较质实，如不愿忍受专制君主的压迫，有的较玄远，如想弄清楚人生目的为何却无论如何也做不到，不识不知的人就不会有这些苦恼。还有，在某些时候，有的痛苦或灾祸自天而降，是只会落在有知识的人的头上，如旧时代有文字狱，新时代有不左之派就是。还可以加说一种情况，"刺绣文不如倚市门"（《汉书·货殖列传》），恐怕也是自古而然，于今为烈，就是说，知识与穷困常常有不解之缘，所以，如果热衷于恭喜发财，那就与其有知，不如无知了。

以上所说，大致是用道家的眼看的，当然难免片面。其实还不只片面，简直可以说，无论就理说还是就事说，都难得圆通。理方面的缺漏，我们可以用反问的办法指出来，那是："有知不如归真返璞是你们的人生之道，并以为你们的道高于其他道，这道，以及以为高于其他，如果你们没有知识，这可能吗？"这就可证，老庄歌颂无知的时候，早已暗暗地肯定了知识的价值。证明知识之为必要，更有力的是事实。其一，生物的所求是能活，并活得好，求知，简单的，如知虎豹能伤人，复杂的，如空调能避免冷热，都是为这根本的所求服务，所以，除非我们不想活，不想活得好，反对知识必是办不到的。其二，归真返璞，比如回到穴居野处、茹毛饮血之时，社会性的动乱可能减少一些，但其他种种艰难困苦一定很多，如何避免？也只能靠增加知识。其三，无论就个人说还是就社会说，知识的逐渐增加都是必然的，由多知退为少知，甚至无知，只是幻想。其四，为了顺应人之性，我们应该尽力求变野蛮为文明，变要靠许多条件，其中知识必是最重要的，因为高尚的道德，严密的法律，合理的制度，物质方面的建设，等等，都要以知识为根基。其五，以致像是关系不大的生活情趣的所谓雅俗，如果推重雅而厌恶俗，也就不能不重视知识，因为雅又称文雅，无文是雅不起来的。其六，生活中难免遇到各式各样的问题，大到大道多歧，应该走上哪一条，小到衣服破了，应该怎样修补，想解决，都要乞援于知识。其七，还可以由反面看，无论群体还是个人，无知或少知，前行，就有如盲人骑瞎马，乱闯，失败的危险就太多了。其八，再说个高的要求，人，碌碌一生，即使没有什么究极价值，能够想想什么是究极价值，为什么没有，至少我觉得，这就有如屈原之作《天问》，虽然不会得到答复，总比不识不知，到寿终正寝还茫茫然好吧？

　　承认知识有用之后，要见诸行，是求有知。求知什么？难说。庄子早就叹息："吾生也有涯，而知也无涯。"那还是两三千年前的战国时代，单说不包括技艺的道术，不过是《庄子·天下》篇评介的那些家。现在大不同了，一是往广处发展了不知多少倍，其中很多部门都是昔日没有的；二是往深处发展了不知多少倍，仅以宏观的知识为例，古人想象地平而方，四面有海围着，上面有天罩着，似大而并不很大，现在呢，眼，借助仪器和推算，已经看到若干亿光年以外。真成为知也无涯，怎么求？可以先说个总的原则，是如果可能，所知越多越好。这自然很少可能，那就实事求是，分知识为一般的常识和专业的知识两类，一般的常识要求人人具备，专业的知识只要求与专业有关的人具备。常识和专业知识内容都有多少、高低的分别，也是都宜于求多求高，只是常识方面可以多放松一些，因为，比如历史知识，朝代的更替记不十分清楚，还不至于对日常的工作和生活有什么大影响。

一般人的所知，限于常识和一些专业知识，这是说量有限，或简直说是沧海之一粟。还有一种或多种有限，是即使量很大，也要承认，知识并非万能。只说一些重要的。一种是我们还不能全知。康德写《纯粹理性批判》，分析人类理性的能力，承认有些情况（如四种二律背反）非人类理性所能知（如宇宙有边、无边，两判断背反，都合于理性）。这看法，有人斥为不可知论，可是像这类问题，我们无力解答的还有很多。所以，至少是现在，我们不得不承认，知识的力量是有限的。另一种，我们凭借知识以判断某事物的真假对错，也可能受诸多条件的影响，出现失误。常见的众口异词现象足以说明这种情况，同一事而所见不同，不能都对，那错的也是由知识来的。还有一种，牵涉到情欲，常常会知之而未必能行。戒烟酒不成是个好例，知识判断戒除有利，可是见到烟酒馋，只好扔开知识。这样说，我们是又回到道家，轻视知识吗？不是这样，因为承认知识的力量有限，也是一种知识，也许是更高一层的知识，这正如孔子所说："知之为知之，不知为不知，是知也。"

以上说了正反两面，总的精神还是顺天之命，顺生之性，主张人，包括个人和群体，应该以知识为小乘或大乘，载着我们走向文明。肯定了知识的大用之后，剩下的问题只是如何求得知识，或说求得可信而有用的知识。我的想法，这主要要靠读，留待下一篇谈。

四二　读书

上一篇肯定了知识的价值，顺理成章，要接着说如何求得知识。任何人都知道，不同的知识有不同的来路，有的来路不是书本。举个突出的例，古代乐（礼乐的乐）的知识技能，大概都是口手耳相传，不用文字，所以六经的乐有其名而无其书。现代的知识，也还有不少口耳相传的。这里题目是读书，显然，说到知识，就会限定书本，至少是推重书本。张口书本，闭口书本，原因是，我觉得分量重的知识几乎都是来自书本。书本的知识，有常识性的，或说一般有文化的人都可能甚至应该具有的；有专业性的，或说一般有文化的人可以不过问的，本篇谈读书是泛泛谈，所以无论是范围、方法还是收获，都靠近常识的"通"，而不是专业的"精"。通是有知识，明事理，我的经验，主要要由读来，所读，主要是书本（报刊居辅助地位），所以统名为读书。

需要读书，推重读书，先总的说个实利主义的理由，是人生的一切活动，如果以投资与收获的比例衡量，最合算的应该是读书。因为书本上所记，一般说，都是有特殊造诣的前人，根据他们的经历或研究而取得的一些精华。这精华，就我们一般人说，有的，如语法知识，自己钻研语言现象，有求得的可能，但要费大力（也许要若干年）；有的，如逻辑知识，自己求得，理论上非不可能，实际却可以说是不可能；还有的，如历史知识，不读书（听讲是间接读），想知道，显然就绝不可能。而借助于读书，仍以逻辑知识为例，找一本讲逻辑常识的书看看，厚的不过一百多页，用业余时间只须三五天，就可以大致通晓都包括哪些内容。而且进一步就会学以致用，比如知道矛盾律是怎么回事，就不会相信"儒家都是卖国的"（全称肯定判断）那样的鬼话，因为文天祥也是儒家，并不卖国（特称否定判断）。知识是人类文化财富最重要的部分，而取得这份财富，读书有如开宝库的钥匙，不用它就不能进去，用它，大难就可以变为很容易。

这样便宜的事，比如我们不错过机会，善于利用，所得，细说，都有什么呢？大致是以下这些：

其一最初步，是简单的吸收，或说变不知为知。人非生而知之者，各式各样的知识，都是通过感官逐渐积累的。积累知识，有目的，是想活得好，就不能不了解许多与己身有关的事物。这诸多事物，有的在眼前，如外衣在衣柜内；而更多的，也许还是更重大的，却不在眼前。以历史的知识为例，两千多年前有个秦始皇，他的事迹，不读书就不能知道。地理知识，远推，直到宏观世界的知识，不读书，自然也就不能知道。读书，多读，杂读，结果就会多知。依常识，多知总比少知好。

其二是读书可以明理。谈到理，问题非常复杂。古人说，"彼亦一是非，此亦一是非"（《庄子·齐物论》），各是其所是，各非其所非；俗语说，公说公有理。婆说婆有理。究竟什么是理，什么是合理？这里难得深入辨析。只说理有偏于客观事物的，如其他星体上是否有生物之类，虽然确知也不容易，是非的标准却明确，不过是实况如何而已。偏于人生之道的理就不然，而是连是非的标准也人各有见。人各有见，所争在于是非，那就至少是假定，还是有是非。这里想跳过辨析，只说有所谓是非，我觉得，读书与不读书比，明理的机会，前者要比后者多得多；或者说，读书，在某些方面也可能不明理，不读书，在多方面就经常不明理。读书而未必明理，情况多种，来由则可一言以蔽之，是所学不多，不疑而信，如旧时代的君辱臣死就是这样。至于其反面，不读书，不明理的可能就太多了，如时至今日，还有不少人相信君王明圣，往灵隐寺进香可以变祸为福，深钻《易经》可以预知吉凶，等等。所以想破除各类迷信，即明理，还是非读书不可。

其三是生活中遇到问题，可以从书中取得指针。问题无限，举一点点例。最微末的，想吃炒回锅肉，不知道怎么做，可以找一本菜谱，看看用什么材料，如何操作，照方吃药，问题很容易就解决了。中等的，如自己念，或听人家念，"问君能有几多愁，恰似一江春水向东流"（南唐李煜《虞美人》），对李后主产生了兴趣，想进一步了解这位作者的底细，那就可以找某一种中国文学史看看，或兼找《南唐书》和《南唐二主词》看看，问题也就解决了。还有重大的，如国家大事，某大问题，应如何解决，或应走哪条路，己身的，如出山还是隐居之类，不读书，不知是非利害，就会苦于不能衡轻重，择善而从。纵观历史，连马上得天下的刘邦，晚年也醒悟，说："吾遭乱世，当秦禁学，自喜，谓读书无益。洎践祚以来，时方省书，乃使人知作者之意。"（《古文苑》卷十）其他大量读书人就更不用说了。

其四是可以培养性情。依常识，性情也有高下之分。何谓高？概括说，不过是为人处世，不强制造作，就能合情合理。这样的性情，可以来于天性，或天性加环境的感染。但天性加感染，也可能并不高甚至很下，这就需要化或培养。很明显，读书会有利于培养。培养之道有直接的，即从昔人的言论中吸取教训。这样的教训，由《尚书》的"满招损，谦受益"起，真可以说是汗牛充栋。多，虽然并不等于特效，但耳濡目染（不只嘉言，还有懿行），总会产生或大或小的影响。还有间接的，是在书香的熏陶之下，心胸狭窄可以变为开阔，偏颇可以变为平和，也就是性情可以由不好变为好，至少是较好。世间的人情也可以作为佐证，是读书人常与文雅为伴，文雅的对面是粗俗，可见读书确是有培养或改变性情的力量。

其五是于益智、明理等之外，还可以欣赏，即获得美的享受。这主要指读文学作品，照外来的分类，有诗歌、散文、小说和戏剧。其实就本土的作品说，值得欣赏的又不限于这四种，如《庄子》是讲道理的，《史记》是记史事的，此外如《世说新语》记轶闻，《东坡志林》写随感，以至于如骈文的《滕王阁序》，等等，茶余饭后，或有郁闷，或只是闲情难忍，翻开看看，或念念，都可以暂时忘掉现在，另入一境，其所得又非口腹之欲的满足所能比了。由这个角度看，人生一世，不能读书或不肯读书，等于过宝山空手而回，损失就太大了。

其六是可以取得立言的能力。《左传》说不朽有三，最上的是立德，其次是立功，再其次是立言。这里专说立言，本指圣贤的言论，可为后世法的，我们无妨扩大其范围并降低其品级，说以文字表达情意，或流传或不能流传，都是立言。或说得更直截了当，是有用文字表情达意的能力。这能力，有用，人人都承认。用有大小。最小的，如给谁留个便条，给谁写一封信，虽然牵涉的事有限，终归是办了事，即所谓有用。由此升级，也可能牵涉到群体，辨是非，明取舍，并可能真就影响了实行，这就成为大用。用，为己身打算，还有更大的，就是通过立言真成为不朽。历史上许多人，如李杜、三苏等等，虽然生命早已结束，名却长期留在后代人的心中。这有什么究极意义吗？也许没有。但是语云，"人过留名，雁过留声"，就说也是一痴吧，既然痴了，那就还是学会写，以期能够如愿的好。而学会写，显然只能由读书来，因为不读书，腹内空空，就不会有分量重的内容可写；就说是有些情意，也不知道如何表达，仍是不能写。

其七是因读书而收书，也是一种不可轻视的获得。这所谓获得，只指因得喜爱之书而自得其乐一项，虽然只是闲情，以读书人为本位，也很值得珍视。这种闲情也是古已有之，且不说公家收藏，只计私家，叶昌炽作《藏书纪事诗》，各朝代说了不少。直到目前，也还是不少。其中有些人，收书很多。可以想见，这要一，费力搜寻，二，用钱买，三，找地方放。三部曲都会带来困难，或说苦，可是有不少读书人还是知难而进，为什么？就是因为，他们觉得，与得书之乐相比，那些苦都算不了什么。人生之乐多种，这得书之乐，至少我觉得，推想不少读书人也会同意，应该是既质高又量大的，所以算读书有利之账，不当漏掉这一笔。

读书会有收获谈完，接着还要说说决心读，应该注意些什么。一种似乎可以不说却颇难说的事项，是要读好的。难说，是因为一，偏于理，何谓好；二，偏于事，比如两种书，讲同一题材，以哪一种为好，都很难讲清楚。不得已，这里只好一，依靠常识，比如黄色的不好，人人都承认；二，把辨别权交给读者自己，在多读和比较中求水到渠成。其次是求益智，求明理，既要多读，又要杂读。多读，一种意义是量多，比如学本国史，不要满足于一种什么什么通史，要多读一些，既多吸收些有关资料，并听听各家的。一种意义是古今中外，目的除了多吸收知识之外，还有开阔眼界。见识，或说不为成见所缚，要通过这条路取得。再说更重要的杂读，是各门类的书（当然限于常识性的）都读。有的人喜欢文学，多读，也古今中外，而所读限于小说，绝不沾社会科学和自然科学的边，就有可能，谈起国事，站在保守派一边，春秋佳日，到寺庙去烧香。这是读书多而不杂，钻了牛角尖，反而不能明理。由杂读引申，有一件事，值得单独提出来说说，是杂，其中有些书性质枯燥，也就较为难读，却必须捏着头皮读。最典型的例是知识论和逻辑，其中没有生动情节和人物活动，有的只是抽象思维，初次读，必没有兴趣。可是有大用，因为思路清晰，明辨是非对错的能力，要读这类书，才能较快地得到锻炼。最后说说读的中间，还要兼能思。孔子早就说过，"学而不思则罔"，就是说，读什么信什么，必致不能明理。思是吸收之后，经过辨析、比较，以判断真伪、是非、高下等的心理活动。所谓有知，明理，或总称为有学问、有见识，都是由能思养成的。

上面所说都偏于理，理常常与实际有距离，所以还要谈谈实际。这就引来一个问题，读书容易吗？显然不容易。可以举眼所见为证据，是喜读书并大量读书的人，在全国人口的比例中并不大。原因有客观的，还可以分为两种：一种实而有力，如家中经济条件不具备，家外学校条件不具备之类就是；一种虚而也有力，是风气，如上学不如经商就是。客观，非个人能力所能左右，只好穷则独善其身，是如果有条件，如何变不喜读为喜读。我的想法，开头要靠"理智"，即知道读书有大用，就强制（或由家长、老师强制）自己读。最好是定时（可以不很长），天天如此，过一段时间会养成"习惯"，这就有了百分之八九十的保障。这之后，以习惯为根基，会产生"兴趣"，就是觉得读书有乐趣，显然，到这时候，以前百分之八九十的保障就变为百分之百，简直可以说，想变为不读也办不到了。此之谓功到自然成。

四三 恋情

恋情指一种强烈的想与异性亲近并结合的感情。这里说异性，是想只讲常态，不讲变态；如果也讲变态，那就同性之间也可以产生恋情。恋情是情的一种，也许是最强烈的一种。何以最强烈？先说说情的性质。小孩子要糖吃，得到，笑；不得，哭；笑和哭是表情，所表的是情。情是一种心理状态，来于"要"的得不得。要，通常称为"欲"，是根；情由欲来，是欲在心理上的明朗化。明朗，于是活跃，有力；这力，表现为为欲的满足而冲锋陷阵。这样说，如果照佛家的想法，视欲为不可欲，那情就成为助纣为虐的力量。有所欲，求，情立刻就来助威，其方式是，不得就苦恼，甚至苦到不可忍，其后自然是赴汤蹈火，在所不辞了。这样，比喻情为胡作非为，欲就成为主使。所以要进一步问，欲是怎么回事。荀子说，"人生而有欲"，与生俱来，那就难得问何所为。正如《中庸》所说，"天命之谓性"，天而且命，怎么回事，自然只有天知道。我们现在可以说得少神秘些，是生命的本质（以己身为本位外求）就是如此，生就不能无所求，求即欲，半斤八两，也好不了多少。所以还得回到荀子，承认人生的有欲，不问原由，不问价值，接受了事。欲是有所求，恋情之根的欲，所求是什么？很遗憾，这里只能把自负为万物之灵的人降到与鸟兽（或再低，昆虫以及植物之类）同群，说，恋慕异性，自认为柏拉图式也好，吟诵"春蚕到死丝方尽，蜡炬成灰泪始干"（唐代李商隐《无题》）也好。透过皮肉看内情，不过是为"传种"而已。传种何以如此重要？在承认"天命之谓性"的前提下，记得西方某哲学家曾说，种族的延续在人生中重于一切，所以个人不得不尽一切力量完成此任务，如恋爱失败即表示此任务不能完成，宁可自杀。如果这种认识不错，那就可以进一步设想，美貌以及多种称心如意，不过是为种族延续而设的诱饵，人都是主动上钩而不觉得。我闭门造车，缩种族生命为个人生命，说，因为有生必有死，而仍固执"天地之大德曰生"，只好退一步，用传种的办法以求生命仍能延续。延续有什么意义呢？我们不能知道，但逆天之命总是太难，所以也就只好承认"饮食男女，人之大欲存焉"，就是说，到情动于中不得不发的时候，就发，去找异性寄托恋情。

上面所讲是走查出身的路子，或说多问客观本质而少顾及主观印象。所谓主观印象是当事人心中所感和所想，那就经常离本质的目的很远，甚至某一时期，真成为柏拉图式。这就是通常说的纯洁的爱，不计财富，不计地位，甚至不计容貌，只要能亲近，能结合，即使世界因此而一霎时化为乌有，也可以心满意足。这主观有很多幻想成分，幻想，不实，没有问题；也不好吗？我看是没有什么不好，因为，如果说人的一生，所经历都是外界与内心混合的境，这恋情之境应该算作最贵重的，稀有，所以值得特别珍视。珍视，自然仍是由自己的感情出发；至于跳到己身以外，用理智的眼看，就还会看到不少值得三思的情况。

先由正面说。一种情况是，有情人终于就成为眷属。那恋情就有好的作用。理由有道理方面的，是一，双方的了解比较深，结合之后，合得来的机会就大得多；二，结合之后，风晨月夕，多有过去依恋的梦影，单是这种回味，也是一种珍贵的享受。理由还有事实的，是旧时代，男女结合，凭父母之命、媒妁之言，结合之前几乎都是没有恋情，这就成为赤裸裸的传种关系，有的甚至一生没有依恋之情，如果算浮生之账，损失就太大了。

还有一种情况，是因为经历某种挫折，有情人未能成为眷属。有情的情有程度之差。数面之雅，印象不坏，时过境迁，渐渐淡薄甚至忘却的，这里可以不管。想谈的是情很浓厚，都愿意结合而未能结合的。这会带来强烈的痛苦，如何对待？如果当事人不是太上忘情的人，快刀斩乱麻，求苦变为不苦是不可能的。要在忍中求淡化。可以找助力。总的是时间，过去了，影子会逐渐由近而远，苦的程度也会随着下降。分的呢，一方面可以用理智分析，使自己确信，机遇会播弄任何人，如意和失意都是人情之常；另一方面可以用变境法移情。变有大变，如世间所常见，有的人由江南移到漠北，有小变，如由作诗填词改为研究某一门科学，目的都是打乱原来的生活秩序，使记忆由明朗变为模糊。这样，时间加办法，终于显出威力，苦就会由渐淡变为很少甚至没有。可是恋情的往事不虚，要怎么对待才好呢？可以忘却，是道人的办法。用诗人的眼看就大不应该，因为这是人生中最贵重的财富，不只应该保留，而且应该利用。如何利用？我的想法，可以学历代诗人、词人的精神，或写，或借来吟诵，如"此情可待成追忆，只是当时已惘然"（唐代李商隐《锦瑟》）之类，白首而温红颜时的旧梦，比读小说看戏，陪着创造的人物落泪，意义总深远得多吧？

再说反面的，是恋情也会带来一些不如意或不好处理的问题。其一是它总是带有盲目性，盲目的结果是乱走，自然就容易跌跤。可怕的是这盲目也来自天命，如前面所说，因为传种重于一切，于是情人眼里就容易出西施。换句话说是会见一个爱一个，就是时间不很短，也是感情掩盖了理性，对于眼中的异性，只看见优点而看不见缺点。为结合而应该注意的条件，如是否门当户对（指年龄、地位、能力等），性格、爱好、信仰等是否合得来，都扔开不管了。这样为恋情所蔽，显而易见，结果必是，结合之后，隐藏的问题就接踵而来。诸多问题都由盲目来，有没有办法使盲目变为明目？理论上，对付情，要用理；可是实际上，有了恋情就经常是不讲理。这是说，求明目，很难。但是为了实利，又不当知难而退，所以还是不得不死马当活马治。可用的药主要是外来的，其中有社交的环境，比如有较多的认识异性的机会，这多会带来比较，比较会带来冷静，这就为理智的介入开了个小门，盲目性也就可以减少一些。环境之外，长者（包括家长、老师等）和友人的教导也会起些作用；如果能够起作用，作用总是好的，因为旁观者清。但是也要知道，外来的力量，只有经过内的渠道才能显示力量，所以纵使恋情的本性经常是不讲理，为了减少其盲目性，我们还是不得不奉劝因有恋情而盲目的人，至少要知道，唯有这样的时候才更需要理智。

其二是恋情会引来广生与独占的冲突，其结果是必致产生麻烦和痛苦。广生是不只对一个人产生恋情，小说人物贾宝玉可作为典型的代表，宝、黛，他爱，降格，以至于香菱、平儿，他也爱。见如意的异性就动情，尤其男性，也来于"天命之谓性"，欢迎也罢，不欢迎也罢，反正有大力，难于抗拒。可惜是同时又想独占，也举小说人物为例，是林黛玉可为典型的代表，不能得宝玉，她就不能活下去。人生，饮食男女，男女方面的许多悲剧是从这种冲突来。怎么办？根治的办法是变"天命之谓性"，比如说，广生之情和独占之情，两者只留一个，冲突自然随着化为乌有。可是人定胜天终归只是理想，至少是不能不有个限度，所以靠天吃饭还是不成。靠自力，有什么办法呢？已经用过并还在用的办法是制度加道德，这会产生拘束的力量。拘束不是根除，就是说，力量是有限的。不过，如果我们既不能改变"天命之谓性"，又想不出其他有效的办法，那就只好承认，有限的力量总比毫无力量好。

其三，总的说个更大号的，是恋情经常与苦为伴。苦有最明显的，是动情而对方不愿接受，或接受而有情人终于未能成为眷属。苦有次明显的，是动情而前途未卜，因而患得患失，以至寝食不安；或前途有望而不能常聚，俗语所谓害相思，也就会寝食不安。人生有多种大苦。有的由自然来，如水旱（饥饿）、地震之类。有的由人祸来，如战争、政治迫害之类。与这类大苦相比，伴恋情而来的苦也许应该排在第一位，原因是一，几乎人人有份；二，最难忍。所以佛家视情欲为大敌，要用灭的办法以求无苦。这个想法，用逻辑的眼看相当美妙，因为灭掉情欲是釜底抽薪。可惜是一般人只能用肉眼看，那就即使明察苦之源也只好顺受，因为实际是没有舍去恋情的大雄之力。但苦总是不值得欢迎的，还有没有办法驱除？勉强找，是道家的。还可以分为上中下三等。上是得天独厚。庄子说，"其耆（嗜）欲深者其天机浅"，推想，或眼见，世间也有天机深的，那就会见可欲而不动情，心如止水，或至多是清且涟漪，不至起大的波涛，也就不会有大苦。中等是以道心制凡心，如庄子丧妻之鼓盆而歌，所谓任其自然。上等的路，仍是天命，自然就非人力所能左右。中等呢，道心来于人，但究竟太难了。所以容易走的路只有下等一条，是"知其不可奈何而安之若命"，用儒家的话说是忍。这不好吗？也未尝不可以说是好，因为对天命说，这是委婉的抵抗，对人事说，这是以恕道待之，所以庄子于"知其不可奈何而安之若命"之后，紧接着还加了一句，是"德之至也"。德之至，就是没有比这样更好的了。视无可奈何为德之至，也许近于悲观吗？那就还有一条路可走，是常人的，不问底里，不计得失，而安于"衣带渐宽终不悔，为伊消得人憔悴"（宋代柳永《凤栖梧》）也好。

四四　婚姻

　　婚姻，古今都当作人生的一件大事。大，因为影响生活过于深远。深远，限于己身，是一生的苦乐都与这件事密切相关。还可以扩张到己身以外，古人明说，是延续香烟（说朴素些就是传种）；今人很少明说，可是有的希望多生，有的节育，却把所生供奉为小祖宗，等于间接表示，延续香烟是超级的大事。于是婚姻也就成为超级大事。但是我们也要知道，婚姻成为大事，是社会的生活模式决定的。这是说，没有婚姻的形式，人也能活，香烟也能延续。也能，社会为什么来多管闲事？所为不止一项。一是变男女结合的轻易为郑重，显然，这对个人的生活，对社会的秩序，都会有很大好处。二，婚姻是家庭的奠基形式，至少是直到现在，家庭还是社会的最基本的单位，所以没有婚姻，现代形式的社会根基就会动摇。三，由家庭的组织引申，影响有内涵的，是建立了一体的经济关系，用俗话说是有福同享，有罪同受；影响有外向的，是依法律和礼俗，排斥外人阑入两性关系。四，影响还扩展到身后，是婚姻的一方先离开这个世界，财产和债务的处理要以婚姻关系为依据。所以总而言之，对于人的一生，婚姻的影响是最广泛的。

　　事重大，就不能不重视。重视是知，表现为行，要如何办理？原则好说，是慎重，找各方面都合适的。具体做就大难。细说，这大难还可以分为两项：一是如何断定，具有哪些条件是合适的；二是假定能够断定，哪里去找。旧时代迷信也不无好处，那是把这个难题交给月下老人去解决，幻想这位老人有慧眼，看清了，抽一条红丝，两端一结，于是有情人成为眷属。可惜红丝是看不见的，月下老人更渺茫，要结合又不能不实际。办法两种，一是自选，二是他人代选；或两种办法兼用。旧时代没有兼用的便利，因为闺秀只能在闺房里秀，没有天眼通本领的男士或才子是无缘见到的。于是就得靠媒妁之言，然后父母之命。媒妁之言难免掺假，至少是好话多说。父母呢，那时候没有照相、录像，可用的慎重之法，除年龄差不多以外，只有门当户对，至于更加重要的条件，如体貌、性格、能力之类，只好任凭机遇了。这就一定不能美满（偏于指主观的）吗？也未必，因为一，"饮食男女，人之大欲存焉"；二，男女结合，比如算机遇的百分数，如果昔日的是百分之九十几，今日的也总当不少于百分之五十吧，那就真如孟老夫子所说，以五十步笑百步了；还有三，天造地设的合适，是什么样子，人间有没有，大概只有天知道。

新的先恋爱后结合的形式是增加自主性、减少机遇性，求以人力胜天然的办法，当然可以算作后来居上。居上，就一定可以美满吗？也未必。原因是天然的力量过大，人力终归是有限的。先看看天然的力量。其一，美满有理想的美满，是天生的一对，男，才如曹植，貌如潘安（传说的，下同），女，才如谢道韫，貌如西施，而就真红丝牵足，真成为一对，可是，世间真有这样十全十美的人吗？其二，退一步，只求实际的美满，男女都非十全十美，可是合在一起却天衣无缝，这，至少由现实中找例证，也大不易。其三，前面谈"机遇"的时候已经说过，甲男之能认识乙女，也是凭机遇，完全合适的可能究竟有多少呢？其四，也是天命，易动情，情人眼里出西施，理智被挤退隐，完全合适的可能就更小了。不过新的允许尽人力，终归比过去的当事者不参加，合意的可能就大多了。比如说，最低，体貌方面的缺点就无法隐藏；或略高，可以大致了解心灵方面的情况，那就以合适为目标，向前迈了一大步。能不能所得更多，以至于达到至少是接近合适的目标？非绝对不可能，但要有条件，是机会加理智。机会有上好的，是碰巧遇见一个合适的，只须理智的小盘算，就成为天衣无缝。机会有次好的，是有机会结识较多的有可能成为眷属的异性，容许理智精打细算，最后选定一个比较合适的。再说后一个理智的条件，这理论上是在人力之内，实际却常常在人力之外。何以故？是天然会以情欲的形式介入捣乱。具体说是情欲会使人盲目，视不合适的为合适，即通常所谓一见倾心，不容许理智参加，精打细算。有人甚至说，真爱就必须盲目，计算利害就不是真爱。作为叙述事实，这说法大概不错；可是离开理智而纯任情欲，主观的好事会变为坏事，也同样是事实。所以为了婚姻的美满或比较美满，还是应该勉为其难，让理智参加，在一些重要条件方面打打算盘。条件有以下这些：其一最重要，是品格。这是泛泛地由理想方面说；世间自然也有不少远离理想的，那就物以类聚，成为另一回事，这里不谈。品格，卑之无甚高论，是惯于以忠恕对人，其反面是私利第一，不惜害人。显然，如果重视理想，这个条件就必须满足，不可迁就。其二是体（包括健康情况）貌，直截了当地说，一见不能倾心，或更甚，心中不快，必不合适。其三是思想（如果对关系较大的事都有所见）。常说的志同道合就指这一方面，当然不容忽视，举例说，一个激进，一个保守，且不问谁是谁非，常常争辩不已，一起度日就困难了。其四是性格，或称为脾气。与品格、思想相比，这像是小节，但日久天长，小可以变大，轻可以变重，其甚者就会水火不能相容，所以也要仔细考虑。其五是能力。虽然天之生材不齐，要求不宜过高，可是既要共同生活，就不能不顾及生活的物质条件，这类条件的取得要靠某种能力，所以盘算一下还是应该的。其六是生活习惯。这指更小的小节，如吸烟，晚起，以至小到喜欢吃什么之类，看来无关大体，可是也会成为反目的根源，所以盘算的时候，最好也不放过。以上种种算计，都是立脚于现在而往远处看，这就需要冷静。正在恋情的火热中能够冷静吗？还有个补救的办法，是多听听亲友的。不过听也只能来于冷静，所以成与败，理智还是难于完全做主的。

幸而人碌碌一生，对于经历的许多大事小事，已经惯于接受差不多主义，那么，婚姻之不能十全十美，也就可以不多计较了。但这会引来一个问题，是：既然难得美满，能不能不要这种形式？理论上非不可能，比如仍要恋情，仍要男女居室，而扔掉这样的社会契约，对于种族的延续，也许不至有过大的妨害。还不只是理论，据说国外的新潮青年真有这样干的。但可以推想，如果这样干的成为多数，稳定的男女关系，家庭，以至整个社会，就会有大的变化，也必会引来许多使人头疼的问题。所以，本诸一动不如一静的原则，对于这类关系人生苦乐、社会治乱的大事，如果没有十分把握，还是以走改良主义的路为好。

那就还得要这种形式。之后是有两个实际方面的小问题，这里也谈一谈。一个是成年以后，早结婚好还是晚结婚好。这也不容易一言定案，因为，从满足恋情的要求方面看，至少是无妨早一些；可是从个人的负担（包括家庭负担和育幼负担）和事业前途（主要是学业）方面看，偏早又不如偏晚。具体如何决定，似乎应该兼考虑这两个方面，就事论事。另一个问题是，大举与小举之间，以何者为可取。大举包括两项内容：一项是住所的布置和身上的穿戴，都要追时风，高级，而且应有尽有；另一项是结婚礼仪，要大摆宴席，宾客满堂。小举是这些都可免，至少是降级。我认为还是小举好。理由很多，可以总括为物和心两种。物是可以少耗费，如果当事人本不富裕，那就于少耗费之外，还可以有个大优点，是少着急，少苦恼。心，或说精神方面，所得就更多，消极方面是没有与时风的俗同流合污，积极方面是体现了爱情至上，如传说的梁鸿与孟光那样。

最后说说，与婚姻相反的生活，独身，我们应该怎么看。独身有不同的情况。名副其实的佛教徒并出了家的，目的是用灭情欲的办法而脱离苦海。非佛教徒，也有行成于思，坚守独身主义的。更多的是独身而不主义，即常说的高不成、低不就的。这些，因为人人有决定自己如何生活的自由，我们难于表示意见。如果非说一两句不可，就只好说，我们是常人，用常人的眼看，这孤军作战的行径纵使可钦可敬，终是太难了。

四五　家庭

由可以想到的一个大问题谈起，是，维持世间生活，可不可以不用家庭的形式？这个问题非常复杂。比如说，理论上，不用家庭的形式，个人必同样能活，种族必同样能延续。这样说，是要和不要之间，并不是不容许我们选择。事实是也曾有这类选择。走出国门，到人类学里去找例证，可以找到，虽然不多，且不说。就是国门之内，也不是绝无仅有，太平天国攻下南京，成立男馆女馆，是大胆的尝试；二十世纪五十年代，成立人民公社，砸碎锅去大炼钢铁，共同到食堂去吃饭，是小胆的尝试。结果是都失败了，原因是，人还没有一瞬间就弃旧（生活方式）从新的本领。迷信幻想的人物也可出来做证，是洪秀全、杨秀清之流并没有到男馆女馆去住。所以，由理论（或说由幻想）跳到实际，我们应该承认，至少是在目前，我们还没有能力选择，因为不管我们想得如何好，说得如何天花乱坠，想完了，说完了，还是不能不到自己家里去吃去住。又所以，这里谈家庭，最好还是卑之无甚高论，甘心接受现实，不想也可以不要的事。

要，显然是因为它有用，或说有大用。大用始于己身还无知无识的时候。这是说，出生是生在家里（新而高级的进医院，也要家庭出面送进去）。之后是三年不免于父母之怀，即吃喝拉撒睡，都不能不在家门之内。再其后，或说直到自己能够独立挣饭吃，都要依靠这个家。比这些更深远的还有家庭的影响。一是生路，或说职业，古人更甚，是弓人之子常为弓；现代这种限制虽然少多了，但绝大多数，跳行或越级，还是并不容易。原因是，如俗话所说，靠山吃山，靠水吃水，譬如生在农民之家，也务农，顺水推舟，毫不费力，想变锄头为书香，困难就大而且多。有些专业性的，如过往，王羲之善书法，儿子王献之也就成为大家；现代，梅兰芳唱旦角成家，儿子梅葆玖也就走上这条路，不生在这样的家庭的人，走同样的路就大不易。影响之二是思想性格。这是指，大到对一切事物的认识和评价，小到喜爱这个，不喜爱那个，耳濡目染，都会顺着家庭的思路走，而这思路，显然就成为一生的去就取舍的指针。影响之三是生活的诸多琐屑，衣食住行的种种，习惯成自然，也会不知不觉，依照家庭的旧框框行事。总括以上三个方面，我们甚至可以说，人生一世，成为这样的人而不成为那样的人，格局，方向，大部分，或一部分，因人而不同，是由家庭决定的。

自己建立家庭之后，这大用，内容的丰富，时间的长久，感受的明朗，都会远远超过自建家庭之前。由低处往高处说，其一，家庭是个混元一体的经济单位，表现为收入是一笔账，支出是一笔账。收入、支出的经济活动是符号，其含义是日常生活的具体情况，高或低，好或坏，都是有福同享，有罪同受。这样，家的兴衰就同己身的苦乐结为一体，也就难怪，为了家，几乎所有的人，都鞠躬尽瘁了。其二，家庭又是个坚实的互助单位。这单位，旧时代包括的人多，现在包括的人少，不管人数多少，都形成不计利害的互助关系。其中最显赫的是夫妻间和父母、儿女间的互助关系，绝大多数是单纯出于情爱，所以最可靠。显然，人在世间，至少是有时，离开互助是难于活下去的。其三，家庭还是安置恋情的处所。这在前面已经谈到，恋情前行要走到结婚，结婚的同时是建立家庭。家庭建立以后，恋情也许像是藏在柜子里，不明显了，甚至不火热了，但究竟是藏起来，不是变为空无。如果没有这个家，恋情自然也可以安置，只是就不会这样明显了。其四，家庭可以使人有依靠感。人生有各种境遇，或遭遇。春风得意，身强力壮，是可能的。但未必能常得，就是说，至少是有时，也可能身不强，力不壮，或闭门家中坐，而迫害从外来。有祸，躲不过，但是，如果有个和好的家庭，苦痛就可以化重为轻。这种情况使人（尤其是老人、病人）感到，即使不得已而处于逆境，人间也还是有温暖，这是最大的安慰，纵使只是心理的。因为有这种种大用，所以古往今来，人都视流离为大苦，连旅店宣传，都说宾至如归（家）了。

关于这可以安身立命之家，用历史的眼看，还有两个问题需要说一下。一是大好还是小好。昔日偏于大，也大多以大为好。有五世同居，有四世同堂，其内的老年人得意，外人称赞。就真值得称赞吗？

这个问题也不简单。家，维持大，要靠一些条件。一是有宜于合的生计环境，比如一家人共同耕种百亩农田，那就合比分多不少便利。另一种是修养方面的能够相互忍让，没有这个，合就成为争吵之源，维持大是很难的。还有一种是爱好和生活情况的接近，不这样，就会有人觉得吃了亏，有人觉得看不惯，也就难得维持大。事实是时代前行，这样的条件越来越少，所以近百年来急转直下，连农村也由大变小。小就有利无弊吗？也不尽然，因为，如果如上面所说，把家庭当作一种互助的结合，要求真能互助，人数太少就不如人数略多，只说几乎家家都不能免的幼、病、老，昔日的大，可以不多费力就大致解决（奶奶抱孙子，一文不花，是例证之一）；现在变小就困难重重。所以，如果住房、忍让等条件具备，比如三代（老年二、中年二、幼年或青年一）同居，各尽所能，苦乐与共，生活情况也许比燕子式的，能飞就另筑新巢好一些吧？另一个问题是固定好还是流动好。昔日是偏于固定，也愿意固定。刘邦的老太爷太公的思想意识可以作为代表，儿子发了家，贵为天子，非搬家不可，舍不得乡土，只好建立个新丰县。一般平民也是这样，视离乡背井为大苦。也是时代前行，物与心都在变。据说也是美国带头，人最喜欢搬家，也许年年换住所。我们，都市像是也在急起直追，住城东，一单元二居室，城西有个三居室的，毫不迟疑，搬。这好不好？难说。我的想法，如果动静两可，而且自己有选择的自由，那就还是以少动为好，理由是一，可以省钱省力，二，如果也有吟诵"少小离家老大回"（唐代贺知章《回乡偶书》）的机会，远望旧门，近抚旧树，总是人生难得之一境吧？

以上说的都是家庭如何必要的一面，有没有相反的情况？记得明朝公安派文人袁宏道曾说风凉话，是"如衣败絮行荆棘中，步步牵挂"（《孤山小记》）。且不管他说的是否实况，扩大到人人，牵挂的情况自然也会有。这是其中一人想走某一条路，而走就必致对家庭的安定有大妨碍，就这想走某一条路的人说，家庭就成为扯后腿的力量。情况多种，有轻有重。单说重的，看破红尘出家是，毁家纾难是，造反失败祸及全家也是。遇见这样的情况，我们应该怎样看家庭？我的想法，可以用背痛为喻，它痛，引来烦恼，成为负担，但这是变而不是常，评断是非应以常为依据，而这样一来，我们就会确认，纵使有时不免于作痛，背终归是有用而不能须臾离的。

最后说说家庭的拆散。拆散的情况也不止一种，如新风有所谓两地分居，或再升级，扫地出门；这里只说经常的一种，离婚。这也是进口货，旧时代女性没有自主权，只有被遗弃而没有离婚。离婚有不同的原因，由年轻人多、年老人少的情况看，可以概括言之，是双方，或一方，觉得继续合则苦多乐少，分则得多失少。这觉得的多少还有程度之差，浅的是不愉快，深的是难忍。浅，深，哪种情况可以离？很难说。勉强说也只能说些近于原则的空话。原则之一是就事论事，或者说，针对不同的人，衡量多方面的得失，然后决定。原则之二是，要慎重，不可轻率，具体些说是，有了离异的念头，先要忍中求合，到万不得已的时候再下决心。原则之三是，不能合的理由要确凿而坚实，以免一误（结婚）再误（离婚）。原则之四是，考虑周密，非离不可之后，要以理智、宽厚、谅解为指针处理子女、财产等问题。总之，离婚终归是悲剧性的事，能避免终以避免为是。离婚之后，极少数，还有复婚之说，这好不好？我的想法，更要慎重，因为离有如伤口，可以平复，但疤痕是难得消除的。

四六　婚外

婚外指与配偶以外的人发生两性关系，古今都算在内，有各种情况（皇帝是社会认可的特种动物，不算）。依照由像是可行到像是不可行的次序排列，一种是变为独身（丧偶或离异）之后再结合，男为再娶，女为再嫁。这种情况，法律允许；道德或时风则因时因人而异。比如在旧时代，男性如此，光明正大，女性就不光彩。新时代呢，还会因人而异，比如少壮之年，前一个如意人走了（向阴间或向阳间），再找如意人，光明正大，老朽就未必容易，因为儿女未必同意。另一种是富贵的男性纳妾，现代不容许，旧时代则视为当然。大富大贵，纳的还不止一个，有的所纳，还是原配夫人主持收的。这种情况，评论界限分明，是无论法律还是道德，旧时代都容许，现代都不容许。再一种是嫖娼和卖淫。旧时代，法律允许，因为可以挂牌开业（暗娼情况略有不同）；道德方面，也是对男性宽（如明清之际，还视出入秦淮河房为雅事），对女性严（有名如顾媚、李香君之流，终是男性的玩物）。到现代，地上转为地下，证明法律是不允许了；但还不少有，也就会有道德性的评论，是仍有传统意味，对男性略宽，对女性严。还有一种，与上面几种情况相比，是化显为隐，可是面宽（至少是就现代说），而且与恋情有不解缘，所以引来的问题更加复杂，这是通常说的"婚外恋"。这种恋，理论上有走得远近之差，近是有恋情而没有两性关系（或竟是柏拉图式）；远是既有恋情又有两性关系。实际呢，是以下两种情况多见：一种，恋情也许并不多而有两性关系；另一种，恋情多，依天命或说依常情，顺流而下，于是有了两性关系。显然，这最后一种，既恋又有两性关系的，就现代说，数量可能不少，因而引来的问题最多，也就最难解决。本篇所谓婚外，想限定指这一种。

这一种婚外，旧时代可能（因为无法统计）不多；但可以推想，即使网密也会漏掉小鱼，数量一定远远少于现代。这原因，不是现在人心不古那时古，而是彼时男女不平等，女性是男性的私产，有男女授受不亲的礼教保护这私产，婚外恋是侵犯产权，必为人天所不容，所以就罕见了。说起这授受不亲的礼教，也就是女性只能由男性一人占有的礼教，力量竟是如此之大，以至受制的女性也信为天经地义。春秋时期宋国的伯姬之死可作为最好的例证。《春秋》襄公三十年记载："五月甲午，宋灾，伯姬卒。"《公羊传》说明灾和死的情况是："宋灾，伯姬（案已年六十）存焉（在失火的房子里，还活着），有司复（告知）曰：'火至矣，请出。'伯姬曰：'不可。吾闻之也，妇人夜出，不见傅、母（女师傅）不下堂。'傅至矣，母未至也，逮（火烧到）乎火而死。"失火，以六十岁的老太婆，已经有傅一人陪伴，因为还缺母，不合礼的教条，就宁可烧死，这样为男性守身，婚外的危险自然就不会有。这礼教的力量还可以再扩张，是男性已经不在世（甚至也未婚），只要有父母之命、媒妁之言，也要终身守节。守能得荣誉，失节是大耻辱，所以扩散为世风，除近亲以外，异性交往的机会就几乎没有，更不要说接近了。显然，这就堵塞了通往婚外的路，许多因婚外而引起的问题也就可以灰飞烟灭。问题少是获得，虽然这获得是用过多的代价换来的。这代价有明显的，是女性都要舍己为人（某一个男性）；有不明显的，是一切人都只许有婚德而不许有恋情。冲破藩篱不容易。自然，也不至绝无。可分为上中下三等。上如北魏胡太后之与杨华，恋，真就成了（后来杨惧祸逃往南朝梁，胡作"阳春二三月"之歌表示思念）。中如朱彝尊之恋小姨，只能作《风怀诗二百韵》，以作为"苦闷的象征"。下如不少文人之编造刘阮入天台之类的故事，现实无望，做白日梦，慰情聊胜无而已。

这样说，就是旧时代，也不是因克己复礼而都能太上忘情，而是受社会力量的禁锢，绝大多数人"像是"风平浪静。像是与实况有距离，或说大距离，具体说是背后隐藏着无限的苦痛和泪水。新时代来了，情况有了变化，或说相当大的变化。计有三个方面。其一最重大，是男女有了自由交往的机会。不相识，可以并肩挤公共车，相识，可以贴胸跳交际舞，以至大街上携手同行，小屋中对坐夜话，等等，在旧时代都是不可想象的。其二，与此相关，是女性地位提高，言行解放，变昔日的三从为今日的一从，即婚姻大事也可以自己做主，婚姻之外的其他事，只说社交方面的与男性，聚则同席，分则写信，当然也就可以从心所欲。其三是对于两性关系，看法正在"走向"现代化。这所谓现代化，有如经济和科技，所谓先进国家在前面跑，我们在后面追。自然还有一段距离，因为我们的传统底子厚，力量大，以车为喻，负载过重，快跑就不容易。但是在一些思想堪称遗老（尤其女性）的眼里，步子已经迈得太大了，比如一再离一再嫁，年及古稀的老太太也嫁，青年不婚而同居，以至婚外谈情说爱，等等昔日认为不得了的，今日已成为司空见惯。遗老看不惯，却无力反对，因为这是大势所趋，用流行的新语说，是不以人的意志为转移。而且可以推想，情况，用旧语说是方兴未艾，因为如上面所说，我们还在远望着现代化，追而且赶。这结果，可以想见，就目前说，因婚外而引起的问题已经不少，将来必致更多。

有问题，要解决，至少是要研究应如何处理。先问个根本的，是这种事（婚外有恋）对不对？好不好？难答，因为答之前，脚不能不踩在某一种"理"上。而理，都是既由天上掉下来，又由社会加了工的。而说起天命，古人说"天命之谓性"之后，接着说"率性"，而不问何谓天命，想是因为，一，缺少玄学兴趣；二，天命如何，自然只有天知道。至于加工的社会，总是如韩非子所说，时移则世异，世异则备变，这世，这备，对不对，好不好，想评断，就还要找"理"。

不得已，三才，只好不顾天地而只问人，或称为人文主义，其评断原则是，"利"于人是对的，好的，反之是错的，坏的。表面看，这个原则不坏，比如评论药品，说真药好，因为利于病，假药不好，因为不利于病，泾渭分明，干净利落。由药品移到婚外恋，问题就不这样简单，因为牵涉的人不止一个；更严重的是何谓利，也会成为问题。

麻烦问题之来，是因为利的范围扩大，性质变为深远，具体说是由利病变为利"生"。古人相信天地之大德曰生，又说"生之谓性"，"率性之谓道"，左说右说，至少原因的一部分是，恍惚有所感而想不很清楚，也就说不明白。求清楚，明白，还要在生的解析方面下大力量。这，我们在前面也曾大致谈过，要点是，生的究极目的，以至有没有，我们不知道；我们知道的只是，我们，说是天命也可，不说也干脆，反正都乐生，生是一种求绵延、求扩张的趋势，抗很难，所以就宁可"顺应"。何谓顺应？用庄子的每况愈下法答，是：衣，新潮皮夹克比敝缊袍舒服，我们就取新潮皮夹克而舍敝缊袍；食，烤鸭比白薯干舒服，我们就取烤鸭而舍白薯干；住，高级公寓比穴居野处舒服，我们就取高级公寓而舍穴居野处；行，奔驰卧车比椎轮大辂舒服，我们就取奔驰卧车而舍椎轮大辂；外加一项，饮食男女的男女，结合，西施比无盐舒服，我们就取西施而舍无盐：所以取舍都取决于感受，而不问舒服有没有究极价值。不问究极价值是躲开哲理；其实由某一个角度看，顺应也正是一种哲理。至于实际，顺应也会引来不顺，以新潮皮夹克为例，如果群体经济情况还不能有求必应，运用顺应原则而取就会引来许多问题，如贫富不均、求而不得等就是。这里想谈的只是由取西施而引起的问题。扣紧本题说是，已经有了如意人，看见西施，还爱，或另一性，看见潘安，还爱，怎么解决？

如果用旧时代的眼光看，这问题容易解决，至少是容易评论，说是不应该。但就是旧时代，对于这类问题，也不是异口同声，而是人多语杂。以曹植的《洛神赋》为例，本是见了已为曹丕霸占的甄氏，爱而不得作的，后代读书人，甚至包括程、朱、陆、王在内，不是念到"凌波微步，罗袜生尘"，也摇头晃脑吗？这说穿了也颇为凄惨，是虽有礼教的大伞罩着，人心终归是肉长的，有时就难免情动于中，不知手之舞之足之蹈之也。到现代，所谓新时代，礼教的大伞变为残破（不是扔开不用），问题显然就变为多而明朗，也就更难解决。难，有的由实况来，如上面所说，是男女不再授受不亲；亲的紧邻是近，是情动于中，动有大力，"知止而后有定"（《礼记·大学》）也就难了。难，有的由理论来，是，如果扔开礼教的大伞，或暂不管社会的制约，见西施或见潘安而情动于中，就不应该吗？想答，要先看看天命。天之生材不齐，有的人情多易动，有的人情少不易动。庄子是推崇情少不易动的，所以说："其耆（嗜）欲深者其天机浅。"现实也可以为庄子的想法做证，以《红楼梦》中人物为例，林黛玉多情，傻大姐甚至不知情，林黛玉就不免多烦恼，多流泪，也就是生活多苦。至少由佛家看，林黛玉的路是错了，正道应该是灭情欲，以求无苦。可惜这也是理想，因为，如舞台上所表现，有的和尚下山了，有的尼姑思凡了。这就又回到天命，是天机深的人，恐怕为数不多；街头巷尾遇见的，各种渠道听说的，几乎都是天机浅的。有不少还是过浅的，那就宁愿，或虽不愿而不得不，"衣带渐宽终不悔，为伊消得人憔悴"。这类为伊神魂颠倒的事，由于人不见经传，以及社会的制约，绝大多数葬在当事者的心中。有少数，幸或不幸，成为流传的轶事，如徐志摩，使君有妇，又爱林徽因，又爱陆小曼，表示见才女就情动于中，就是这样。某男某女一爱再爱是个人私事，但因人可以推想天，是，如果清除社会制约而专看"天命之谓性"，多爱（男性较甚）大概不是某些人的习染之性，而是人人都有的本然之性，因为爱的生物本原是传种，传种与从一是没有必然联系的。从一的要求由社会制约来，这有所为，是一，适应两性间的独占之愿；二，防止多求多不得而引起的社会混乱；三，利于生育和养育。如果这样的理解不错，就会因多爱之性而出现两种不协调：一种是天命与天命间的，是多爱之性与独占之性不能协调；另一种是天命与社会间的，是多爱与从一不能协调。一切难题都是由这两种不能协调来；或减缩为一种，是人和天的难于协调：人表现为理智的要求，是最好能从一；天表现为盲目的命令，是多爱。

荀子相信人力可以胜天，这很好，用实际来对证，也不全错。如果发乎情，止乎礼义也算，纵使名为小胜，实例也许可以找到很多。但那是旧时代，重视社会制约而不问何以必须听从制约。新时代来了，形势逼人，是不想问也不能不问。比如更趋近现代化，人造了天的反，珍视恋情之流而不再重视传种之源，又有避孕妙法为虎作伥，婚姻、家庭、地位也就不像过去（或兼包括现在）那样稳固了吧？紧接着就不得不问，从一还是美德或必需的吗？时移则事异，两性亲和关系的阶段化，也许就成为司空见惯了吧？就现在说，这只是推想，但它可以因事见理，是从一的基础可能是"一时的"社会制约，未必合于人文主义的理。人文主义要重视利生的利，利不能离开打算盘的量，而一打算盘，加加减减，从一与多爱，究竟谁上谁下，至少是还在不定中吧？这显然还是偏重未来，至少是偏重理论说，有人会以为想入非非。那就由玄远回到现实，看看从一与多爱间有什么纠缠。事实是硬邦邦的，最有力，可以先看看。婚前，成为眷属的双方，专就印象和感情说，情况千差万别，简化，比如说，有的是百分之百（可能不很多），有的只是百分之五十。婚后，依常情，会有小摩擦，就是没有，日久天长，也必致要变浓为淡。而人，"天命之谓性"，总是需要，至少是欢迎情热的，这时候，男女授受可亲的机会就容易引来情动于中，就是原来的百分之百，也未必能够心如止水吧？不止而动荡，就社会说，有不如没有，因为会在平静的水面搅起一些或大或小的波澜。就己身说，有无间的选择就大不易，因为有，会有所失（包括各种苦恼和困难）；无，也会有所失（就不会得情热）。更遗憾的是，在这类事情上，人常常没有选择的能力，而是迷离恍惚，坠入情网。苦也罢，乐也罢，成为事实，说有不如无也就不再有用；务实，应该研究，怎么样过下去才比较妥善。

总的问题是怎样看待，然后是怎样处理婚外恋的问题。怎样看待，上面已经大致谈了，是也来于天命之谓性，好不好，难说；反正人力有限，抗不了，只好顺受。至于如何处理，因为牵涉到二人以外的另一些人，而二人的要求又各式各样，具体说就大难。剩下的路只有一条，是概括说说原则。由喜怒哀乐之未发说起。总的精神是人与天兼顾。这之后是一，天机深的人得天独厚，见可欲而心不乱，有福了，因为可以面壁而心安理得。二，得天不厚或不很厚，最好是能够以人力移天然，譬如择偶时候慎重，求百分之百，婚后想各种办法，求百分之百不多下降，等等，以求不需要，或不很需要另外的情热。三，幸或不幸而又坠入情网，宜于不要求过多，譬如满足于柏拉图式或准柏拉图式，具体说是不求组成家庭，影响就可能不至过于深远。四，也是最好，喜新而不厌旧，过一段时间，新也会渐旧，加以社会制约有大力，生活的这种波澜可以渐渐平静。就是狂热时期，也应该认知这种情况，以求大事可以化小，小事可以化无。五，万一相关的人有所察觉，宜于谅解多于责备。这样做，理由之一来于对人生的理解（甚至想想易地的情况）；之二来于有所求，即上面所说，波澜终于会渐变为风平浪静。六，离婚是最下策，因为，除非你能找到天机深的；在男女授受可亲的社会，找一个天机浅的，而要求除自己以外，对任何人都不会情动于中，是既有违天命又不合常情的（纵使同样是可能的）。人总不能不生在天命之下和常情之中，所以可行的路只有一条，是乐得十全十美而又能安于不十全十美。

四七　职业

职业是靠劳动以维持生活的一种社会性的位置。意义可以广，那就旧时代的家庭妇女也可以算是一种，因为也是靠劳动维持生活。通常是用狭义，就是要有个社会承认的职位名称，如上至政府的总统，下至小商店的售货员，等等，都是。人要活，活要靠多方面的物质条件，这些都要用劳动换（以金钱为筹码），所以人生于世，就不能没有个职业。自然，也有少数例外，如衰老可以靠供养，残疾可以靠救济，等而下之，不走正路，可以靠偷盗、抢劫等。职业还有个不明显而也相当重要的用途，是使具有活而动的天性的人身心有个着落，从反面说是不至有无事可做之苦。总之，人，还有劳动力的时候，就不能不（至少是最好）有个职业。

职业种类繁多，几乎近于无限。多会产生差异。差异也近于无限，这里只说一些彰明较著的。总的表现为有高下；虽然在宣传材料上，说是只有分工的不同，没有高下的分别。高下主要由五个方面决定。一是名，声名之名。溥仪，人人都知道，因为，连复辟、伪满也算在内，做了三次皇帝。梅兰芳，也是人人都知道，因为是名演员。俗话说，"人过留名，雁过留声"，人生在俗世，难得不俗，所以就不能不视有名为高。二是权，说了算之权。有的人说了算，扬眉吐气；另一些人，正好需要那一位说了算，就不能不低声下气。权还有大小之分，至大无边，那就叹口气也成为指示。且说这口气是在下民看不见的地方叹的，所谓天高皇帝远，所以就更高。三是利，财货之利。财货之利可以计算，所以高下之分尤为明显。比如大学教授月薪二百，中外合资什么公司的职工月薪一千，由计算可知，公司职工的位置比大学教授高五倍。又如室内上班，平均日收入七元，街头卖菜，平均日收入七十元，由计算也可以推知，卖菜的位置比上班高十倍。四是劳逸。这方面的差异更加多样化，如斜靠在躺椅上发号施令逸，汗滴禾下土劳。又如同是售货员，卖古董（纵使是伪品）逸，卖食品劳。人是一种怪动物，虽然闲也难忍，却又好逸恶劳。因为好，逸的也就成为高。五是爱憎。爱是心里高兴，如当节目主持人，描眉画鬓，可以上电视，出风头，青年人趋之若鹜。扫街，屠宰，殡仪馆与死人打交道，等等，就大不同，干得有滋有味的恐怕很少。人生难得开口笑，所以充当节目主持人之类就成为高。人之常情是趋高避下。可是如愿却不容易。原因的一方面是理，花花世界，当然任何事都要有人做。另一方面是事，人走上某个岗位，绝大部分要凭机遇，只有一点点是凭能力，想望而不能得，有如狐狸过葡萄架下，仰头看，葡萄好吃，可是够不着，也就只好作罢。

但发挥主动性，大道多歧，选，走上某一条，常常也是可能的。还有不少成功的例，如班超的投笔从戎，慧能（禅宗六祖）的离家学道，就是此类。今日怎么选？想谈三个方面。其一是怎样对待上面谈的高下。这个问题不容易处理，原因是义和利不容易协调。义，就算作说大话也好，为人处世，至少是关键时刻，应该有我不入地狱，谁入地狱的精神，以职业而论，都趋高避下，扫街之类的事也就不会有人干，我们必须寄身于其中的社会也就无法维持。这是说，由义方面考虑，我们也可以，甚至应该，避高趋下。但是，人间遍地是重利的梁惠王，有几个重义的孟子呢？所以大话说过之后，又不得不卑之无甚高论，就是说，也不能不权衡得失，如市场买物，挑好的，合用的。可是这样一来，两种不能协调的原则兼顾，举步就难了。幸而这是文字般若，至于实际，在可意与不可意之间，舍前者取后者的，大概不会有吧？法不责众，所以再说一遍，卑之无甚高论，比如在月得五百与月得三百之间，较逸与过劳之间，我们都取前者而舍后者，也就既可以得到社会的谅解，又可以心安了。其二不再是问题，而是应该遵守的原则，是瞻望前途，成就大、贡献大与成就小、贡献小之间，应该坚决取前者而舍后者。这里藏着一个也许不小的问题，是用什么标准分辨大小。具体说不容易，只好依常识，说个概括的原则，是能够利较多的人，甚至泽及后世的，是大，反之是小。大小都提出两种，成就偏于就个人说，贡献偏于就社会说。两者经常合拢，以汉朝为例，司马迁写成《史记》，张衡制成地动仪，都是既有个人成就，又有社会贡献，所谓公私兼顾。显然，能这样兼顾最合算，也最合理，选职业，如果有可能，当然应该走这合算合理的路。其三是要适应自己的条件。条件有两种，一是才能，二是兴趣。才能，一半来于天，所谓天之生材不齐，如有的健壮，有的瘦弱，有的聪慧，有的拙笨，有的美丽，有的丑陋，等等。还有一半来于后天的教养，比如上学与失学，上大学与只念过小学，所知和所能就不会一样。由社会方面说，要量材为用。自己方面也应该有自知之明，比如手无缚鸡之力，就最好不选体力劳动，略识之无，就最好不选文墨工作；从正面说，是要选自己能胜任的，至少是经过练习必能胜任的。再说兴趣，可能多半来于天，少半来于后天的习染。但既已定形，对于自己的情绪和成就，就会产生摆布的力量。这可以表现为，顺之就会心情舒畅，事半功倍；逆之呢，比如最讨厌数目字而进了银行，勉为其难，即使有幸而不出错，终日，以至多年，皱眉应付，所受之苦也就太多了。所以，如果环境容许选择，那就有如到餐厅点菜，应该点自己喜欢吃的。

以上是讲道理，至于实际，问题就会更加复杂，或难解决得多。一个小难题是，客观，某一职业的成就和贡献，主观，自己的才能和兴趣，自己都未必能够十拿九稳。拿不准，据之而选，也就有南辕北辙的可能，至少是像是合适而实际并不合适。大难题是道路千条，而摆在眼前的却经常只有一条，就是说，不容许选。旧时代，弓人之子常为弓；放大一些说，人总不能不靠山吃山，靠水吃水。现代情况也差不了多少，因为自己羽毛未丰，迈步出门，路几乎都是与自己有关的人，或说社会给指定的。按部就班入学像是好一些，因为，理论上，分配要照顾个人的专业，可是由个人的理想和兴趣方面考察，完全合适的，数量可能不多。所以总的情况就成为，为了谋生，社会

（或说机遇）把一个人放在哪里，他就只好不管理想和兴趣，接受并依照要求干下去。

以主观印象为标准衡量，职业有合意的，如爱权，真就走上或大或小的说了算的岗位；爱某种学业，真就成为某种专业的研究人员。这是事与愿合，心情是得其所哉，工作，即使劳累也会自得其乐，而成就呢，如顺水行舟，自然会事半功倍。问题是有了个职业，不合意，怎么办。先说心情，我的想法，宜于随遇而安。理由之一，由整个社会方面看，任何事都要有人做，而人事的安排，我们还不能少听从机遇而多听从科学，安置不合适，或多数不合适，是不可免的，不可免，落到自己头上就虽不合意而并不违理。理由之二，怨天尤人也无济于事，反而不如安然接受而不计较得失。再说对待的办法，可以分为守和攻两种。守是尽职，这就是《孟子·万章下》篇说的："孔子尝为委吏矣，曰：'会计当而已矣。'尝为乘田矣，曰：'牛羊茁壮长而已矣。'"把本职工作做好，于己可以无愧，于社会当然也会有益。攻是就把它当作自己的事业，俗语说，行行出状元，深钻，也许能成为这一行的状元。最下是这山看着那山高，到不了那座山，在这座山又坐不稳。

可以不可以换职业？情况多种，要就事论事。以两极端的为例，不喜欢换为喜欢的，不胜任换为胜任的，报酬少换为报酬多的，轻而易举；其反面，如年岁已经较高，或所从事的工作是高学识或高技术的，改弦更张就不容易。两极端之间的，比如不同的职位各方面都相差无几，换不换两可，那就多一事不如少一事。不过也要承认，尤其现代，有些人是乐于动而不愿守成的，那就多尝试也无妨；但有一点要记住，是自己必须有不只胜任而且做得好的信心。

最后说说，职业还有个反面，是无业。无业有被动的，是社会问题，这里不谈。主动的无业任何时代都不多，因为人总要活，不吃自己劳动所得就要吃别人（通常是祖先或家属）的劳动所得，这，即使别人不说话，自己总当愧于屋漏吧？

四八　事业

什么是事业？表面看，没有什么问题。如刘、项起兵反秦，人人都承认是在干一番大事业。可是进一步问，一些小卒，随着南征北战，也许未捷身先死，从而有劳而未得受禄，算不算，问题就来了。推想刘邦会说算，因为一人成佛，鸡犬升天；可是那位小卒就未必同意，因为他并未升天，现代的情况也是这样，各种机遇限定某一个人必须一辈子当孩子王，到两鬓斑白的时候，真是桃李满天下，开什么大会，写什么文件，都说他或她的教学是大事业；问题在于本人，清夜自思，算浮生之账，也相信这是大事业吗？推想是未必。可见所谓事业，要具备两方面的条件，主观的和社会的：主观是自己觉得确是值得干一场；社会呢，是有了或大或小的功和名。两个条件都嫌模糊，需要进一步分析。

重要的是社会方面的条件，因为自己觉得如何如何，常常是传统加时风，形成流行看法的结果。流行看法有对不对，或全对不全对的问题。为了简化头绪以及有说服力，以下想偏重说可适用于多时代的"理"，就是说，概括地看，所谓事业或大事业，究竟要具备哪些条件。

《左传》有三不朽的说法，说是立德，或立功，或立言，就可以流芳千古。参照这种说法，我们可以推想，所谓事业或大事业，通常要具备以下几个条件：

其一是在某一方面有超过一般的造诣。只是超过一般，不是超过一切。一般可以有两种意义：如行业与行业比，大学教授不是一般，售货员是一般；又如同一行业有很多人，其中有的人各方面都占上风，不是一般，都平常，是一般。这样，不管什么行业，只要自己有兴趣，肯干，就都可以当作事业。当然，我们也要承认，造诣与造诣比，还会有高下之别。高下由两种比较来。一种是在同一行业中比较，如米芾和米友仁父子，都擅长书法，可是父更高。另一种是在不同行业中比较，如写书，司马迁《史记》很高，说书，柳敬亭也很高，两者相比，我们总当承认，还是司马迁的写书更高，因为终是更难。这样理解一般，理解造诣，就为通常所谓有事业心的人留有活动余地，是可以力争上游，不得已而取其次，也未尝不可。

其二是要有功于社会。造诣超过一般，也可能无功于社会。最典型的例是偷盗，旧传，今传，都有技能超群的，可是难得算作事业，因为不利于社会。又如李笠翁在《闲情偶寄》中说，他设计新型马桶，比旧的合用，不敢外传，怕人称为笠翁马桶，这样，是造诣不能为社会所用，也就不能算作事业。在这里，为社会所用是个条件，造诣超过一般仍然是个不可缺少的条件，因为任何正当的工作都会有功于社会，如果贡献平平，甚至在中人以下，那就不宜于称为事业。这样，我们就无妨用数学的方式表明，所谓事业，其成果对社会的贡献，总要比人均贡献的数字高一些。而说起这高，自然也会有程度之差。以科技为例，发明火柴，功绩不小，不过与发明电相比，就不可同日而语了。这会引来一个问题，仍以发明创造为例，如发明纸烟，至少是无利，甚至毒品，有大害，能不能算作事业？本诸取法乎上的原则，专由律己方面考虑，最好还是不把这类活动当作事业。

其三是会得浮世之名。这所谓浮世之名，是指某数量的不相识的人也知道，而且总是带有某种程度的称许之意。名有大小。小是在小范围内流行，如泥人张、风筝刘、天桥八大怪之类。大是在大范围内流行。这所谓大范围，有地域广和时间长二义：如孙中山，全世界都知道，是地域广；伯夷、叔齐，商周之际的人，至少是读本国史的人都知道，是时间长。有不少人的大名还既地域广又时间长，如中国的孔子和希腊的苏格拉底就是这样。名流传于大范围，一般要靠文字记载，所以能立言就占了上风，远如司马迁，近如鲁迅就是这样。自己未立言，也可以借他人之言流传，如《史记》中许多人物就是这样。扣紧事业说，名大小，总是与事业成就的大小（表现为影响的大小）有因果关系。由这个角度看，在政场上活动的人就容易占上风。以秦始皇为例，他有权强迫小民去修长城，甚至焚书坑儒，影响大，所以名就能在大范围内流行。说到这里，我们会想到一个问题，是过去有流芳千古和遗臭万年的说法，遗臭万年的活动，我们也可以称之为事业吗？所以还要补充一个条件。

其四是要符合德的要求。何谓德？为省事，可以借用孔子的话，说德就是仁。孔子说，仁者"己所不欲，勿施于人"，"己欲立而立人，己欲达而达人"。用现在的话说，是干什么，要不只对自己有利，还要对别人有利，或再放大一些说，要对社会有利。历史上，有不少人是干坏事出了名的，如唐朝的周兴、来俊臣，明朝的刘瑾、魏忠贤，等等，就是这样。他们干尽了坏事，是因为最高的统治者给了他们胡来之权；没有权，干坏事，影响不会太大。由这个角度看，我们甚至可以说，上溯几千年，有治人之权的名人，其所以能得名，绝大部分是由于多做了坏事，现代也一样，如希特勒，无人不知，无人不晓，也是因为干尽了坏事。这里的问题是，干坏事，也能得浮世之名，能不能算作事业？两种处理办法。一种，把事业分作两类，好事业和坏事业，说魏忠贤、希特勒等之所为是坏事业。另一种，说事业都是好的，凡不利于社会的活动都不能算作事业。为了鼓励向善，扼止向恶，我看是以后一种办法为好；还有方便之处，是可以笼而统之地说，人生于世，只要不夭折，都应该有事业心，以求就自己说，有成就，就社会说，有贡献，并终于能得或大或小的浮世之名。

有哲学癖的人会提出疑问，这有什么值得珍视的价值吗？人各有

见；对于生活态度，更是人各有见。有少数人是持否定态度的。还有
程度之差。一种程度浅，是所谓隐逸，逃名。时代早的，有传说的巢
父、许由之流。到庄子就兼有成系统的理论，是与其登上庙堂，宁曳
尾于涂（途）中。佛家博大，好处是多容纳，也就带来难点，是抓不
住；但如寒山、拾得，纵有丰干饶舌，也还是逃了。像这样不要名，
事业心也就没有，至少是微乎其微了吧？还有程度深的，《列子·杨
朱》篇的一段话可为代表，那是："然而万物齐生齐死，齐贤齐愚，
齐贵齐贱。十年亦死，百年亦死，仁圣亦死，凶愚亦死。生则尧舜，
死则腐骨，生则桀纣，死则腐骨，腐骨一矣，孰知其异?" 这是一切
都无所谓，事业与不事业，当然也就不值得挂心了。对于这样的否定
态度，我们要怎样看待？再说一遍，至少是理论上，对于生活态度，
尤其是言之成理的，对错是颇难说的。所以，就是站在常人的立场，
我们也宜于采取宽容的态度，那是，即使碍难信从而并不说那样就绝
不可行。但宽容的另一面还有碍难信从，我们也应该坚持，并且言之
成理。这理可以浅，是我们是常人，对于那种超常的理想和行为，纵
使高山仰止，却难于做到；或者说，我们只能走常道，饮食男女，建
功立业，穷则独善其身，达则兼善天下。理还可以深，仅以庄子为
例，就是在曳尾于涂（途）中的时候，他讲说了"宁曳尾于涂（途）
中"的有关人生之道的系统理论，说到事业，还有什么比这更大呢？
用这个观点看，如段干木、老莱子之流，躲开政治隐居，洁身自好，
不同流合污，可以说同样是干了大事业。

这样，下降到我们常人，就可以少问什么究极价值，而依常道处理常态生活。常道也很复杂，表现为各种生活态度和生活形态。还是就常情说，不同的生活态度和生活形态可以分高下，扣紧本题说，事业方面有成就是高，无成就是下。当然，我们应该力争上游，求在事业方面有成就。求，实现要靠真去做；做，要注意以下几点：

其一是要有志。这是在自己的人生之道里，把事业放在相当重要的位置上，历史上有些人，如班超投笔从戎，祖逖闻鸡起舞就是这样。有不少人相反，或根本不想这类事，或过于自馁，觉得自己什么都不成，无志，事业有成的机会也就很少了。自然，有志也未必能竟成，但总会比无志多有成功的机会，所以作为第一步，不可放松。

其二是事业，经常未必能与职业一致，那就应该在业余，选定目标，锲而不舍。如碰巧能与职业一致，如旧时代，玄奘的译佛经，现代有所谓专业作家，事业与生计合拢，当然就更好，不能合拢，要多费些力，如果有事业心，也不会感到负担重，苦恼。

其三事业的成就，有轻重之别，轻重表现在多方面，其中之一是，轻的，火热一时，重的，真就流芳千古。而偏偏，火热一时的最有吸引力，眼皮子薄的人容易为表面现象所迷，于是趋之若鹜。这可能费力也不小，通常是时过境迁，就与草木同腐。所以有事业心，还要能衡量事业的轻重，坚决取重而舍轻。

其四是也要知道，世间人很多，事业方面有成就的终归是少数。这原因有社会方面的，很多人没有受教育的机会，目不识丁，求事业方面有成就显然就大难。但即使机会和条件都具备，造诣超过一般也只是可能，而并非必然。这样，如果有志而不能竟成，怎么办？我想，可行之道应该是：尽人力，成固然好，不成则等于取法乎上而仅得乎中，仍可与常人为伍，安之而已。

四九　信仰

"生"是被限定的一种情况，正如彗星之绕日运行，也是被限定的一种情况。这限定之下或之中，自然还会有多种限定，只说一些荦荦大者。偏于身的是饮食男女，抗，大难，除非有大力，连生（包括求活得好）也不要了。偏于心的是要知，要信，表面看不像饮食男女那样质实，骨子里却更为有力，因为有逻辑或康德的所谓理性为靠山。关于知，《庄子·秋水》篇末尾"庄子与惠子游于濠梁之上"的辩论可为明证，是庄子驳惠子的"子固非鱼也，子之不知鱼之乐，全矣"，说："子曰'汝安知鱼乐云'者，既已知吾知之而问我，我知之濠上也。"这说得更简单明快些是，不知也只能来于有所知。关于信，可以举古希腊的怀疑学派为证，老师落水，大弟子不救，得到老师的赏识，因为对于救好还是不救好，他怀疑。可是，如果我们进一步问："对于怀疑主义，你是否也怀疑？"也怀疑，显然问题就太大了。这表示，我们生在世间，不能不有所信。信是怎么回事？应该信什么？问题显然不简单，以下择要谈谈。

依习惯用法，"信"和"信仰"有别，信义宽，信仰义窄；所有信仰都是信，有些信不能称为信仰。所信可以是零星的，微小的，如信窗外的一株树是柳树，树上落的鸟是麻雀。这习惯称为知，由坚信不疑方面看也是信。所信还可以是不微小的，如信珠穆朗玛峰最高，哈雷彗星七十六年后还会再来。这也是知，也就可以称为信。信仰的所信，大多指具有玄理意味的，如信有全知全能全善的上帝，有佛、菩萨，月下老人有能力使有情人成为眷属，等等。专由这类事例看，信仰的所信是超现实的，或说是无征而信，或干脆说是迷信，信窗外的树是柳树不是迷信，界限分明。其实问题并不这样简单，比如相信还有明天，相信活比死好，我们能够找到可信服的证据吗？如果真去找，追根问柢，最后可能就发现，这类事之所以像是确定不移，就因为绝大多数人信它，从未想到过还需要证据。但为了省事，我们无妨就以人的主观为依据，说这类无征而信的是知的信，不是不知的信；不知的信，如上帝、佛祖之类，才是信仰。

话还没有说清楚，或者说，里面还藏着问题，所以不清楚。什么问题呢？一个问题是由"知"来的。比如上帝，说不知，神父、牧师一流人就不会同意；佛祖，说不知，身出家心也出家的僧尼就不会同意。另一个问题是由超现实来。这有时会失之太宽，如到卦摊找什么铁嘴算命，也就不能不算信仰。有时又会失之过严，如孔孟之信仁和中庸，边沁之信功利主义（其实不如译众乐主义），也就不能称为信仰。不得已，只好从另一面下手，说人，为了生活能够有绝对保障，究极意义，常常不得不设想一种超越的力量（具体的神灵或抽象的道理），以作为寄托心灵的靠山，对于这个靠山的依赖和崇拜，是信仰。这样说，信仰的对象就具有这样一些性质：它是唯一的，至上的，也就没有任何事物能够与它相比；它是超越的，也就不需要任何理由来证实它，支持它；它有大力，所以绝对可靠，能使人心安理得；它存于人的内心，所以不同的人会有不同的形质，或说公信公的，婆信婆的。

为什么要有这样一个虚无缥缈的？总的说是无可奈何而不甘心无可奈何，只好画饼充饥。人生，为天命所制，微弱，有限，也就可怜。可是心比天高，愿意，或并自信，有智慧，有能力，虽然知也无涯，形体不能永存，却幻想能明察一切，生有伟大价值，并非与草木同腐。不幸这愿意或自信，不能在现实中找到对证或保证，怎么办？有退守或进取两条路。退守是不求，即知道人生不过是这么一回事，有胆量面对现实，破罐子破摔。古代道家如庄子，说"知其不可奈何而安之若命"，列子，说"生则尧舜，死则腐骨，生则桀纣，死则腐骨"，可以算作这一路。这破罐子破摔的态度，看似容易而实难，因为事实是正在活着，又要把活着当作无所谓。也就因此，几乎所有的人都走进取一条路，找理由，找靠山，在现实中失败，就到现实的背后，勉强（从设想中）找到，不能在理性方面取得证明，就不要证明，以求能够心满意足。这心满意足还可以分析，主要是三种心态，一种是全知，另一种是永存，还有一种是一切活动的有意义。先说知。活，尤其活得顺遂，要靠知，所以也可以说是天性，人没有不乐于求知的。知有近的，如鸡蛋可吃；有远的，如银河系外还有天体。庄子已经慨叹"知也无涯"，我们现代就更甚，是所知渐多，越苦于有些大事我们还不能知。比如我们生于其中的这个大环境究竟是怎么回事，我们有生，生究竟有没有价值，等等，是直到现在我们还不知道。"不知为不知"，是孔子的看法。或说理想，至于一般人，就难于这样知足，因为活了一辈子，连有关活的一些大事也不明白，终归是难忍的憾事。又是不得已，只好乞援于设想，比如是上帝愿意这样，然后是坚信，也就可以心平气和了。再说永存。人，有生，于是乐生，贵生。不幸是有生必有死，这是天大的憾事，如何对待？庄子是任其自然，所以老伴死了，该唱就"鼓盆而歌"。西汉杨王孙也可以算作这一路，是裸葬以求速朽。至于一般人就很难这样看得开。这也难怪，书呆子几本破书被焚，佳人的钗钏被抢，还心疼得要命，何况生命？所以要想法补救。一种补救办法是上天代想的，是传种，生孩子，容貌、性格像自己，自己百年之后，还有个"三年无改于父之道"（《礼记·坊记》），似乎可以安心了。但那终归是间接的，总不如自己能够长生不老。道教，葛洪之流炼丹就是求这个。可惜是葛洪，直到白云观的道爷们，都没有能够长生不老。所以又不能不向天命或自然让步，到关键时候，只好狠心，舍去形体，想个别的办法，以求永存。这办法，有小退让和大退让两种：小是形亡神存，大是形亡名存。神，或说灵魂，存于何处呢？天主教、基督教是升天，坐在上帝旁边。佛教（尤其净土宗）是到极乐世界去享受，因为据《阿弥陀经》所说，那里遍地是鲜花和珠宝。其下还有俗人的,《聊斋志异》一类书可为代表，是与阳间对称，还有阴间，那里虽然有阎罗和小鬼，不好对付，但也有酒铺，可以买酒喝，还有不少佳丽，可以依旧风流。再说大退让，是用各种不朽的办法以求名存，前面已经专题讨论过，不再赘述。最后说第三种心态，一切活动都不是枉然，而是有意义，或说有价值。这不像求永存那样清楚，或竟是在无意识中暗暗闪烁，但也未尝不可以推而知之。活动各式各样。可以分为大小，如殉国是大，访友是小。还可以分为忙闲，如修桥补路是忙，作诗唱曲是闲。不管忙闲，就活动者的心情说，可以重，是以为应该如此，可以轻，是觉得有滋有味，这应该，这滋味，不能没有来由，这来由也是信仰，纵使本人未必觉得。

以上的分析也可以用家常话总而言之，是，所以要信仰，是图精神有个着落，生活有个奔头。但人，性格不同，经历（其中更重要的是学历）不同，信仰自然也就不会尽同。具体信什么，千头万绪，不好说。这里只想依所信的性质的不同，概括为三种。其一，所信不明确，像是没有什么信仰；或者说，听到什么就接受一点点，头脑中成为五方杂处。古往今来，我国的平民大多走这一条路，乡村的有些寺庙可以说明这种情况，是既供养孔孟，又供养太上老君和观世音菩萨。这算不算没有信仰？站在教徒的立场，也可以说是没有信仰。我的看法不是这样，因为没有信仰有两种情况，都是很难做到的。一种是《诗经》所谓"不识不知，顺帝之则"。这是老子设想的"虚其心，实其腹"一路，虚其心，其造诣也许就不只是少思寡欲，而是无知无欲，又谈何容易。另一种是由广泛而深远的思辨而来的不信，这是因为追寻所以然而终于不能明其所以然，就不能不暂安于怀疑，也是谈何容易。所以，对于这种头脑中模模糊糊的情况，我们与其说是没有信仰，不如说是同样有信仰，只是不够明确。最明确的是其二，宗教。不管是信上帝，还是信佛、菩萨，都是信的对象明确（不是可见、可闻、可触，而是诚则灵），并且有组织、礼仪等加固，因而也就像是有灵验。人生不能不有所求，于是，根据能捉老鼠就是好猫的原则，既然灵验了，它就有了大用。其三是传统的所谓"道"，"朝闻道，夕死可矣"的道。这道是惯于思辨的读书人的理想的什么，可以偏于知，如说"天命之谓性"，也可以偏于行，如说"畏天命"。读书人敬鬼神而远之，有所思，有所行，又希望能够心安理得，所以不能不乞援于道，或说树立自己的道。道是对天对人的认识的理论系统，有了这个系统，求知就有了答案，行就有了依据。自然，人心之不同，各如其面，因而不同的人也就有不同的道。但也可以大别为两类。一类可以举"天命之谓性，率性之谓道"为代表，是以天理定人为，儒家，尤其宋儒程、朱，都是走这一条路。另一类是不问天，只管人，如英国小穆勒之信边沁主义，以及无数人的信这个主义、那个主义，以为一旦照方吃药，娑婆世界就可以变为天堂，都走的是这一条路。

信仰有好坏问题，评断，似乎仍不得不以人文主义为标准。比如信上帝，并信上帝是全善的，因而对己，由于相信得上帝的庇护而心安，对人，由于相信上帝乐善而时时以仁爱之心应世，我们总当说是好的。反之，因信上帝而以为唯我独正确，并进而发了狂，于是对于异己，为了拯救灵魂，不惜用火烧死，我们就很难随着喊好了。可以不可以兼评论对错？如果对错是指有没有事实为证，那就不好下口，因为信仰都是来于希望和设想，求在事实方面取得证明，那就近于故意为难了。

由以上的分析可知，信仰，虽然难于取得事实为证，却有大用。有用，正如我们对于诸多日用之物，当然以有它为好。可惜是有它并不容易。记得英国的培根曾说，伟大的哲学，应该始于怀疑，终于信仰。始于怀疑，这是由理性入手，能够终于信仰吗？我的想法，有难能和可能两种可能。难能，是理性一以贯之，就是思辨的任何阶段，都要求有事实为证，或合于推理规律。比如信仰上帝，就会问，这至高的在哪里？如果如《创世记》所说，一切都是他所造，他是谁所造？依理性，这类问题可以问，可是问的结果，获得信就大难。另一条可能的路是分而治之，比如说，上讲堂，用理性思辨，上教堂就暂时躲开理性，只用崇敬之情对待上帝。这种不一以贯之的办法，用理性的眼看，像是不怎么理直气壮；但人终归不是纯理造成的，所以很多明达之士，也还是乐得走这条路。

用实利主义的眼看，始于怀疑，以理性为引导往前走，未能终于信仰的人是苦的，因为得不到心的最后寄托。这从另一面说就是，人应该有个信仰。信什么好呢？具体的难说。可以概括说，是最好离理性不过于远而又合于德的原则。理性与迷信是相反的，所以离理性不很远，就要迷信气轻一些。举实例说，信天，或说大自然，或说造物，或说上帝，就会比信二郎神好一些。如果仍嫌上帝之类离理性过远，那就无妨效法禅宗的精神，呵佛骂祖而反求诸本心，就是说，不靠神而靠道。卑之无甚高论，如"天命之谓性，率性之谓道"的道也可以勉强算吧？至于德，前面多次说过，其实质不过是利生，包括己身之外的生，所以"以眼还眼，以牙还牙"就不能算，更不要说落井下石了。最后总的说说，信仰方面的大难题是难得与理性协调，而偏偏这两者我们都难割难舍。就某个人说，有的信仰占了上风，如有些老太太，虔诚地念南无阿弥陀佛而不问是否真有极乐世界，应该说是因信仰而得了福报。其反面，理性占了上风，比如由上帝处兴尽而返，想寄身于道，偏偏这时候，理性又来捣乱，问，这样的道，有价值，根据是什么？显然找不到最深的根，于是像是稳固的信仰又动摇了。动摇的结果，如果放大，就必致成为生的茫然。古语有"察见渊鱼者不祥"的说法，我想，在有关信仰的问题方面，情况正是这样。

五〇　道术

上一个题目谈信仰。信仰是进教堂时候想的，想求得的是超过现世之生的什么。人总不能常跪在教堂里，因而走出教堂，饮食男女、柴米油盐的时候，对于生，还会想到家常事物的是非、高下之类的问题。想而有所得，即觉得怎么样活就好，并进而照办，这觉得和照办，我们称为"道术"。说我们称，因为，至少庄子不这样用。《庄子·天下》篇开头说："天下之治方术者多矣，皆以其有为不可加矣。古之所谓道术者果恶乎在？曰，无乎不在。"成玄英疏："方，道也。"方术也是道术。《庄子》这最后一篇是评论诸子百家的，所以道术等于今所谓学术。学术自然也会牵涉到行，但重点终归是讲学理。我们这里是变全为偏，变高为下，虽然也是道，却是小道，不过是想谈谈，一般象牙之塔外的人，有时也会想到，或只是感到，怎么样活才有意思，究竟是怎么回事，以及会碰到的一些问题而已。

怎么样活才有意思，是想的，或只是感到的，为了减少头绪，总称为"想的"。想的与现实的关系非常复杂。其一，可以把凡是出现的都当作现实，或"另一种"现实。庄生梦为蝴蝶，这梦也是现实；自然，这梦中的蝴蝶与花间飞的蝴蝶并不是一种现实。其二，想的也要由现实来。人不能钻入鼠洞，但可以想象钻入，这鼠洞，这钻入，却仍是只能由现实来。道术也一样，贫无立锥之地，也未尝不可以想，一旦发迹，就也肥马轻裘，钟鸣鼎食。其三，想的（道术）与现实（生活）有可能合而经常有距离。合是指觉得一切都好，不再希求什么，因而也就不想变。这在理论上并非不可能，俗人，如乾隆皇帝，也许就是这样吧？还有传说的圣贤，或说得道者，孔子"七十而从心所欲，不逾矩"，真悟了的禅师，饥来吃饭，困来睡眠，也许真能达到这种境界吧？但理论的可能终归只是可能，至少是一般人，觉得一切都好，不再希求什么，即想的完全成为现实，总是非常之难的。这是说，想的与现实总是有或大或小的距离。其四，想的（道术）又必致影响现实（生活）。影响可以小，如想法凑钱，买摩托车，有忙事骑，有闲情兜风，就是此类。影响也可以大，如班超投笔从戎，立功异域，终于得封定远侯，就是此类。

"道也者，不可须臾离也，可离非道也。"见于四书中的《中庸》，这是说"天命之谓性，率性之谓道"的大道。其实，我们称为道术的小道也是如此，比喻为蜗牛的触角，只要往前走，就不能不由它来探测，取想望的，舍不想望的。所想望，可以明显，如独身之想找伴侣，成家立业；可以不明显，如晨起必散步，也许并未想，其实是希望健康长寿。所想可以大，如想出国，换个境遇生活；可以小，如窗前辟个小园，养花。所想可以高，如穷则希圣希贤，达则除弊政，救民于水火；可以下，有了权，也堂上一呼，堂下百诺。以上是就性质说，归类，可以有限。如果换类的性质为个人的具体，那就必致成为无限，因为事实必是，人人有人人的道术，甲的和乙的，至多只是近似而不能等同。无限，不能说；而为了用，又不能不说，怎么办？想从另一个角度说说。

这是着眼于个人，兼考虑道术的性质及其渗入人心的程度，计由浅入深，可以分为四种。其一是"不识不知，顺帝之则"，至少是没有明确地想，哪一种生活是合意的。尤其是旧时代，长时期的艰苦境遇迫使人惯于忍受，只求能活，不计其他，自然就难于形成多少带些进取意义的道术。还有，道术的形成，不能离开是非、高下的认识，有大量的小民没有知识，也就缺少评断能力，因而生活就会安于顺帝之则。这近于老子设想并期望的"虚其心，实其腹"，如果可能，也未可厚非。问题是亚当和夏娃吃了智慧果，他们的子孙就难得完全虚其心。这是说，"不识不知"不容易，也就未必不需要道术；或从另一面，泛泛地说，为了活得好，对于任何人，道术终归是有用的。其二，另一种是评断，有希求，只是零散而不成系统。这是随波逐流而加上一些个人癖好，比如衣觉得西服好，住房觉得四合院好，这是有所见。可是这所见都是因地制宜，所以可能不协调，还可能变。还可能大变，如一向甘居下游，忽而表现为积极。与第一种不识不知的人一样，这样的人，数目也是相当大。这样游离好不好？为本人着想也不无好处，是少执着，于是因过于认真而引来的烦恼就会少得多。其三，再一种，有希求，而且明显，面广，固定，只是没有理论系统来支持。所求各式各样，可以俗，如今之醉心于富，为发财而无所不为；昔之醉心于功名，如《儒林外史》之范进，头童齿豁而仍奔走于考场。可以雅，如太史公司马迁之立志完成《史记》，"藏之名山，传之其人"；以及《高士传》、史书隐逸传中所写人物，不避饥寒而远离官场。古往今来，为数不少的人，通常所谓有志之士，以及一般立身正直、遇事认真的，心里显然都明摆着是非高下，也就都可以归入这一类。对于这样的人，我们应该怎么看？我的想法，这是重视人生，不想混过的一种表现，可以说是好；只是这样的道术，或来自传统，或来自时风，或来自传统加时风，而传统和时风，总是瑕瑜互见，不幸而所取是瑕，如舍命追求功名利禄，那就也会引来坏的结果。最后说第四种，有系统理论支持的道术。泛泛说，这是对人生的意义有自己的看法，或说有自己的人生之道；其后是对于自己的现实生活，有可意有不可意，并求（至少是希望）变不可意为可意。更重要的是这样一种情况，如果你问他为什么这样做，这样想，他会讲出一篇大道理，这道理成系统，所以道术就成为名副其实的"道"。显然，在世间，这样的人，数目不会很多；勉强找，也许要到哲学史一类书里去吧？这就使我们想到（限定本国）千百年来的所谓三教（儒、道、释）。其实，道无限，儒、道、释只是由于块头大，就像是可以垄断一切。这里就无妨以之为例，说说道术的多歧。就对于俗世生活的看法说，儒家代表一般人，是既然有了生，就应该重视，想方设法求活得好，合情合理。人生而有欲，现实中有不少坏事，如何才能合情合理？办法是克己复礼，即讲伦常，节制自己，以求人人都能养生丧死无憾。对于同样的世间生活，道家就变重视为无所谓。活着也好，所以有时候说"宁曳尾于涂（途）中"；病甚至死了也无妨，所以丧妻还可以"鼓盆而歌"。这是不执着以求减少求而不得之苦。佛家是进口思想，由多受苦而形成仇视世间（自然不能彻底）的看法。他们觉得世间生活只有苦，没有乐，所以想灭苦就要出世间。出家了，到山林，或者仍在市井的寺院，能够算出世间吗？不得已，只好反求诸心，虽身不能离世间而心可以自性清净。三教的高下，昔人曾经有兴趣，问题过于复杂，这里只想说，节制也好，任其自然也好，出世间以灭苦也好，我们总当承认，都是有系统理论支持的道术，所以也就都值得重视。重视，因为所有像样的道术都值得参考，以求形成自己的。

以下由泛论转为说自己的，想说四点。其一，觉得怎样活才有意思的个人道术，有好还是没有好？用老庄的眼看，是没有好，因为老死牖下与投笔从戎，同样是无所谓。常识也可以出来助阵，比如以苦乐为应取应舍的标准，"出师未捷身先死"就不如"不识不知，顺帝之则"。可是我们不能走老庄那条路。理由有消极的，是由有知退到无知已经不可能。还有积极的，是既然有了生，就应该求活得好一些；这好只能由自己的道术来，纵使某一道术也可能并不高明。总之，道术即使不能充当生活向上的充足条件，也总是必要条件。所以，用平常话说，为了不白白活了一场，我们任何人都应该有自己的道术。其二，道术有高下，甚至有好坏，如何分辨？这个问题，上面已经接触到，这里补充一点原则性的，是不要图小利、近利、己利。这个原则提高，也可能趋向或达到无利，如司马迁之著《史记》，以及其中所记，伯夷、叔齐之流就是这样。语云，取法乎上，仅得乎中；道术上，大不易，"取法"乎上总还是应该的。其三，要不要一以贯之？三教的道术都是一以贯之，如儒家就明白说，"忠恕而已矣"

（《论语·里仁》）。一以贯之是所求明确，并有理论支持，其结果必是不惑。这当然好；只是就一般人说，未免要求太高。退一步是认识明确，不随风倒。不随风倒是有主见，不轻易地见异思迁。但迁还是可以的；有些人，也许主见并不坚实，迁就成为不可免。这里只能提这样一个要求，是迁也罢，不迁也罢，都应该是慎重考虑的结果。其四，像是还有个严重的问题，是，自以为是的道术，是否会并不值得珍视呢？这个问题不好解决，也就难于处理，因为评论某一具体道术的价值，以什么为标准难说，还要照顾某个人的各方面的条件。不得已，我们也就只好但行好事，莫问前程而已。

五一　爱好

由道术下降，系人之心的还有"爱好"。或者说，道术是总的，其中还可以包括零碎的爱好。爱好是一种心理状态，对于某些事物，通常是非生活所必需，但有就高兴，因而想求而得之。求的心情还常常很强烈，我们习惯称为"癖"，含有爱得很厉害，以致欲戒而不得的意思。语云，无癖不可以为人，这可以作保守和进取两种理解：保守是，人大都没有看破一切的修养，既然高不成，只好任其低就；进取是，唯其有癖，才更可以显示其人的率真，甚至超常，如米元章之爱石，钱牧斋之爱书，黄莘田之爱砚，等等，都是。这样说，癖也许有拔萃的一面，一般人的所谓爱好，程度大概不会这样深。但这也自有其价值，退而又退地讲，世间不少冷酷，不少艰险，至少是不少枯燥，也就不少苦闷和烦恼，人，为天命所限，总不能不希望，疾首蹙额之中，也间或能够破颜为笑吧？这有多种办法，而有爱好，心有所系，总是其中之一，或重要的之一。明此理，见到世间有各种迷，如有的人唱京戏，是戏迷，有的人跑球场，是球迷，有的人跑邮局，是集邮迷，有的人逛书店，是书迷，等等，五花八门，就不足为奇了。

人心之不同各如其面，在爱好方面表现得尤其是这样。有没有一点爱好也没有的？爱好与文化程度和生活条件有密切关系，推想旧时代、偏僻地区的贫苦农民，吃不饱，穿不暖，为能生存而挣扎，大概是不会有，甚至想不到爱好的。不具备这两个条件，或者说，生活情况还可以，至少是没有降到水平线以下，如果不像印度苦行僧之有意修苦行，没有一点消闲之心，就几乎成为不可能。而且可以进一步说，爱好只是单纯的一种，也必是极为罕见。这爱好的非一，或相当多，可以是异时的，如爱邮票换为爱书；更多的是同时的，如既好下棋，又爱跳舞。爱好多，负担会加重，如既费时间又费钱。但俗语说，好者为乐，好而至于成为癖，在不好者看来，简直不可解，甚至可笑；当其事者就不然，而是"此中有真意，欲辨已忘言"（东晋陶渊明《饮酒》）。这就是人，这就是人生。

爱好，人人不同，这分别由各种渠道来。一种，也许力量最大，是性格。性格由较多的先天加较少的后天形成，形成之后就有大力，决定行为的大力。爱好也必表现为行为，如唱京戏，买邮票，某甲这样，某乙不这样，我们说这是性格不同。性格有后天成分，或说不能不受后天的影响，如米元章拜石而不集邮，因为那时候还没有邮票。后天的条件不止一种。其一是环境。这显而易见，比如住在偏僻的山区，没见过各种少见的邮票，自然就不会产生集邮的爱好。环境中还有个重要因素是人，与自己有交往的人，所谓"近朱者赤，近墨者黑"，就是说，爱好也会传染，比如说，自己本不想跳舞，因为好友喜欢跳，也就跟着去跳了。其二是境遇，主要是有没有钱和有没有闲。爱好，原来没有的想求得，或进一步，原来少有的想多有，就要用钱换（如书画），或用闲换（如下棋），或用钱兼闲换（如聚书）。所以，睁眼看看就会发现，经常是，境遇越好，爱好越多。其三是时风。这是指流行于当时的评价意识。如某种事物，多数人觉得有价值，因而也就有荣誉，反之就没有荣誉。人，看法违背时风是不容易的，于是，比如集邮成为一股风，有不少人，对那个小花票本来没有兴趣，也就随着追逐，不惜大价钱买了。其四是传统。这多半是读书人，熟悉古事，不知不觉也就随着昔人的脚步走，比如砚和墨，今日几乎成为废物，可是有些人还是肯费大力，出大价钱，搜求顾二娘和方于鲁。以上说环境、境遇、时风、传统共四种，这四种可以单独行军，但更常见的是联合作战，分，或联合而出力不同，其结果就成为爱好的各式各样。

各式各样，具体说无尽，也不必要。可以说说的是有否高下之分。想来任何人都会承认，是有高下之分。分高下要有标准，标准玄远，可以舍远取近，只依常识，比如两个人，各方面的条件差不多，而且都有争胜之心，而爱好有别，甲所爱是围棋，乙所爱是打麻将，几乎人人都认为，甲的爱好比乙的爱好高。即以这常识为标准，可以把爱好分为由高到下的四类。第一类最高，是爱好与进德修业有关。举两种为例。一种是爱好古典诗词，有闲钱就买这类书，有闲时间就随着古人吟诵，或"穷年忧黎元，叹息肠内热"（唐代杜甫《自京赴奉先县咏怀五百字》），或"衣带渐宽终不悔，为伊消得人憔悴"。吟诵久了，熟能生巧，也许进一步，或登高望远，或花间月下，心有所感，也用平平仄仄平的形式写出来。吟，写，未必能换钱，却有大获得，是移心于诗境，这是生活的上而又上，所以可以称为高。另一种是爱好书画，不只搜罗，还自己动手。书，可师法的单纯，可以限于本国的古人；画则可以古今中外。这方面，如果成为癖也大有好处，工作之暇，动笔，不能远追晋二王（王羲之、王献之）、清四王（王时敏、王鉴、王原祁、王翚）而能得其仿佛，损之又损地说，也总可以自怡悦，所以也可以称为高。再说第二类次高的，是与学业无关，但可以消遣闲情。也举两种为例。一种是旧时代的，爱好佳砚，尤其是古砚，于是也就费大力（精力和财力）搜求，宝而藏之。这搜求不为用，是为欣赏，即看着高兴。人生，高兴并不易得，所以能供消遣也就是有了大用。另一种是现代的，爱好照相，买好照相机，学照的技术，有的还置备冲洗工具，自己冲洗，放大。人，似水流年，能够留下一些生活的痕迹，时过境迁，找出来看看，也不无好处，所以这虽然是费力（也是精力和财力）之事，也可以说是很值得。再说第三类不高的，是所爱好与利有关。旧时代，有不少所谓守财奴，爱钱如命，如《儒林外史》所描写，就是此类。现代呢，据说有的人集邮，也为赢利，如果竟是这样，那就也应该划入这一类。最后说最下的第四类，是常说的所谓吃喝玩乐，对修身、事业有妨害的。最典型的是赌博、吸毒之类，如果也成为癖，那就必致害了己，兼扰乱了社会。

爱好有高下，用不着说，任何人，只要不能做到毫无爱好，就应该趋高而避下。可惜的是，在这方面，就一般人说，总是趋高较难，趋下较易。比如迷书法与进赌场之间，前者要靠长久的修养，后者就不过是一念之差。高，难，下，易，趋高就不得不勉为其难。但勉为是理想；能否有成，至少一半要决定于实际。这实际，有社会的情况。人，在社会里活动，凭自己的所知、所感，对于社会中的诸多事物，有爱有憎，有取有舍，所取，总是社会里不稀有的，这是说，就是个人的爱好，也不能不受社会情况的制约。举实例说，举世都忙于争利，读书成为凤毛麟角，个人爱好成为古典诗词就大难，因为也许就没有机会接触。这就过渡到另一种实际，是个人的生活情况。王献之成为大书法家，推想是来于对书法的爱好，何以会有此爱好？原因，或主要原因，是他有个书法家的父亲，王羲之。这样，社会情况加个人的生活情况，爱好的选取，个人就丝毫不能为力了吗？也不尽然。理由之一是，至少是在某种情况之下，英雄也未尝不可以造时势。这是通常说的有志者事竟成，志来于个人，可见，即使强调客观，个人终归还有或多或少的活动能力。理由之二是，客观情况也常常会有可此可彼的两歧，比如带着钱走入市场，货架上既有《全唐诗》，又有照相机，买哪一种，即取哪一种爱好，还是可以由自己决定的。所以，为了爱好的趋高避下，我们还是应该勉为其难。勉为之前先要能分辨高下，所以"知"是很重要的。

谈到知，还有个与爱好有关的问题需要考虑一下，那是，有"玩物丧志"一说，究竟对不对？这个问题不简单，因为情况多种多样。首先是所谓志指什么。照通常的理解，是指大志，即成大功、立大业的愿望，有爱好，就会使大志化小甚至灭绝吗？显然还要看是什么爱好。吃喝玩乐，通常当作有害的那些，可能会有这样大的影响。向上，那些公认为无伤大雅的，如纪晓岚之爱好佳砚，似乎就不至丧志，因为他仍能编写成《四库全书总目提要》，至二百卷之多。这两种不同的情况会使我们悟到一种可以称为中道的理，即不高不下的爱好可以有，但宜于适可而止。适可是不过度。过度的表现及其危害，至少有这样两种。一种，表现为愿望的独占。其结果是其他都不顾，事业云云自然也就化为空无了。另一种，表现为贪得无厌。据我所知，有些迷古董（或一种或几种甚至多种）的人就是这样，逛古董铺，见到一件，觉得不坏，价不低，不买到手心不安，于是东拼西凑，好容易到手，又遇见一件，觉得更好，价自然也就更高，想买到手，力量不够，心更不安，于是不惜卖家当，借债，奔走呼号。这是因贪而走向消遣的反面，本为取乐，反而引来大苦恼。这苦恼，连带上面提到的丧志，使我们不能不想到，非生活所必需的爱好，虽然在整个人生中不占重要地位，处理得合情合理也并不容易，所以为了得多失少，仍须好自为之。

五二　贫富

以金钱为筹码，贫是钱少，富是钱多。或者从生活资料供应方面说，贫是应有的没有，富是应有的尽有之外，还有余力。贫有大小之别，小贫是应有的生活资料，缺不很多；大贫是缺很多，甚至最基本的衣食住也不能维持。富也有大小之别，小富是衣食住等方面的享用，都可以超过一般人而仍略有余力；大富就没边儿，如历史上的石崇、和珅之流，今日的许多由工商而发了财的，享用不用说，金钱总是难以数计。人是生物，生要靠诸多物质条件，生又不能不进取，即求满足享受之欲，这也要靠诸多物质条件，所有这诸多物质条件都要用钱换，所以贫富就同苦乐，甚至生死，结了不解之缘。也就因此，古往今来，几乎所有的人，都嫌贫爱富，并因为爱，就不惜用一切办法，求捞取金钱，变贫为富。

变贫为富，只说规规矩矩的，理论上有两条路。一条是靠自力，如一个人，或一家人，靠勤奋劳动，多劳真就多得。最典型的是朴实农户，三五口之家，种菜，养鸡，钻研新技术，增了产，渐渐也就变贫为富。另一条路是靠社会的经济结构和经济措施，如旧时代，开当铺，放高利贷，现在，碰巧自己的私有住房在闹市，那就拨出一两间出租，一年可以收入几万，都是并不劳动而也就可以变贫为富。

变贫为富，难不难，主要是由社会情况决定的。比如说，生产落后，社会动荡不安，就一般人说，变贫为富就大难。也有相反的情况，如在大城市卖食品或时装，销量大，利润厚，甚至变为大富也并不难。另一个条件是个人的能力。能力有正用，有歪用，暂不提歪用，只说正用，无论旧时代还是现在，变贫为富都不容易，因为用劳力换钱，数量总是有限的。

还是专说正而不说歪，当然，任何人都会承认，富比贫好。记得连大贤子路也说："伤哉贫也，生无以为养，死无以为礼也。"(《礼记·檀弓下》) 这样说，是出于想尽孝道，即照顾上一代。其实，至少是就世风日下的"下"说，己身一代和下一代的生活，与贫富的关系更加密切。最基本的衣食住，有缺欠，难忍，且不说；单说买不起也不影响生存的，如成人想要某种书，孩子想要某种玩具，喜爱而不能得，心情显然也会不好过。此外还会有常规之外的开销，如天灾和病，以及对亲友的慈悲喜舍，贫就都办不到，也就不能心安理得。总之，泛泛考虑，我们说富好，贫不好，像是没有问题。

其实又不尽然。原因是，人生是复杂的，我们的所求不尽是享用，或说不应该尽是享用。问题几乎都是由富来，具体说是：求富，路可能不正；已富，用可能不当。

早在两千多年前，《论语》就有这样的话："不义而富且贵，于我如浮云。"可见富之来，还有义不义的问题。怎么样是义？具体辨别很难，可以说个概括的原则，是来于两厢情愿的交换。例也不少，古代的，如范蠡到山东，经商发了财，是两厢情愿；现代的，在科技方面有发明，卖专利权，得钱不少，也是两厢情愿。不义呢，具体的路无限之多，但是就其性质说，则可一言以蔽之，是靠社会地位的不平等，以上压下，以有力压无力。最突出的是有大大小小统治权的。如秦始皇，不是富甲天下，而是富有天下，生前可以建造阿房宫，死后还大造其兵马俑。小到县令也是这样，如《韩非子·五蠹》篇所说："今之县令，一日身死，子孙累世絜驾。"絜驾，用现代的话说是还可以坐高级车，这钱是哪里来的？显然是由老百姓身上刮来的，所以是不义之财。其下还有不突出的，如出租土地、放高利贷之类，表面看与统治权无关，其实是，社会容许用这种办法致富，也要以统治权为保障。这种发不义之财的路，现在就花样更多，只举一种，是造假货充真货，结果就真大赚其钱。总之，无论古今，富，尤其大富，如果追究钱的来路，就会发现，几乎绝大多数是不义的。这样，关于贫富的情况，我们说富比贫好，就不能不加些限制了。

以上是由富的来源方面考察，说富并不都是可取的。富之后还有去路问题，即怎样花钱，用钱换什么，引来的龌龊就会更多。只说显而易见的一些。其一最严重，因为影响到别人，是旧所谓为富不仁。任何人都知道，金钱可以化为力量。这力量可以正用。但同样常见的是歪用，即为了满足自己的情欲，不惜损人害人。这可以较轻，如囤积居奇，贱买贵卖之类。可以较重，如夺人之所有所爱为己有之类。还可以更重，如买通官府或雇用杀手，置人于死地之类。其二是容易走向奢侈浪费。也是由于"天命之谓性"，就一般人说，克己复礼有如逆水行舟，很难；有欲而任其满足就像是顺流而下，简直是求停止，甚至只是放慢也大难。俗语说，庄稼汉多收五斗粮，便思易妻，何况已经成为富或大富，金钱无数呢。于是生活的各方面，由改善而趋向讲究，而更讲究，以至想超过一切人。也许真就超过了，并因此而换来舒适和艳羡的目光，有什么不好呢？只用旧的评价标准衡量，朴素和节制是美德，挥金如土求阔气，正好是走向反面。这反面还会引来更严重的病症，这是其三，精力和兴趣都放在享用方面，进德修业就难了。这情况也是好逸恶劳的结果。人求事业方面有成就，都要费大力，吃些苦，这自然没有使奴唤婢、锦衣玉食舒服。于是，如我们所常见，富厚的反而容易碌碌一生。其四是，坏的影响还会绵延，使下一代成为纨绔子弟，斗鸡走狗，不务正业。这种情况，旧时代常见，现代似乎也并不少见。人，生儿育女，总是希望后来居上的，而用富不当，就必致事与愿违，这也是值得三思的吧？

用富不当的祸害还会再扩张，成为时风，那就必致贻害无穷。所谓成为时风，是在绝大多数人的心目中，富，或干脆说金钱，是最上的好，是无条件的好，有无上的价值。这无上的价值，不只表现在可以得高的享受，还表现在可以得荣誉。我们都知道，引导一个人做什么，或督促一个人做什么，荣誉常常比敲扑还有力。历史上多少次改朝换代,每一次,前朝的臣民都有很多人自杀,这是因为忠是荣誉。尤其宋以来,女性相信饿死事小,失节事大,有不少,丈夫早亡,随着死了,因为节是荣誉。荣誉可以使人甘愿舍生,可见其力量之大;又因为它有可能并不货真价实,所以也就很可怕。可怕留到稍后说,先看看金钱是不是可以算作荣誉。我们说不能算,因为它本身并不等于人生的价值,虽然它常常可以用来换取或帮助换取人生的价值。什么是人生价值?追到根本说,是能活,而且活得好。这好包括多方面的内容,如衣暖食饱是,文艺方面有创作也是,慈悲喜舍,使己身以外的人减少苦难,当然更是。求得人生价值,经常离不开金钱,但它终归是手段而不是目的。拜金主义的时风则不然,而是把金钱当作目的,以为它是无条件的好,有它就有荣誉,缺少就没有荣誉。而仍如既往,荣誉的力量大于一切,于是结果就成为,为捞取金钱,有不少人就无所不为。有权的用权,没有权的用暴力或欺诈,只要真能捞到钱,就算胜利。胜利还有大小之别,小,不满足,还想大,于是,单以贪污为例,百万元以上的大户就屡见不鲜了。拜金主义的影响还有平和的,但面更广,是攀比享用,或比赛阔气。甲家里的电视机是十八寸的,乙要买二十一寸的;乙屋里的地毯是化纤的,丙要买纯毛的;丙出门,手上戴一个金戒指,丁要戴两个甚至三个;等等。这等等自然都要用钱换,享用求多求高,钱总会不够,怎么办?规矩的是发愁,不规矩的是想辙。然后就可想而知,是世风日下,乱不能止。大事小说,只为个人打算,这用富不当的结果必是,人世俗而心愁苦，得失相比，就太不合算了。

所以谈生活之道，对于贫富的处理，就不当简单化，一刀切，无条件地说富比贫好。根据以上所谈，未尝不可以嫌贫爱富，但要附加两个条件：一个是来源方面的条件，就是钱之来，应该都是合于义的；另一个是使用方面的条件，就是要用得其当，至少是不致产生坏影响。两个条件都嫌概括，以之对付实况有时会有困难。这也是因为，实况千变万化，以不变应万变，指实说反而不好办。不得已，我们还是只能靠常识。先说来源方面，靠权得贿，造假充真，人人视为不义，没有问题。举个模棱两可的例，开个小店卖小吃，比如一种食品，一碗成本四角，卖九角，法律不管，工商管理部门不问，就可以算作义吗？我看有问题，因为食客嫌贵，会皱眉，卖主清夜自思，也会承认是讨了便宜。富之来，一个重要的要求是花钱的人心平气和。以这个为标准衡量，到大街小巷看看，来于不义的富就太多了。士穷则独善其身，我们求富无妨，但总要勉励自己，切不可随波逐流。富了，用也是这样，可以用常识为指针，总的原则是，利他好，向上好，朴素好。见诸实行，如有的人出钱办学校，有的人出钱设奖学金，这是利他，好。书与金首饰之间，多买书，少买金首饰，这是向上，也好。至于日常生活的享用，比如睡木床，脚不踏地毯，也活得不坏，就最好还是从俭。这有不少好处，其中之一，我以为不容忽视，是精神状态可以离史书隐逸传中的人物近一些。

贫，可能比富的机会更多，幸或不幸而排在贫的队伍里，要如何对待？最好是不至大贫。事实上也很少大贫，那就专说小贫。小贫还有程度之差，一种程度深的是衣食等不充足，一种程度浅的是衣食不缺，只是无力买地毯、金首饰之类。不管是哪种情况，都应该如昔人所说，安贫乐道。道取广义，不只"朝闻道"的人生之道，其下的，通常所说精神文明的种种，无情如数理，有情如文艺，等等，也算。显然，如果能够浸馈其中，贫反而成为通往高层次生活的大道，也就可以见腰缠万贯之徒而不生艳羡之心了。

五三　聚散

我们住在一个动的世界里。为什么是动而不是静止？也许静止就等于彻底无？我们不知道。动的本身，或结果，是变。变给人生带来很多问题，其中之一是"聚散"。由变不可免的角度看，聚散是常事，可是（尤其是散）会引起情绪的波动，所以如何对待也就成为一个不小的问题。以己身为本位，聚散有与"人"的，有与"物"的；人重物轻，先说人，后说物。

聚散有范围问题，如参加什么大会，人数少则上千，多则过万，都在一个地点，是聚；一般是三四个小时，宣布散会，各自西东，是散。又如自此地到彼地，利用公共交通工具，上车或上船，许多人挤在一起，也是聚；到目的地，下去，各自西东，也是散。这种偶然相遇，聚未必喜，散未必忧的情况，还无限之多，因为不会引来情绪的波动，当然就宜于不提。这是说，范围应该缩小，限于非偶遇的关系，聚则喜、散则忧的。这样的关系，以及聚散的情况，也是多到无限，如何述说呢？

想先泛泛地说说，何以聚则喜，散则忧。本书第二分社会部分开头曾经谈到，人在群体中生活，不能没有别人的帮助。这就可以想见，聚喜散忧的情绪是由生活需要来。这需要，或者算作举例，可以分为三个等级，或三种性质。一种，可以称为最基本，是有之则能生、无之则不能生的。还可以分为两种：一种是自己所由来，包括父母、祖父母、外祖父母等，没有这些人就不能有自己之生；另一种是异性配偶，没有他或她就不能传种，也就不能有下代之生。另一种需要是生活诸多方面的帮助。帮助也有范围大小之别，或广义、狭义之别。广义是各种互利，比如早点吃个鸡蛋，这生蛋之鸡是某养鸡专业户所养，鸡蛋是某小贩所运并所卖，吃的人也算是得到与鸡蛋有关的许多人的帮助。显然，所谓帮助不宜于面这样宽。狭义的帮助指与自己有多种近关系的人的帮助，这近关系，可以近到有亲属关系，或血统关系，以及朋友直到同学、同事、邻居之类的关系。显然，没有这些人的帮助，生活就会大难。还有一种需要，或者说是偏于精神的，是消除孤独和寂寞之感。人是社会动物，像有些出家人那样，住茅棚，不与人会面，交谈，以求确能得解脱，是非常难的。所以人通常总是，或"群居终日，言不及义"；不言，晨昏林间散步，左近有个什么人，像是也就能得到一些安慰。这帮助虚无缥缈，用处却未必小，因为人总是人，面壁，难免有被人忘却之感，也是苦不堪言的。总之，生，因为处处需要别人，于是日久天长，也就成为人之性，是总愿意同人在一起，离开就不好过。

再说聚散的情况。先说聚。自然也只能概括说说，是喜的程度，由以下三个方面的情况来决定。其一是关系远近，比如远的，一般友人，希望聚的心情是三五分，近的，父母妻子之类，希望聚的心情就会成为十分。自然，这关系远近也包括生活细节的远近，比如夫妻关系，就会近到寝食与共，朋友关系就不同，共寝共食，至多只是间或有之而已。其二是时间久暂。一般说，越是聚的时间长，越难割难舍。聚时间的长短，有常有变，比如夫妻关系，可能白头到老，朋友关系就大多是别多会少，这是常；但个别的，也可能夫妻不能白头到老，朋友反而终生不断来往，这是变。感情经常是渐渐积累起来的，所以连和尚都"不三宿桑下，恐久，生恩爱"（《后汉书·襄楷传》），常人自然就更甚，多年相聚，一旦分手，专就习惯说，也会难于适应。其三是感情深浅。显然，感情深，就会"一日不见，如三秋兮"（《诗·国风·采葛》），一日尚且如此，更不要说永诀了。感情深浅与关系远近和时间久暂有密切关系。说密切关系，不说必然关系，因为也可能有例外，如有所谓夫妻反目，甚至法庭相见，而来自偶遇的关系，也可能由于志同道合或情投意合而相见恨晚，甚至一见倾心。以上是泛论，至于某一个人，情况自然会千差万别，如有的人交往的人多，有的人交往的人少，多，就会视许多散为司空见惯；不过无论如何，对于曾经聚首的某些人，总会聚则喜、散则忧的。

再说散。有聚必有散，俗语所谓没有不散的宴席，就是这个道理。有情人成为眷属，亲友祝白头到老，当事人也希望这样，幸而上天照顾，真就白头到老，但同时往生净土终归是不可能的，这是说，总不免其中的一个先走，也就还是有散，其他没有如此深关系的人就更不用说了。散也有各种情况。绝大多数是依常规，只举两种情况为例。一种，如母女关系，母比女年长三十岁，如果都按照平均年龄的规律寿终正寝，那就母要早三十年去见上帝，早行，其结果就带来散。又如甲乙二人，在大学同班，相聚四年，毕业，仍分配在一处工作的可能性不大，于是各奔前程，也就带来散。散，少数来于人为。最典型的例是离婚，有情人变为无情人，聚反而难忍，也就只好散。其他还有多种情况，如陶渊明不愿为五斗米折腰，赋归去来兮，禅宗六祖慧能北上黄梅求道，都是本来可以继续住下去而自己不愿意住下去，也就带来散。还有少数散是来于意外。这可以分量很重，如死于飞机失事、死于车祸之类。可以较轻，如杜甫《石壕吏》所写，闭门家中坐，有吏来捉人，万不得已，只得由老妪去应河阳役，也就带来散。还可以更轻，如在一地按部就班工作，早出晚归，忽然传来下放之令，只能服从，也就带来散。散的情况，还可以从另一个角度分类，这是永诀和暂别。永诀，有的是确定不移的，如双方，有一方离开人世就是；有推想的，如应征奔赴沙场，想到"古来征战几人回"（唐代王翰《凉州词》）就是。推想会与实际有参差，所以有时候，以

278

为是永诀,却意外地又得相聚;而以为只是暂别的,却不幸成为永诀。不管是实际还是推想,暂别和永诀,引来的情绪波动会大异,借用文言常用的词语形容,多数情况是,暂别只是怅惘,永诀则成为断肠。

聚散的情况说了不少,其实关系不大;关系重大的是我们应该如何对待。说句近于幻想的话,当然最好是,与合得来的,或进一步,与感情深的,长聚而不散。显然,除了上帝以外,没有人能有这样大的力量。那就退一步,或退几步,只说力所能及的,如唐人诗所说,"忽见陌头杨柳色,悔教夫婿觅封侯"(唐代王昌龄《闺怨》),就真不去觅,以求朝夕不离好不好?人生是复杂的,如果聚与封侯不能两全,就一定宜于取聚而舍封侯吗?不同的人必有不同的选择。就是不管不同的人,专顾理论,斩钉截铁地说此优于彼,或彼优于此,也必有困难。而且不只此也,还有个实际,是长聚会引来,纵使是轻微的,淡薄甚至烦腻,如果竟是这样,对于聚散,取舍的决定就变简单为复杂了。复杂还会因具体情况的千变万化而加甚,以假想的某一个人为例,他有亲属,可能很不和美,他本人呢,也可能或木然寡情,或好静而不愿近人,对于这样的情况,谈到聚散的孰优孰劣,显然就更难一言定案。不得已,只好就常情,说几句近于原则的话。计有三点。其一是,对于各种形式的聚,都应该珍重。人生短促,应该求多有价值高的所得。所得有多种,而深挚的人情必是重要的一种。显然,这样的人情只能由聚来。聚有这样高的价值,所以应该重视。如何重视？不过是努力求向上，避免向下。如和美、亲切是向上，反之是向下；互相关心帮助是向上，反之是向下；共同勉励，趋高趋雅是向上，反之是向下。总而言之，既然有了相聚的机缘，就应该善于利用此机缘，求散之后回想，不至有悔恨的心情。其二，有聚必有散，有的是关系至深的散，尤其来于意外的，会引来极大的痛苦。这也是人之常情，但苦总是不值得欢迎的，怎么办？可以用儒家的办法，节制，或甚至加一点道家的办法，"知其不可奈何而安之若命"。天命也罢，人为也罢，反正这散已成为不可免，也就只好安之。动情，甚至断肠，自然也是不可免，但明聚散之理，心情总会平静些，这就是节制之功。其三，曾聚，散了，经过较长时期，这笔心情账如何结算才好？我的想法，淡忘不如怀念。为什么？因为这是自己生活的一部分，只要我们还不能不挚爱人生，回首当年，忘掉昔时人总是不对的。

到此，人的聚散算说完了，转而说物的聚散。本诸"伤人乎？不问马"（《论语·乡党》）的精神，物不得与人并列，问题就比较简单。与人生活有关的物很多，所以也须缩小范围，说这里所谓物，只指心爱之物。这可以大，如金谷园，可以小，如一粒雨花石，但既然限定心所爱，日常的衣食住等用品就都不能算。心爱之物有个"爱"字，因而也就与情绪拉上关系，也就会引来应如何对待的问题。先说说心爱之物，一般指书籍、金石、书画、文玩之类，或下降，兼指财富之类。财富，发家致富，如何评价，问题复杂，这里想只谈书籍、金石、书画之类，即有不少所谓风雅之士为之着迷的。为之着迷，好不好？应该说没有什么不好，尤其书籍，如果买得之后还读，应该说很好。这里着重说聚散，只想指出两点。一是聚可以，不要流于贪。有的人是因爱之甚而流于贪，其结果是一，为求得而无所不为，包括巧取豪夺；二，求而不得就如丧考妣。这就必致害己，或兼害人。所以应该不贪，即得之固然好，不得也无妨。二是聚之后，或天灾，或人祸，或其他种种原因，难免散，最好是能够不流于恋。恋是难割难舍，这就会引来大痛苦。我们读历史，算耳闻，经历所谓事变和运动，算眼见，散，以及因散而肝肠断绝的情况，真是太多了。这就会引来教训，借用李清照《金石录后序》的话说："然有有必有无，有聚必有散，乃理之常。人亡弓，人得之，又胡足道！"虽然这位易安居士自己并未如此旷达，她的话总是值得因物之散而痛不欲生的人深思的。

五四　顺逆

世路是坎坷的，所谓不如意事常十八九。不如意，所处是逆境，反之是顺境。关于顺逆的划分，还要说几句话。似乎可以认定有个常境，顺境是所得超过或大超过常境，逆境是所得不及或远不及常境。以农民耕稼为例，如果多年的平均亩产为千斤，某一年亩产为千斤上下是常境，超过千五百斤为顺境，不及五百斤为逆境。这样，我们居家度日，定时食息，既没有中头奖，又没有祸从天上来，与亲友通信，说乏善可陈，可是平平安安，就可以说是常境。常境上升为顺境，如小官越级右迁为大官，会带有喜出望外的心情，旁观者也会报以想不到的惊讶。逆境也是这样，如一霎时加了右派之冠，自己感到意外，沮丧，旁观者也会报以想不到的惊讶，并附带或多或少的惋惜之情。通常是，逆境比顺境多，为什么？原因有客观的，用佛家的话说，是我们住在娑婆世界里，必是苦多乐少。原因还有主观的，是人都心比天高，或说幻想成群，于是偶尔由天降福，就会视为当然，而幻想破灭，或更甚，由乔木降至幽谷，就难于适应，禁不住怨天尤人了。这里且不管顺逆的多少，泛泛说，人生，由能自主活动到盖棺，一般五六十年或六七十年，总会遇到顺境和逆境，应该如何对待？

对待之前还有个问题，是应该不应该趋避。这个问题也相当复杂，因为情况各式各样，又人心之不同各如其面，爱恶取舍也会各异，处理办法自然就难得一律。不得已，只好提个总的原则，然后附加个对应特殊情况的原则。总的原则是，可以尽人力，求由常境转入顺境，如果客观条件不允许，或力有不及，也应该尽力求保持常境，不坠入逆境。这是常人的生活之道，过本分日子，但也有理想，甚至幻想，有就希望实现，当然也就欢迎顺境的来临。可是顺境、逆境是个概括的名称，具体为某种情况（如粮食产量的大增和大减），问题就变为复杂。以古代的传说为例，尧让天下于许由，许由不受，让于舜，舜受了，天下之主，常人视为顺境，许由不受，或者不视为顺境，或者也视为顺境而不取，总之就可见，说应该无条件地趋顺境还有问题。逆境也有这种情况，如清末谭嗣同，变法失败，可逃而不逃，等候逮捕往菜市口就义，是遇逆境而不避，是否也是应该的？这就使我们想到，常情所谓顺逆，其中有些还有评价问题。单个评价，这里做不到，所以只能附加个对应具体情况的原则，是：顺境可以趋，但这趋的行为要合于义，至少不是非义的；逆境可以避，但这避的行为要合于义，至少不是非义的。记住这个附加的原则，有些关于顺逆的情况就容易处理。比如富是顺境，贫是逆境，有趋富避贫的机会，利用不利用？这就可以看看具体的致富之道，如果是参与制造伪劣商品，就应该避；如果是出售科技方面的专利，就可以趋。

趋避问题谈过，以下谈顺境和逆境之已来，应该如何对待。先说顺境。具体说，无限，只好归拢为主要的几大类。第一大类是地位，即在社会上被安置在分工的什么职位，头上加上什么名堂的职称。职位有高低，高低蕴含权力的大小，如总理、经理之类；或荣誉的大小，如作家、教授之类。地位有高低，由低升为高是顺境。第二大类是财富。这也许比一般的高位（如中等商店的正、副经理）更重要，因为有钱能使鬼推磨。有钱的来路不一，自己有门路，有机会，可以变贫为富；或者不靠自己，生在大富之家，也就可以不贫而富。不管来路如何，反正有了钱就可以锦衣玉食，所处之境就成为顺境。第三大类是事业。这是指在某方面有超过一般的成就，如读书人真就写出传世之作，企业家真就转亏为盈，等等，都是。人，就连禅宗的和尚也愿意有所树立，所以事业有成就，所处之境也就成为顺境。第四大类是男女。或者只限于常人，都愿意意中人点头，成为眷属。对方尚未点头的时候，忐忑不安；点了头，常境就立即变为顺境。以上四类顺境分说，其实一落实，它们就会合伙。或小合，如有了地位，财富也就来了；事业有成就，意中人就容易点头。还可以大合，如地位升而又升，财富、事业、男女三方面就都可以随着挤进门来。

此之谓一顺百顺，还会有什么难处的吗？难不是由顺来，是由利用顺而可能不当来。最明显的是财富，钱太多，容易追求享受，其极也就会堕落，甚至危害他人和社会。地位也一样，或更甚，位高，权大，如果发了疯，其后果就更不堪设想。所以处顺境也要有个处顺境之道。这道，由偏于知的方面说，是既要知足，又要知不足。知足是对于所得，知不足是对于自己。知足就可以不再贪，知不足就可以时时警惕，多在进德修业方面努力。处顺境之道还可以由行的方面说，是应该谦逊加节制。谦逊主要是对人，节制主要是对物。对人谦逊可以防止胡作非为，对物节制可以防止醉心于享受，流于堕落。总之，处顺境更要谨慎，以免好事转化为坏事。

再说逆境。就常人的一生说，逆境总是比顺境多得多。何以故？这里进一步说说，也许根本原因来于人之性。不是"性本善"之性，是荀子"人生而有欲"之性。有欲就求，求，因为欲多，得的可能自然就不会多，这成为境就是逆而不是顺。还可以由人性下降，找逆境多的原因。这可以来于天灾，如地震、水旱、风火之类，此外还有疾病，都可以使人陷入逆境。其次是人祸。大块头的是由政治力量来，远的如五胡乱华、扬州十日，近的如"大跃进"和"文化大革命"，都不只使人突然陷入逆境，而且天塌砸了众人。人祸还有零碎的，最常见的是欺骗、偷盗和抢劫。人祸，严重的使人家破人亡，轻微的也会使人丧失金钱，即俗话所谓倒霉。再其次是由于机遇不巧，如坐飞机遇见劫机，买股票，到手之后遇见跌价，等等，就是。再其次还可以由于自己条件不够或能力不够，如找对象，因体貌不佳而连续失败，考大学而名落孙山，等等，就是。此外，逆境还可以来于自作自受，如因工作不努力而被解雇，好赌博而陷于贫困，甚至吸毒而无法存活，等等，就是。逆境多种，其间有程度之差。最严重的是危及生命的一些，其中有天命的，如不治之症；有人事的，如犯重罪被判死刑，因结仇而被暗杀之类就是。死，一了百了，境是否逆也就成为无所谓。所以值得重视的反而是比死轻微的那些，缠身，驱之不去，受之甚苦，如何对付才好？

当然，最好是能够化逆为顺，至少是化逆为常。这化，有些情况是己力所能及的，如考试名落孙山，努力温课，下年再考，就有可能名列前茅。有些情况是自己无能为力的，大如战争爆发，小如患了慢性病，就虽切盼化而只能徒唤奈何了。徒唤奈何，甚至书空，写咄咄怪事，无用；应该死马当活马治。办法有消极的，是明顺逆之理以后，顺受，不怨天尤人。这自然不会使实境有所变，但可以使心境有所变，即履险如夷，不管路如何崎岖，心情却是平静的。平静，苦的程度就会差一些。这也许近于阿Q精神吗?对于有些不讲理又无可奈何的情况,如果阿Q一下确是能够使苦的程度减弱一些,那就阿Q一下也是合理的。办法还有积极的,至少是有些逆境,还可以善自利用,有如使粪便之化为肥料。以文事为例,古语云,文穷而后工,有些人正是利用不显达、无财富的条件,写了传世的诗文。还可以说得具体些,如周亮工《书影》,罗素《哲学概论》,都是在监狱里写的。自然,这所谓逆境要逆得不太厉害,也就是处于其中的人还能活,还能忍受。不能忍受不能活的呢?如果有善自利用的雄心,写一两首慨当以慷的诗,总比哭哭啼啼好得多吧?所以就是处逆境,承认天命不可抗,尽人力还是应该的。

最后说说,对于别人的顺境和逆境,我们应该如何对待。这别人,可以是与自己无交往的,这里主要指有交往的。想由不足为训的世态说起,《史记·汲郑列传》末尾"太史公曰":

夫以汲、郑之贤,有势则宾客十倍,无势则否,况众人乎!下邽翟公有言,始翟公为廷尉,宾客阗门;及废,门外可设雀罗。翟公复为廷尉。宾客欲往,翟公乃大署其门曰:"一死一生,乃知交情。一贫一富,乃知交态。一贵一贱,交情乃见。"汲、郑亦云,悲夫!

世态可悲,就因为不少人由私利出发,别人处顺境,就跑上前去捧场，别人处逆境，就避之唯恐不远。多年来所见，还有更甚的，是某人挨整了，其子就不以为父，其妻就不以为夫。太史公司马迁是反对这样为人的。应该怎样？是别人陷于逆境（当然指非自作自受的），应该同情，或并进而援之以手。这虽然会被某些人斥为不合时宜，但是，如果人人都反其道而行，那就社会，再扩大，人生，真就不免于"悲夫"了。

五五　悔尤

悔尤是行事有失误，感到悔恨。人生于世，只要不夭折，这种心情总是在所难免。这样说，是承认失误在所难免。有的人不承认，或者说，用二分法，指责别人有失误，自己则永远没有失误。事实会是这样吗？可能恰好相反，是失误而不敢承认，与别人相比，至少还多这一项失误。在这方面，马上得天下的刘邦就比较高明，是晚年同他的儿子刘盈说，"追思昔所行多不是"。可惜是如俗话所说，悔之晚矣，生米煮成熟饭，还有什么用呢？无用，就理说也许真就可免，可是事实却不能免，于是对付悔尤，也就成为值得注意的一个不大不小的问题。

悔尤来于失误，由失误谈起。某一项行事，是否算失误，依常识，应该由计算得失断定。这有时容易，如经商，年终结算，赔了钱是失误，赚了钱不是失误。有时就不这样容易，比如人生大路仍然是

287

士农工商几条，青年时期，或凭机遇，或凭选择，走了士的路，而且有成就，比如居然挣来一顶教授的帽子，可是待遇低，经济情况远不如工商，算不算失误？单靠计算得失似乎就不能得个毫无疑问的结论，因为很可能，甲说是得，乙说是失。可见某一事的得失判断，还要有个比得失更为深远的标准。可是说到标准，问题就复杂了，只说表面现象，是可能公有公的理，婆有婆的理。俟河之清，人寿几何！所以，至少在这里，我们不得不安于偏向唯心，说所谓失误，正如悔恨的心情，是由主观认识，甚至主观感觉来。这样，譬如同一事，甲乙都经历，甲认为得，乙认为失，我们信谁的？只好兼信。又如某一事，甲一人经历，认为失，乙旁观，认为得，我们信谁的？只好信甲的。

人的一生，经历的事很多，有大有小。大的，影响大，感受深；小的反是。感到失误，因而悔恨，通常是大的；鸡毛蒜皮，如此如彼都无所谓的，一般是不会走上心头。上心头，主观印象，有得，有失，得和失的比例如何？难说。原因之一是人的经历各式各样，得失自然就不会一样。原因之二是人的性格各式各样，有的人，如王献之，机遇好，可是承认有失误，是与郗家离婚，梁武帝就不同，信任侯景，险些亡了国，却说自我得之，自我失之，表示并不悔恨。单说一般人，像是都觉得失误不少，甚至如陆放翁所慨叹，"错错错"，何以会这样？我的想法，是由于用后来的理想的眼看先前的实际，其意若曰，如果不是那样，而是这样，就好了。可是覆水难收，时间不能倒流，所以，如果事比较重大，就会，常常是在心中，说，悔之已晚。悔，不免于烦恼，已晚，更不免于烦恼，应该如何对待？

事不同，总会有一些回头看也感到欣慰的。这类事在本题以外，可以不管。只说相反的那些，总的说是不如意的。还要除去一些，或很多，是机遇注定，自己无能为力的。只举荦荦大者，一是地域，如不生在苏杭而生在漠北，二是时代，如不生在贞观之治而生在天宝之乱，三是家庭，如不生在簪缨之家而生在贫困之户，四是资质，如既不聪慧，又不貌美，这都会使人不顺利，因而会感到不如意。不如意又有何法？只能顺受，也就谈不到悔恨。悔，是一些事，自己事后设想，本来可以不这样做的。又可以分为两类。一类，是事前想不到会有失误。典型的例是有情人成为眷属，决定成为眷属的时候，都认为必美满而决不会反目，可是实际呢，有些人就居然反了目。这会带来悔恨的心情，因为总是事与愿违。另一类，是事前想到会有，甚至确认必致有失误。这几乎都是常识公认的所谓坏事，如赌博、偷盗之类。两类性质不同，悔恨心情的程度也会不同，意外的总会较轻，意内的总会较重。就一般情况说，意内的不足为训，或竟不值得研讨。所以以下所谈限于意外的，即事前，觉得如此做顺理成章，其间或有意想不到的变化，或竟没有什么变化，及至事过境迁，回头看看，与设想的一种可能情况相比，又错了，因而不能不产生或强或弱的悔恨之情。

如何看待这种心情，或说人生不可免的这一种境？我的想法，对应的态度，由严到宽，似乎可以找到三种。其一是恨铁不成钢。人生只此一次，应该力求多是少非，多得少失，悔恨来于失误，算人生之账，这是大损失，大遗憾，虽然木已成舟，不可挽回，终归应该当作人生旅程中的一大伤痕。其二是不经一事，不长一智。这借用《论语》的话说，是"过则勿惮改"，是"殷鉴不远，在夏后之世"（《孟子·离娄上》）。视失误为殷鉴，态度是积极的，或兼乐观的，相信鉴往可以知来，则失误可以变失为得，变祸为福，即过去的放过也罢，只求将来不再有失误。不再有是变减少为灭绝，可能吗？根据以上今之视昔，是用后来的理想的眼看先前的实际，总会看到不足之处的想法，这不可能；何况，以离异另结合为例，比如先前的失误是多看能力少看品格，后来变为多看品格少看能力，也许成为另一种失误，就更不可能。如果竟是这样，那就失误成为定命，是否悔恨也成为多余？这就过渡到其三，宽的态度，安命。还可以分为浅深两种，浅是不求全责备，深是视为无所谓。先说不求全责备。这是由对"天命之谓性"的认识来。人都是生来就带有多种欲望的凡人，又能力有限，这能力指制身内的、制身外的，以及预见将来的，这样，等于盲人骑瞎马，不跌倒的可能是几乎没有的。既是命定不可免，人总不能不接受现实，也就只好"安之若命"了。宽的态度还有深的，是视失误为无所谓。这是由求人生的究极意义而不能得来，找不到究极意义，何者为确定的是，何者为确定的非，何者为确定的得，何者为确定的失，也就变似可见为模糊了。这样看是非和得失，是《列子·杨朱》篇所说,"生则尧舜,死则腐骨;生则桀纣,死则腐骨"一路,也有所得,是看破得失,也就不致因感到有失误而悔恨。但仍会有所失,或说理不能周全,是同常人一样,也在饮食男女,柴米油盐,却宣扬饮食男女和柴米油盐为没有意思,等于出尔反尔。

常人的生活之道,是应该觉得,忙如齐家、治国,闲如钓鱼、养鸟,都有意思。感到有意思,是对于万事万物有取舍;取舍来于承认有得失。这就为悔恨开了门,因为人生百年,行事无限,总不会常得而不失。悔恨会有不经一事,不长一智的善果;这里单说这种心情是苦的,除了消极的顺受之外,还有没有别的办法,求化难忍为可忍?我以前写过一篇题目为"错错错"的文章,其中谈到难免不断失误的情况以及如何对待悔和愧的一种新办法,现在想来,事和见虽然都有所偏,却也不无参考价值,想不另起炉灶,把有关的一些话抄在下边。

如果自己的生涯可以表现为思(或偏于思)和情(或偏于情)两个方面,思方面的错远远少于情方面的错。来由是,由心理状态方面看,思为主则疑多于信,情为主则信多于疑。……信是不疑,这来于希望加幻想,于是有时,甚至常常,就会平地出现空中楼阁。自然,空中楼阁是不能住的,于是原以为浓的淡了,原以为近的远了,原以为至死不渝的竟成为昙花一现,总之,就成为错错错。如何对待?悔加愧就一了百了吗？我不这样想。原因是深远的。深远还有程度之差。一种程度浅些，是天机浅难于变为天机深，只好安于"率性之谓道"。另一种程度深的是，正如杂乱也是一种秩序，错，尤其偏于情的，同样是人生旅程的一个段落，或说一种水流花落的境，那就同样应该珍视，何况人生只此一次。这样，这种性质的错错错就有了新的意义，也值得怀念的意义。

我想，至少是有些失误，就无妨作如是观，那就悔恨（至少是一部分）可以化为珍视和怀念，所失也就成为一得了。

其实，由某一个角度看，悔恨也是一得，殷鉴不远之外的一得，那是"知惭愧"。事失误，知惭愧，是步子错了，心术未坏。有些人（一般是高高在上的）不然，而是把大失误硬说成至正确、至妥善，那就真是不可救药了。

五六　归仁

《论语·颜渊》篇开头就说："颜渊问仁，子曰：'克己复礼为仁。一日克己复礼，天下归仁焉。'"朱熹注，专说仁、己和礼，是："仁者，本心之全德。""己，谓身之私欲也。""礼者，天理之节文也。"宋儒讲孔孟之道，总是近于理想的天道而远于实际的人情，因为脑子里装着太极图，又横着一条天理和人欲的界限。但是专就这里的一点点说，我们却无妨断章取义加各取所需，说解释仁为内心之高贵品质，确是大有道理。孔子也正是这个意思，说，如果人人能够节制，照合于理的规矩行事，社会就可以成为仁的社会，而且时间不会久，只要真这样做，就立竿见影。什么是仁的社会？是社会中的人，行事都合于仁的要求，这要求是：仁者"爱人"，"己欲立而立人，己欲达而达人"，"己所不欲。勿施于人"。这是德方面的高要求，就全社会说是理想；就一己说呢，即使仍须算作理想，总是应该勉为其难的理想。勉为的所求就是"归仁"。关于仁在人生中以及社会中的高贵性和重要性，前面谈"利他"、谈"道德"的时候已经说了不少，这里不避重复，是想由"穷则独善其身"的角度，再强调一下，以期对己身的进德修业能有些助益。

再强调，是因为归仁并不容易。阻力还不很少。其一是"利"。这是总括的名称，分说就会多到无限。但性质却是单纯的，是指一切能够使己身存活，一般还要进一步，能够使己身幸福甚至心满意足的条件。且不说心满意足，单说存活加一点点幸福的要求，所需己身之外的事物就太多了。甲这样，乙也是这样，而不少事物是有限的，于是就难免，甲得则乙不能得，乙得则甲不能得。遇到这种情况，荀子的推论是争。可是仁的要求则相反，是让。这显然很难，尤其是对于存活和幸福会有大影响的时候。其二，还有个助威的阻力是"世风"。这是指为了私利，或说为了发财，为了享乐，多数人无所不为的风气。我们都知道，一个社会里指导生活的力量，以风气为最大。举最微末的装束为例，新才子佳人，有几个出入公共场所，不西其服、高其跟的呢？何况发财的大事，如屈原之众人皆醉而我独醒，视财富如浮云，就太难了。而说起发财，显然就要当钱不让，也就只能与"己所不欲，勿施于人"的仁背道而驰了。实际是比不让更甚，如我们的目所见，耳所闻，有大量的人，用自己的所有，换钱。这所有，可以是管大大小小事之权，可以是持刀执杖之力，可以是造各种伪品之巧，等等，总之，都是己所不欲施于人。其结果呢，有不少人真就发了。这之后，必是享尽人间之乐，出尽人间的风头，或说获得众人艳羡的荣誉。世风如此，如果没有颜渊那样的修养，不随大流，也己所不欲施于人，总是太难了。其三，还有个道术方面的阻力，也不可忽视。这是为了治平，要怎样看世间的有些人，或绝大多数人。孔孟推崇仁义，是把一切人，至少是本质上，都当作好人，所以应世之道是善意对人。法家韩非、李斯之流就不是这样，他们不管人好人坏，都当作富国强兵（也就是抬高君主的地位和扩张君主的利益）的工具。工具的价值在于有用，所以对待的办法是鞭策：听话或有功就赏，反之就严刑峻法。严刑峻法是己所不欲，可是施于人，显然就与仁背道而驰了。后世还有更甚的，是把有些人当作坏人，所以对应之道是仇视，并进而用各种以力为后盾的办法压倒之。压倒，如果是对自己，当然是非所欲，可是施于人，也就与仁的要求背道而驰了。总之，人立身处世，不管考虑身内还是考虑身外，归仁都如逆水行舟，要费大力，而转过头来变为顺流而下，就会一发而不可收拾。

归仁难，为什么还应该这样？理由也不止一种。其一是，为了个人能够活得安适，就不能不有个人与人间以仁的精神相处的社会。这意思，前面已经谈过，是，人是社会动物，没有社会的互助就不能活，至少是不能活得好。互助是由善意出发，也可能施而没有受报，可是不计利害，这是仁。在世风日下的时代，这样的事也还是不少见，如路遇病人，并不相识，却慷慨解囊，送往医院，甚至下水救人，牺牲了自己的生命，都是此类。试想，如果社会中人与人都这样相待，这个社会就成为温暖的，生于其中就会感到安适，快乐。如果走向反面，闭门家中坐，担心红卫英雄会来抄家，出门，担心梁上君子会来撬锁，长年累月如临深渊，如履薄冰，生活就成为既太难又太苦了。所以专是为了社会安定，或卑之无甚高论，只是个人活得安心，也要人人都归仁，而不要走向反面。其二，应该归仁的理由还有玄远的，甚至高尚的，是上面所引朱熹所说，仁是"本心之全德"。德是遵守道德规律的一种性格，或一种力量。这力量，康德视为神秘的，所以表示敬畏。何以值得敬畏？是因为有些事物，情欲想取，它却出来阻止，而且生效，真就不取；或反面，情欲很怕（如有生命危险），它却出来督促，而且生效，真就不怕，去赴汤蹈火。这样说，德就成为辨别是非并取是舍非的一种内在的力量。这力量从哪里来？孔孟说是由天命来，宋儒说是由天理来；我们现在看，似乎可以从天上拉到人间，说是由文化教养来。就说只是慢慢教养而成的吧，总是不容易，孟子说"人之所以异于禽兽者几希"，这异的一点点，想来就是这个。回到朱熹的话，仁是本心之全德，遵守道德规律，归仁，以善意对人，就成为当然的了。事实也正是这样，比如分我们的所求为情欲的和道德的两类，道德的求而得是"心安理得"，力量也并不小，从而所得也并不轻。所以，只是为了求心安理得，我们也应该走归仁一条路。其三，应该归仁，理由还可以从打小算盘来。这是以善意对人，日久天长，必致换来善意。试想，这样处世，无论居家或外出，所接触都是如至亲好友，专由情绪方面说，也是合算的吧？

以上说归仁是应然，是不是也能然呢？上面曾说不容易，所以化难为能，就要建树一些保障有成的条件。自然，最好是有个仁道大行的社会，如《镜花缘》所描画的君子国那样。但我们不能俟河之清，所以只好"穷则独善其身"。这保障有成的条件，由重到轻，我想到的有三个。其一最根本，是《庄子·天道》篇所记尧的话：

昔者舜问于尧曰："天王之用心何如？"尧曰："吾不敖（傲慢）无告（无依靠之人），不废穷民，苦（伤痛）死者，嘉（喜爱）孺子而哀（怜悯）妇人。此吾所以用心已。"

这是说，要有悲天悯人之怀，即孟子所说"不忍人之心"。这怀，这心，都来于爱人生，因而也就爱自己的同类。没有这样的胸怀，如张献忠之流，以杀人为娱乐，如红卫英雄之流，以整人为正义，即使口中还替天行道，手下却是离仁太远了。其二，由情怀略降到知或信，是经过考虑或不经过考虑，确认仁与利相比，仁的价值高，利的价值低。坚信这个，遇到仁与利不可得兼的时候，才会舍利而取仁。其三是要养成利他的习惯，使习惯成自然，万一遇到仁与利有大冲突的情境，也会毫不费力就舍利而取仁。

这样立身处世，盖棺之前算账，在俗世之利项内，也许损失不少吧？大概会是这样。但是也不无收获，这是心安理得。如果竟是这样，那就应该想到，这是古今圣贤企求而未必能得的，今由归仁而得之，甚至可以含笑于地下了吧？

五七　取义

在儒家的思想体系里，仁和义有密切关系。孟子见梁惠王，说自己的治国平天下的主张，开宗明义就是"亦有仁义而已矣"。孔子推仁为至上德，也重视义，说"不义而富且贵，于我如浮云"，"君子之仕也，行其义也"（借子路之口）。这样说，义也是一种美德。与仁有没有分别呢？应该有分别，分别是：仁是指明应该做什么；义只是说，凡是应该做的就一定要做，凡是不应该做的就一定不要做；仁有具体内容，是"爱人"，义没有，应该不应该，要另找标准。但义是一种道德的约束力量，善行之能否见于实行，要看这约束力量的能否有效，所以，至少是在某些时候（比如知而未必能行的时候），它就像是更加重要。孟子就是这样看的，在《告子上》篇说：

> 鱼，我所欲也，熊掌，亦我所欲也，二者不可得兼，舍鱼而取熊掌者也。生，亦我所欲也，义，亦我所欲也，二者不可得兼，舍生而取义者也。生亦我所欲，所欲有甚于生者，故不为苟得也。死亦我所恶，所恶有甚于死者，故患有所不辟（避）也。

在同一篇还说：

> 仁，人心也；义，人路也。

这就表示，有了善心，还要坚决付诸实行，这坚决就是义，甚至生死的重要关头也不踌躇，此之谓舍生取义。显然，人，立身处世，取法乎上，就应该取义，即当做的，无论如何艰险也要做，不当做的，无论如何难于节制也要不做。

当做则做，不当做则不做，作为一项行事的原则，或说一种德，估计不会有人反对。问题来于过渡到具体内容，即某一事，当做还是不当做，或者说，做了，合于义还是不合于义，不同的人就可能有不同的看法。如果这不同的人是不同地域、不同时代的，则看法不同的可能就几乎会成为必然。单说不同时代，君辱臣死，旧时代当作大义，辛亥革命以后，除了少数遗老遗少以外，还有谁这样看呢？这看法的不同还会表现在同一个时代，举个不大不小的近事为例，"文革"初期的除"四旧"，在除的人看来，当然是义，被除的人呢，也会相信是义吗？对于某一事，如此做义不义，看法的分歧关系不大，反正逝水不能倒流，过去就过去了。但这会使我们想到一个大问题，是某一事，做之前，如何断定是义还是不义？显然，如果这个问题不能解决，取义、舍不义也就成为一句空话，因为不知道是义还是不义，也就难定取舍，必致行止两难了。

这两难的情况大概不会很多，因为人的一生，所经历的绝大部分是家常小事，这一般是依习惯处理，不会碰到需要分辨义还是不义的问题。但也会有例外，比如一个不远不近的人请吃饭，疑惑他的钱可能来路不正，赴宴与否就会牵涉到义还是不义的问题，也就会进退两难。不过这类事究竟关系不大，不多思考也可以。关系大的通常是非家常的大事。可以是家门之内的，如多年夫妻，反目，有子女，有意离异，离还是不离，就可能牵涉到义还是不义的问题。绝大多数是家门之外的，比如政场有斗争，不管左袒还是右袒，就都躲不开义还是不义的问题。有问题，要解决，这就不能不有个分辨是非的标准。找到个标准不难，困难的是这个标准也能说服别人。换句话说，是别人也可能有另外的标准。标准不同，对于同一事，就会有的人当作义，有的人当作不义。这样的分歧如何处理？理论上可以论辩，实际上却常常是，如果双方势均力敌，就道不同不相为谋，各行其是；如果不势均力敌，如第一次世界大战，英国参战，罗素反战，政府说而不服，就只好把他关在监狱里。关，身像是服了，心当然没服，因为他不会放弃他的分辨义还是不义的标准。

可见关系重大的是分辨是（义）非（不义）的标准。标准来路不同，深度广度不同，也不可免地有是非问题。就一般人说，判断某一事的是与非，总是凭直觉，即想不到还要什么标准。以救死扶伤为例，某甲，两次遇见有死亡危险的人，乙是因车祸，丙是因自杀，都尽全力抢救，他自己，以及路人，都认为他是做了好事。如果有的人有穷理之癖，问这位做好事的，自杀，是本人觉得生不如死，你违反本人意愿让他不死，对吗？如果这位某甲受了穷理癖的传染，也深入思索，他就会感到惶惑，因为他并未想到的那个"生比死好"的标准受到挑战。还是就一般人说，遇一事，能判断是非，惯于判断是非，可见心目中是有标准，纵使从未想到过。这样的标准，主要由两种渠道来。其一是传统，就是千百年来认为对的，绝大多数人，还会不经思索就认为对。自然，这认为对的，可能真就不错。但也可能，就是在当时，也并不合理。实例多得很，大小各举两种：如信最高统治者为神明，惯于山呼万岁，信妇女守节为大德，请求旌表，是大的；厚葬，多生，是小的。其二是时风，即城乡，大街小巷，三教九流，都觉得如何如何才光彩。同样，这众人趋之若鹜的，可能真就光彩。但也可能隐藏着大问题，如发财、享受（或重点是阔气）第一就是这样。时风有力，力来自人多势众，传统更有力，因为于人多势众之外，还有时间长。这情况使我们不能不想到一个大问题，是标准未必靠得住，遇事，断定义还是不义就成为大难，怎么办？

一种理想的办法是，洞察人生，广参学理，然后一以贯之。这是遇事，决定如何处理，不仅知其当然，而且知其所以然。古今中外，有不少贤哲就是这样。但贤哲终归是少数；又这一以贯之常常未必能合于时宜，也就会坐而可言，起而不能实行。只好实事求是，在标准方面不求全责备。这精神是，理想高，力有所不及，但又不能裹足不前，就只好退而安于其次，是信己之所信。仍以救死扶伤为例，见人自杀，因为相信（或并不觉得）活比死好，就尽力抢救，而不问活着是否真比死好，以及这不想活的人活着是否真比死好。这种退而安于其次的办法，不得已之外，也未尝不可以找到积极的理由。其一是，这判断是非的标准，就其成品说是常识，常识是群体长时期首肯的，它就一定含有合理的成分，或者说，有用的成分。其二，照己之所信做，即使这所信未必合理，专就信受奉行说还是可取的。举例说，旧时代有不少妇女相信饿死事小，失节事大，因而甚至为未成婚的丈夫终身守节，我们今天看，这所信是错了，但对于信己之所信，并进而实行的人，我们还是应该怜悯并加些钦佩之情的。当然，如果对于常识的所信，能够不人云亦云，而是经过思辨之后再决定接受或不接受，那就更好。

思辨的结果，有可能合于传统和时风（包括自上而下的命令），也有可能不合于传统和时风，如何处理？只能都信己之所信，因为信己之所不信是既背理又背德的。然后是行己之所信，这就是取义。其反面，行己之所不信，是委曲求全，甚至作伪，义也就化为空无了。这样说，是立身处世，对于非家常的大事，判定是非，标准可以（不是最好）不深究，而判定是非之后，就要坚决取义而舍不义，甚至如孟子所说，舍生也在所不惜。这所说也许过于理想吗？走上大街看看，确是这样，因为摩肩接踵，有不少人是为私利而无所不为，根本就想不到还有义和不义的问题。那么，为什么还要强调取义呢？也只是希望，有些人，即使不会很多，还能够"穷则独善其身"而已。

五八　老年

《论语》有"未知生，焉知死"的话，这里用"六经皆我注脚"（陆九渊语）法，说我们知道有生必有死，却苦于不能知道我们自己，何以会有生，何时会有死。人胡里胡涂生了，呼吸食息，忙着或慢慢地，送走旧的一天，迎接新的一天，走向哪里？走向尽头，死。可是何时是尽头，除极少数人的特殊情况以外，不知道。但大致可以知道（根据概率），如果尽头不提前，就还有靠近尽头的那一段生涯，我们称为"老"。指实说，是六十岁以后，如果以人生八十今日不稀的情况为准，这老的一段大致相当于人生全程的最后一个四分之一。与前三个四分之一相比，尤其前两个四分之一相比，单看外表，自上而下，头发白了，眼睛花了，面如凝脂变为满脸皱纹，牙齿脱落至少是残缺摇动，走路蹒跚，连个头儿也收缩不少，总之是走下坡路了。

所以人都不欢迎老，或简直说是怕老。尤以现代的妇女为甚。这也难怪，谁愿意花容月貌变为鸡皮鹤发呢？所以如我们所常见，有些年逾不惑的还自信为不减当年，别人叫她一声小什么，心里就感到舒服。怕，有原因，而且不止一项。其一最根本，也就最严重，是老，暗示或明示，乃死之将至，或走近死。说起来颇为凄惨，人是受天命的左右夹攻式的播弄，这左右是，强烈希望活着，却又不得不死。死，在生命旅程的前半，因离得远而显得渺茫；到最后的四分之一，远的移近了，渺茫也就变为清晰。这清晰，自然看不见，但不会想不到。这想到的景象是老带来的，老就成为送信的，甚至高升为原因，所以就成为不受欢迎的。还不止此也。

其二，老的结果，上面曾经提到，最直接的是精力的衰退。聪明变为迟钝，强记变为健忘，强壮变为衰弱，多艺变为少能，总之，原来能做的不能做了，原来做得好的做不好了。俗话说"好汉不提当年勇"，但忘掉当年勇也很难，于是回首当年就难免感到所失太多。这所失都是老的结果，集中为主观感受就成为"不中用"或"无用"。当年也许走南闯北，叱咤风云，因老而成为无用，不要说有特殊地位的，就是一般人，也不能不含泪慨叹吧？

其三，老，有如晚秋的草木，叶片黄落，与春日开花时期相比，就既难看又惨淡。这是说，人，青春时期是美丽的，珍贵的，而老则使这些都化为空无。世上不少才子和佳人，退一步，就是一般人，也必有"雕栏玉砌应犹在，只是朱颜改"（南唐李煜《虞美人》）的感伤了。

其四，有不少人，老还会使他们失掉权力。权力有大小，如政治性的大，工商性的小，家庭性的更小。有的人政治上有或高或低的位，因老退了，说话就不再管用。小至家门之内，因年老，精力不济，或兼财力不济，说话，可能儿孙就不再听。说了算变为说了不算，除非有庄子"宁曳尾于涂（途）中"的高见或偏见，是难得不伤心的。

其五，是难免多与亲友诀别，也就难免哀伤。人寿不齐，自己的有远近关系的各色人等中，单说年岁不超过自己的，总会有人不能越过古稀，那就本想多聚会几年，他或她却先走了。这他或她，也许关系很近，如夫或妻，走的走了，剩下的一个，睹物思人，其凄苦就可想而知。稍远，关系也不坏的，如志同道合的朋友，走了一个，剩下的一个也难免，想到当年聚会之乐，或路过黄公酒垆，就不能不兴起思旧的悲痛。所有这类愁苦，非老年也可能有，但那是偶然，老之后就成为必然。

其六，老，接近死，但还没死，也就同样要活。要活，就不能缺少物质条件。这，至少就理论说，要用劳力换，可是劳动的能力差了，甚至没了，怎么办？高级人物有离休待遇，次高级人物有退休待遇，可有恃而无恐。没有这种待遇的，当然最好能有足够的积蓄。如果这退一步的办法也落了空，那就只好靠儿女。但这要一，有儿女，二，儿女有扶养能力，三，还有传说的乌鸦反哺之心，幸而三样俱全，每日三餐，端起饭碗，想到人老珠黄，落得靠儿女度日，也总当不是滋味吧？何况这不是滋味的取得也并不容易。那就还有一个据说颇为舒适的退路，进养老院。且不说是否真正舒适，比舒适更为迫切的问题是有没有，能不能进。总之，正如处处可以避雨，却常常不免于淋湿一样，有不少人，因为老，衣食住等条件就成了问题，其境遇自然就成为吃不饱、穿不暖。到这种时候，唯心就行不通了，而是恰好相反，心由境造，必成为苦不堪言。

其七，但唯心也仍然会起作用，这是指衣食不成问题的，还不免于有两种心情，一种较清晰，是孤独之感，或被人忘却之感。年轻人（也可兼壮年），有用，可爱，或单枪匹马，只是有用，或只是可爱，总之，有可取之点，就不会门前冷落车马稀。老了，有用变为无用，可爱变为无可爱，即使偶尔有人上门，也大多是依俗礼来表示存问，心里未必是火热的，何况这偶尔也经常是可望而难于成为现实。人，除了有解脱宏愿，甘心住茅棚参禅的信士弟子以外，有谁能忍受，身尚在而像是世间已不觉得有此人的冷漠待遇呢？但情势又不允许用什么办法乞怜，勉强一些人，相识的，不相识的，也年老的，不老的，村的，俏的，登堂入室，来凑凑热闹。万不得已，只好希望有个老伴，晨昏在室内活动，以显示还有人知道，自己还没有离开这个世界。这是慰情聊胜无。但这要有老伴；有的人没有，那就真是孤独而又孤独了。这种苦是一种心情的苦，感到穷途末路的苦，至少是有些人，其难忍程度会不下于吃不饱穿不暖的。

其八，还有一种较模糊的心情，是日长如小年，难于消遣。这心情有复杂的来源。一种是无事可做，或说没有什么任务需要完成。无事，身闲，心反而容易不闲，所以也就不能安然。另一种是曾经沧海难为水，觉得做什么都不再有意思，但一昼夜仍是二十四小时，也就成为难挨。还有一种，是原来占据时间的幻想和工作之外的多种活动没有了，时间就像是由短变长，度日也就成为较难。这种心情的难，局外人体会不到，所以甚至推想为老年人的清福；其实呢，老年人同样是不能适应过于清的。

以上老年的多种情况，还可以总而言之，是先为天所弃，接着也就为人所弃。为所弃，于是成为无足轻重，至少是感到无足轻重。这是苦，佛家所说四苦（生老病死）中的一种苦，老苦。如何对待？依照王阳明的想法，行之前先要能知，那就从认识谈起。世俗，也有把一部分人的老当作幸福的，如郭子仪之流是福禄寿三全，或一般乡里富翁，是福寿双全。这是因为，天灾人祸，生路过于艰险，少数人化险为夷，衣食不愁，而且高寿，世间罕见，就像是很幸福了。不视老为苦，也有非世俗的，如《庄子·大宗师》篇说："大块载我以形，劳我以生，佚我以老，息我以死。"就认为老可以使人获得安逸。不过《庄子》的态度不是一以贯之的，如在《天地》篇又说："寿则多辱。"辱指什么，下文没有正面说，由"鹑衣而食，鸟行而无彰"的圣人之道推想，辱是来于执着，多有所求，也许与孔子所说"及其老也，血气既衰，戒之在得"是一路。世俗之见是有所求，但不高，只是"实其腹"，这样，腹实不实就都可以"虚其心"。"佚我以老"和"戒之在得"的所求是安分。两者都可以归入以静求心安一流。还有以动求心安的，那是"老骥伏枥，志在千里，烈士暮年，壮心不已"（魏曹操《龟虽寿》）。人心之不同各如其面；但又殊途而同归，即趋乐避苦而已。

如何趋避？我个人的想法，由老而来的苦，可分为物的和心的两类，如衣食不足、精力日下等是物的，孤独、难消永日等情怀是心的。物方面的问题，未必容易解决却不难讲，这里只说心方面的。最好能够"不识不知，顺帝之则"。这是刚才说过的老子设想的"虚其心，实其腹"，也就是少思寡欲的境界，如果天机深，不经修持而能够到此境界，则一切经典笺疏等就都可以作废。可惜是我们都不能虚其心，用这个药方来治病苦就做不到了。只好退一步，求多思之后能够知天命，然后是安之若命。这也是个理想的境界，是一切任自然，得之不喜，失之不忧，如果心情能够这样，老不老自然也就成为无所谓。

但这终归是理想，成为现实大不易。只好再退，求个可行之道，是变守为攻法。还可以分为高低或刚柔两级。高是"自豪"，即尽己力之所能，干点什么，并求能有或大或小的成就。只举一个例，陈寅恪先生晚年失明，写了八十万言的《柳如是别传》，这要几年时间，日日神游于我闻室与绛云楼之间，也就不会有老的烦恼了吧？还有低的一路是"自欺"，即也找点事做，无名无利（包括对社会），却是自己之所好，旁人眼中也许认为不值得，自己却觉得有意思，境由心造，也就可以使随老而来的苦减轻甚至化为空无。例很多，如养花、养鸟之类就是。

治老之病，还可以多种药兼用。如出门跳迪斯科，入门写《归田录》；一阵不快，哼两句"春花秋月何时了，往事知多少"（南唐李煜《虞美人》）之后，想想《庄子》的"知其不可奈何而安之若命"，如果能够化怅惘为平和，也就够了。根治是不可能的，因为有了生就不能不往前走，走就终会经过老而达到尽头，这种种总不是自己心甘情愿的。

五九 死亡

佛家有一句口头禅，是"生死事大"。宋儒批评说，总是喊生死事大，就是因为怕死。这批评得不错，即如《涅槃经》之类记释迦牟尼示寂，也是万众痛哭，哭什么？自然是因为不愿意死而竟死了。俗人就更不用说，如东晋谢安、支遁等兰亭修禊诗酒之会，由王羲之作序，说了"天朗气清，惠风和畅"等许多好话之后，还引一句古人云，是"死生亦大矣。"（见《庄子·德充符》仲尼曰）。意思显然是，如果能不死该多好，可惜是不能不死。那还是昔日；到现在，生死事大一类说法就有了更为沉痛的意义。因为昔人的世界是《聊斋志异》式的，死是形灭而神存，这神，或说灵魂，还可以到另一个世界，虽然昏暗一些，阴冷一些，却还有佳人的美丽，亲友的温暖，总之，只是变而没有断灭。现在不同了，科学知识赶走了《聊斋志异》式的世界，我们几乎都知道，神是形的活动，形亡，神也就不存了，就是说，生涯只此一次，死带来的是立即断灭。有的人有黄金屋，其中藏着颜如玉，下降，也会有柴门斗室，其中藏若干卷破书，再降，总当有些遗憾、有些期望吧，一旦撒手而去，都成为空无，其痛苦就可想而知了。

这痛苦，前面提到过，是来于天命的两面夹攻：一面是热爱活着，另一面是不得不死。很明显，解除痛苦之道就成为，其中的一方必须退让，即或者走叔本华的路，不以活着为可取，或者走葛洪的路，炼丹以求长生（还要真能有成）。先说前一条路，改变对活的态度，即变爱为不爱，至少是无所谓。这显然很难，因为要有能打败"天命之谓性"的兵力。就理论说，叔本华像是应该有此强大的兵力，而且他写过一篇《论自杀》的文章，说无妨把自杀当作向自然的挑战；可是他却还是寿终的，这就可证，在这类生死事大的问题上，不率性而行，说说容易，真去做就难了。真去做，是可生可死之间选择了死，就原因说有两种情况。一种是为取义而舍生，如传说的伯夷、叔齐之饿死首阳山，文天祥之柴市就义，就是此类。另一种是为苦难之难忍而舍生，如因失恋、因患不治之症、因逃刑罚而自杀，就是此类，这算不算变了乐生的态度呢？似乎不能算，因为他们的生带有难忍之苦，是因为避苦才舍生；如果没有这难忍之苦，他们会同一般人一样，高高兴兴地活下去的。不乐生，即反天命，难。可以退一步，纯任自然，不执着于生死。庄子走的是这一条路，所以视妻死为无所谓，该歌唱的时候就照常"鼓盆而歌"。这比怕死确是高了一着，但也没有高到不乐生的程度，因为他不就官位的理由是宁曳尾于涂（途）中，仍然有活着比死好之意。总而言之，摆脱两面夹攻的困境，打退乐生的一方，这条路是难通的。只好调转兵力，试试天命的另一方，不得不死，能不能退让。办法有国产的。秦皇、汉武，揽尽人间之权，享尽人间之乐，当然更舍不得死，于是寄希望于方士，费力不小，花钱不少，结果是受了骗，汉武后来居上，勉强活过古稀，秦皇则未及知命，就都见了上帝。方士是骗人。还有自骗的，是道士的炼丹，据说九转之后，吃了就可以长生不老。可是葛洪之流终归还是死了，未能住今日的白云观。国产的不灵，还可以试试进口的。据说高科技的一支正在研究不能长生的原因，一旦明白了，依照因果规律，去其因自然就可以灭其果。与方士和道士相比，这是由幻想前进为科学，也许真就有希望吧？但这总是将来的事，远水不解近渴，就今日说今日，我们仍只能承认，想打退不得不死的天命，我们还办不到。也就不得不还面对死的问题。

依"天命之谓性，率性之谓道"之理，或只是依常识，死既不可免，我们所能求的只是，一，尽量晚些来，二，伴死而来的苦尽量减少。先说前一个要求，还间或有例外，即早死与晚死之间，如果允许选择，宜于选取前者。想到的有四种情况。一种，典型的例是患不治且极端痛苦之症，至少就本人的意愿说，晚离开这个世界就不如早离开。另一种，如果我们接受传统的评价意见，王莽就不如早死些年，原因是如白居易作诗所咏叹，"向使当初身便死，一生真伪复谁知"（唐代白居易《放言》）。历史上不少大人物，如梁武帝、唐明皇之流，早死就少做不少荒唐事，也就以早见上帝为佳。还有一种，举近事为例，梅兰芳和老舍都是文化界的大名人，可是生命结束的情况有天渊之别，梅寿终正寝，老舍跳太平湖。梅何以得天独厚？也不过早死几年罢了。这样，以算盘决定行止，老舍就不如早死几年。还可以再说一种情况，是由老百姓的眼睛看，嗜杀人整人的暴君，高寿就不如早死，因为早死一天，小民就可以早一天解倒悬之苦。何以这样说？有典籍的所记为证，是"时日曷丧？予及汝皆亡"（《尚书·汤誓》）。但例外终归是例外，不能破坏通则；通则由常人常态来，总是认为，只要能活，还是以不死为好。

但是，以上例外的第一种情况使我们想到一个与法律和道德有关的大问题，是：如果一个人因某种原因确信自己生不如死，他应否享有选择死的自由？以及别人从旁帮助他实现死的愿望，法律和道德应否允许？这个问题很复杂，几乎复杂到难于讲清楚。清楚由讲理来，可惜在生死事大方面，常常像是不能讲理。不信就试试。人，称为人就有了生命，并从而有了活的权利；死也是与生命有不解之缘的，为什么人就没有这样的权利？有人也许会说，并没有人这样说，法律也没有明文规定。那就看事实。为什么事，某甲自杀，某乙看到，某乙有救或不救的两种自由，他可以任意行使一种自由，法律都不过问；可是道德过问，表现为自己的良心和他人的舆论，即救则心里安然，受到称赞，反之会心不安，受到唾骂。这是除自杀者本人以外，都不承认他有死的自由，甚至权利。为什么不承认？理由由直觉来，不是由理来。近些年来，据说也有不少人想到理，以具体事为例，如有的人到癌症晚期，痛苦难忍，而又确知必不治，本人希望早结束生命，主张医生可以助人为乐，帮助他实现愿望。这个想法，就理说像是不错，可是付诸实行就大难。难关还不止一个。前一个是总的，就是先要有个容许医生这样做的立法。立法要经过辩论，然后表决，推想这是同意一个人去死，没有造大反的勇气，投赞成票是很难的。还有后一个零星的难关，是医生和家属都是理学家而不管直觉。直觉是好死不如赖活着，即怕死，这是天命。一二人之些微的造反的想法是奈何它不得的。

这就还会留下伴死而来的苦，如何对待？上面说可以尽量求晚来，这，且不问容易不容易，也许有些用，因为有如还债，需要明年还的，总会比需要今年还的，显得轻松一些。但不会有大用，因为挨到明年，终归是不得不还。所以首要的还是想办法，求伴死而来的苦尽量减少。伴死而来的苦，有身的，有心的。身的苦，常识的范围大，包括接近死的或长或短的一段病苦，这可以借医疗的力量减轻。这一段的晚期，还可能包括这样的一段，丧失知觉而其他器官还在活动，算不算还在活着呢？自己以外的人说还在活着；自己就未必这样认为，因为不能觉知的活着，至少是主观方面，与死并没有分别。然后来了那个神秘的交界，由生到死（生命的终结）。这交界，如果用时间来表示，也许数理学家有办法，我们常人只好不求甚解，说是看表，几点几分，死了。这几点几分，即死，结束的大事，有没有苦（苦都是亲身感知的）？如果有，是什么样的？苏格拉底说，不知道，因为死，一生只有一次，还没经验过。

所以，我想，伴死而来的苦几乎都是心的，或干脆说，因为想活着，还能看这个，看那个，干这个，干那个，一想到必有个终结，就舍不得，因而怕。有什么办法可以变怕为不怕？可用的药方不止一种，但都未必能有特效，因为，正如孟德斯鸠所说，是"帝力之大，如吾力之为微"，天命之谓性，不率性是很难的。不得已，只好得病乱投医，甚至找个偏方试试。一种办法由逻辑来，既然怕是由于舍不得生的一切，那就应该使生的一切成为不值得留恋。门路也可以有物的和心的两种。物的是生活的各个方面有苦而无乐，甚至苦到难忍的程度。这样的境遇也许能够起不乐生的作用，可是它会主动来吗？除了发疯，是没有人这样干的。还有，这样的境遇，如十年动乱期间，被动来了，事实还是极少数自裁，绝大多数为保命而忍忍忍，可见境遇不佳也未必能够引来厌世思想。物的不成，门路还有一种心的。可以是佛家的娑婆世界，也可以是叔本华的悲观主义，总之，都说世间无乐，也就不值得爱恋。如果境真可以由心造，这想得不坏。可是，问题是，说容易，不要说做，真那样想也大难，因为，在书面上万法皆空，离开书面，黄金屋、颜如玉，总是实而又实的。

通过厌世以求不怕死，这个办法不成，只好试试另一种办法，是求功成名就，男婚女嫁，一切应做想做的事一了百了，一旦撒手而去也就可以瞑目。儒家，或说一般人，就是这样想的，有生之年，努力，立德，或立功，或立言，积累了不朽的资本，或下降，只是为儿孙留下可观的产业，也就可以平心静气地置坟茔，备棺木，迎接捐馆了吧？我的想法，这也是把唯危的人心看得太简单了。如曹公孟德，可谓功成名就，可是垂危之际，还敦嘱分香卖履，望西陵原上，敦嘱，总是因为舍不得，也就不能不怕。人总是人，《古诗十九首》说："生年不满百，常怀千岁忧。"不这样的终是太少了。

再一种办法是《庄子》的，还可以分为低和高两个层次，都见《大宗师》篇。低的是任运，就是生活中无论遇见什么不如意事，都处之泰然，如设想的至人子舆病时所说："浸假而化予之左臂以为鸡，予因以求时夜；浸假而化予之右臂以为弹，予因以求鸮炙；浸假而化予之尻以为轮，以神为马，予因以乘之，岂更驾哉！且夫得者，时也，失者，顺也；安时而处顺，哀乐不能入也。"死也是失，推想也必哀乐不能入，不能入是情不动，怕自然就消亡了。还有高的是"息我以死"，如果认识真能这样，劳累一生，最后死给送来安息，那就失变为得，与基督教的死后陪伴上帝，佛教净土宗的死后往生净土，成为一路，自然也就可以心安了。但这也会有缺点，是要有庄子设想的至人的修养，至于一般人，就会感到"仰之弥高"，甚至如"下士闻道"，大笑之吧？

最后还有一个办法，是多看宏观，多想哲理，也无妨试试。在宏观的内容中，生命，尤其一己的，究竟太渺小了。在哲理的思辨中，人生的价值会成为渺茫。渺小加渺茫，不执着也罢。

以上处方说了不少。可惜我们的怕死之病由天命来，根子太硬，也就几乎成为不治。所以野马跑了一大圈，转回来，想到生死事大，可能还是直觉占了上风，于是不能不说，有了生，还不得不结束，而且只此一次，终是太遗憾了。

六〇　身后

这本小书该结束了，想到从各个方面谈人生，近思遐想，且不管谈得怎么样，总该问问，这值得吗？不问则已，一问就不由得想到可怜，甚至可笑。谈，可怜；更严重的是所谈，即人生，同样可怜。为什么会有生，我们不知道。有了生，爱得了不得，想尽办法求能活，为什么，我们也不知道。愿意活，而偏偏不能如愿，自然，天命，或再神奇一些，上帝，为什么这样演化，或安排，我们还是不知道。我们微弱，只能接受定命，或动或静，等待死。死，如庄子所说，"息我以死"，依理可以一了百了了吧？然而不然。举古今高低不同的两个人为例。魏武，至少在这方面同凡人一样，也迎来死之将至，瞑目前口述遗令，不忘姬妾，让她们分香卖履，定时望西陵墓田。可是人墓田不久，姬妾们就被移到曹丕的后宫，陪酒赔笑去了。另一个无名氏，没有英雄一世，却幸或不幸，略有资产，而且上寿，至"文革"时期而仍健在，信传统，愿意入棺土葬，于是远在死之前就准备了讲究的棺木。这也是遗令性质，可是也如魏武，未能如愿，因为被红卫英雄除"四旧"时除了。这两个例都表示，就是已经俯首接受死，还会留个可怜的尾巴。

这可怜的尾巴是有关身后的，因而就引来应该如何处理身后事的问题。显然，这先要看对于身后的情况，自己是怎样推想的。秦始皇大造兵马俑，是因为他推想，或说信，死后他还是帝王，也就还需要武力，去征服疆界以外的大民，镇压疆界以内的小民。一般小民呢，不需要兵马俑，却仍旧要花钱，见小鬼，准阳世之例，不能不意思意思，路过酒铺，难免想喝几口，所以俭之又俭，也要棺内放些铜钱，棺外烧些纸钱。这是信死后仍然有知，或说身死而灵魂不灭。如果真是这样，如秦始皇，大造兵马俑，如历代不少高级人物，迫使姬妾殉葬，如一般小民，清明时节，纸（钱）灰飞作白蝴蝶，等等，就对了。不只对，而且很好，因为这样，我们的世界就成为《聊斋志异》式的，我们的生命就没有断灭，或者说，我们渴想活着，就真正如愿了，虽然这如愿要打点折扣，即要换换方式。但信身后仍有另一形式的存在，也会引来情理上的不少麻烦，只说两种。一种是国产的不变，如崇祯皇帝走投无路，只得自杀，死前说无面目见祖先于地下，这是相信祖先仍存在于地下，就这样长存而不变吗？如果是这样，比如第一代祖先短寿，死时二十岁，第三代祖先长寿，死时八十岁，都同住于地下，那就八十岁老朽要呼二十岁的青年为爷爷，就是在阴间，也太离奇了吧？另一种是（印度）进口的，死后要轮回，也就是要变，比如变的幅度不大（人间道未堕入畜生道），由赵老太太变为钱小姐，清明时节仍到赵老太太坟上烧纸钱，还有什么意义呢？这是说，就是相信灵魂不灭，处理身后的问题也难得顺理成章。

不能顺理成章，也可以用陶渊明的办法处理，不求甚解。几千年来，人们就是这样处理的，比如未亡人对于已亡人，节令烧纸钱，用真食品上供，烧了，纸灰飞作白蝴蝶，不深究能否真正收到，真食品则收回，吃下己肚，也不深究死者未吃如何能够果腹。这也好，郑板桥有云，难得胡涂。不幸是西学东渐，先只是泛泛的赛先生，继而大到河外星系，小到基本粒子，都闯进来，知识成为系统化的另一套，我们就欲胡涂而更不可得。这是说，科学知识表示，我们住的世界不是《聊斋志异》式的，其中可以容纳期望和幻想，而是冷冰冰的因果锁链式的，什么都是命定的，其中之一既最切身又最可憾，是，至少就个人说，生活只此一次，死则不再能觉知，也就一切化为空无（就是确信这个世界不会因自己之断灭而断灭，总是与自己无关了）。

依理，如果确信实际就是这样，心情也就可以轻松，放手不管了。然而又是不然。鲜明而有力的证据是，如果不是措手不及，都会或说或写，或繁或简，立遗嘱。其意若曰，某某事，如何如何处理，我就心安了。如果这时候逻辑闯进来，说，心安，先要有心，有心，先要有人，事实是人没了，心也就没了，还有什么安不安呢？可见遗嘱式的心安，追问来由，是渴望活着的心情放射为仍有知的幻象；核定实质，是求死前的心满意足，纵使本人未尝这样想。或扩大一些说，只有活人能活动；因而一切得失、一切问题都是活人的；人死就不再有所需，也就不再有问题。扣紧本题说，所谓身后云云，其实都是为生时；一切愿望，求实现，不能实现则心不安，都应该是指死前的生时。

这样理解遗嘱一类的期望和行动，有所失，是不得不牺牲身后的一段，因为这一段不属于自己；不属于，因为其时已经没有自己。但也有所得。理由有实惠的和逻辑的两种。先说实惠的，以唐太宗为例，据传疾大渐之时，求将继承皇位的李治，用王羲之的《兰亭序》帖殉葬，儿子当然跪答遵命。依照我们上面的论证，真用王帖殉葬，唐太宗并没有什么获得，因为其时已经没有他。但他又有获得，而且很大，是儿子表示遵命之时，心里的欣慰。这样说，也许过于唯心了吗？而其实，人生的任何所谓受用，不管来由如何唯物，不通过唯心这条路，是不能受而用之的。再说逻辑的理由，是上面提到的那个闯进来的逻辑，就没有插嘴之地了，因为把身后的移到死前，则期望、幻想、得失、心安等等就都有了着落，因为人还在，能感知的心也就还在。这样一来，谈到身后问题，我们就等于使阴间的问题阳间化，说为身后，可以费苦心，但所求不过是生时的心安。求心安，驰骋的范围可以大，比如一个人，不管赛先生怎样在耳边大喊没有鬼神，还是相信死后用钱处不少，那就会多用真钱换纸钱，烧。范围还可以更大，是扩张到己身以外，比如立遗嘱，让儿孙也多用真钱换纸钱，不断为自己烧。为求心安，这都情有可原，但化为行动就会触及是非、好坏问题。分辨的原则仍是上面说到的，一切问题都是活人的，所以一切举措的好坏，都要看对于活人（包括己身以外的），能否利较多，害较少。

以下进一步，或缩小范围，说为身后事而求心安，通常是做什么，或应该做什么。可以分作两类：一类偏于保守，是"尽责"；另一类偏于进取，是"求名"。自然，这只是为了解说的方便，就某一种情况或某一个人说，两者常常是不能截然分开的。先说尽责。《古诗十九首》说："生年不满百，常怀千岁忧。"清人徐大椿作诗有这样一联："一生那有真闲日，百岁应多未了缘。"人，即使谦退，而且高寿，总不会感到，一切心期都已经满足，一切心债都已经偿还，可以轻装去见上帝。也为了解说的方便，我们称一切当做的以及想做的为人生之债。就老之已至以及未老而死之将至的人说，人人有债。有的人债多，有的人债少。有的人债重，如青壮年夭折，撇下娇妻弱子；有的人债轻，如还想看看黄山。有的人债复杂，如想以己力求得治平；有的人债单纯，如一部书，想写完。债的性质也各式各样。有的债非还不可，如扶养无工作能力的亲属；有的债还不还两可，如想坐坐超音速飞机。有的债影响面大，如研究抗某种病毒的新药；有的债影响面小，如想学会拉小提琴。有的债容易还，如想写一篇以教师为题材的小说；有的债不容易还，如把二十四史翻译成白话。总之，如果把当做的以及想做的都当作债，那就就性质说多到无限，就数目说也多到无限。通常，一个人的债总不会多到无限。但也不会少到稀稀落落，举目可见，屈指可数。应如何对待？自然只能说说原则。那是一，争取早清，即今年能做的不要推到明年，因为明年怎么样，不能预知。二，争取多清，多清则遗憾少，有利于心安。三，要分缓急，如影响大的必急，影响小的可缓，应该先急后缓。四，除非万不得已，以少拉新债为是。五，尽人力，由于客观原因或主观原因，不能如愿，无妨用道家的态度，即安之若命，而不怨天尤人。

再谈进取的一类，求名。人过留名，雁过留声，正如有了生，兢兢业业活一场，同样没有究极意义。这里谈身后，已经肯定了死前心安的价值，也就可以不必往形而上的闷葫芦里钻，自讨苦吃。不形而上，也就是信任常识，我们都认为，有名比无名好，名大比名小好。名有好坏问题，比如依照历史的评价，岳飞和秦桧都有名，前者好，后者坏。历史时期长，难免变，因而好坏的定评也会成为不定。最突出的例是前不久的孔老二又复位为至圣先师。在这里，我们可以不岔出去，只说所谓名，都是指流芳而不包括遗臭的，那就会想到一种情况，是求名，想到身后的时候就更加急迫。原因有二：一是时间不多了，慢慢积累必须变为抢修；二，想到生命结束，才更珍视流芳千古。流芳，就是不求千古也大不易，要如何努力？古人有立德、立功、立言之说，三种成其一就可以不朽。我们也未尝不可以来个三合一，说求名而得，就要在利人（或说造福社会）的事业方面有较大成就。举古今中外的二人二事为例。司马迁，流芳千古，是因为写了《史记》。华盛顿，也流芳千古，是因为争得独立，还为美国创建了个民主制度。传名后世，也有多靠机遇的，如杨贵妃，是因为长得美，又碰巧有个皇帝爱她。凭机遇而得名更难，所以较稳妥之道还是在立德、立功、立言方面多想想办法。当然，再说一次，所谓身后名，名者，实之宾也，连带他人和社会得到的福利不管有多大，本人的所得，仍只能是瞑目前的心情欣慰而已。

还有两个与身后密切相关的问题，葬和遗嘱，也想谈谈。先说葬，昔日相信灵魂不灭，兼为名（阔气、孝等）利（死后享用），都愿意厚葬；只有极少数例外，如西汉杨王孙（主张裸葬，求速朽）之流。这样，以君王为首，富贵人家随着，老百姓是草上之风必偃，浪费就太多了。现在灵魂随着形体灭了，如果厚葬（买墓地，立碑，着华贵衣服，开各种纪念会，等等），就成为只求名而无利。但不会完全躲开利的问题。这是说，为死者多耗费一文钱，就是生者多损失一文钱，根据以上一切问题都是活人的这个原则，把活人可用之物消耗于死人，是不合理的。还有，所谓名，不过是有钱，肯花，有什么值得炫耀的呢，所以应该薄葬，越薄越好，把节省下来的财物、时间、精力等为活人用。至于死后留痕问题，我以为可以因人而异。极少数人，真正流芳千古的，当然会有不少后代人怀念他（或她），那就入墓地，立丰碑，也好，因为后代人需要。至于一般人，名不见经传，功伐不入史册，即使有钱，似乎也不必买墓地，立石碑，因为这样可以为活人减轻多种负担（花钱，占地，直到过路人不得不看一眼，等等），也算为身后做一件好事。近年还有遗体捐赠医院的新办法，据说那就连一文钱也不用花，而且有益于社会。如果真是这样，那就后来居上，人都应该取法乎上了。

再说遗嘱。人，纵使高寿，也难免有些未了事，所以，如果来得及，遗嘱以有为好。人的情况万殊，遗嘱应该说些什么，情况也就万殊。但考虑到所求，处理的原则却是单一的，是一切要为有关的生者的利益和方便着想。以应该占重要地位的遗产为例，可以用利取其大、公平照顾为分配的原则，比如数目很大，先提出一部分赞助公共福利事业（建立学校、设奖学金之类），其余分与亲属，以及穷苦友人等，又，分配提前于生时就办理完毕，就可以说是尽善尽美。也是根据一切为生者的原则，有些关系不太大的事也以说清楚为是。如丧事一切从简，遗嘱未说，生者也许就要大办。死后都通知什么人，也最好开列清楚，因为人生一世，忠恕待人，总会有些心心相印的，你不辞而去，他们会放心不下，虽说事不大，也总是小遗憾吧。还有一点，是生者或心太好，或依时风，盖棺论定，会说些说者欣赏的溢美之词，即悼词八股，这，如果不是自己喜欢听的，也最好于遗嘱中带上一笔，说本人尚有自知之明，请勿架空关照云云。

几句下场的话

一本也许不当写的书终于写完了，学戏曲的有下场诗，应该说几句下场话。不当写，理由很简单，是手无缚鸡之力而想扛鼎。事实是不只想，而就真扛了，再说理由也就成为不必要。必要的是说说为什么想写这样一本书。一本什么书？这样的意思应该在序里说清楚，因为没写序，只好借这里的一席地先说说。书名《顺生论》，"论"用不着解释，只说"顺生"。可以图省力，用古人语，是《礼记·中庸》开头所说："天命之谓性，率性之谓道。"古人语过简，还过旧，怕今人，尤其未头童齿豁的，看了不很了然，所以易"率性"为"顺生"。率性是道，顺生自然同样是道，这道即通常说的人生之道，用大白话说是自己觉得怎么样活才好。说"自己"，因为人生之道无限，道不同可以不相为谋，不同的人可以引为同道，所选的道却总是"自己认为"好的。这就为本书的也许应该算作胡思乱想的许多讲法找到个挡箭牌，是其中所写都是自己的有关人生的所想，也应该并只能是自己的所想。所想是什么呢？说简单也简单，是我们有了生，生有没有究极意义或价值，不知道；但有天赋的好恶，如没理由地觉得活比死好，乐比苦好，这是命定，或说性；已定，抗不了，一条简便的路，也许竟是合理的路，就成为，顺着天命的所定活下去，即本书所谓顺生。路平常，理也不深远，推想也不会有人"真"揭竿而起造反，还"论"它做什么呢？是因为一，道，大同难免小异，外形或口头还难免大异；二，即使不异，有客观条件和主观条件的限制，接受顺生而真就能够活得好也大不易。所以也就值得思考，或更不自量力，进而论一下。

转而说不自量力。如果网密，本书前言中所说，新出生的牛犊不怕虎，我年轻时候改学人生哲学，想弄清楚人生是怎么回事。怎么样生活才好，应该算是第一次。这里只说第二次，是五十年代中期，忙而又像是行有余力，老毛病，先是思，继而像是有所知。古语今语都说，应该，至少是可以，知无不言，言无不尽。但世故的要求是，多说不如少说，少说不如不说。仍是老毛病，憋在心里不舒服，无已，只好以笔代口，写出来，自己看看。只写成相当于本书的第一分，因为以下更难写，决定搁笔。稿放在一个旧书包里，睡了差不多十年吧，"文化大革命"的风暴来了，心想谈人生，这还了得，性命攸关，赶紧找出来，付之丙丁了。其后虽然日长似岁，终于熬到七十年代，由干校放还，独自还乡，过面壁生活。身心并闲，引来旧病，就是禁不住思，然后是有所见，想拿笔。写什么呢？灵机一动就想到已经化为纸灰的旧稿，于是决定补写。因为并非急务，断断续续，总有三四年吧，又告一段落，这就是本书的第一分。第二分，由形而上变为形而下，原因仍是更难写，决定不写。一晃又是十年过去，万马齐喑的情况也随着过去，有不少相知的人有厚意，说关于人生，既然有想法，还是以写出来为是，至少会有参考价值。我感激，但是有编写任务以及其他一些杂事，忙，又畏难，一直没有动笔。直到去年四月，也许受改革开放之风吹得太久了吧，胆量大起来，于是决定继续写。杂事多，精力差，断断续续，直到昨天近午，共计用了一年零一个月，总算写完了。

说写完，不依时风说胜利完成，是因为自己知道，缺点不少。想到的计有五项。其一是，为自己的性格和经历（包括学业）所限，所说都是自己的一偏之见；一偏，即使未必都错，也总会闭门像是头头是道，开门出去就可能欲行而难通。如果竟是这样，思，写，印，卖，都所为何来呢？不敢奢望，只是有些人会知道，对于人生问题，我曾这样胡思乱想而已。其二是，内容必挂一漏万，因为人生（事多人多）过于复杂，不管主观如何想全面，谈，总像是酌蠡水于大海。漏有整体方面的，即生活中有，题目里没有；有单篇方面的，即某一情况，某题目应该谈却没有想到。其三是，难免重复，即这里说了，那里又说。人生是个整体，拆开是方便说，牵一发而动全身的情况是不可免的。但这就会使读者有如听老太太唠叨家常，可能感到烦腻。其四是，想法，不同处所的也许间或有不协调甚至吵架的情况，如这里说是不可免，换个地方也许说应该勉为其难。这情况也许同样是不可免；但是，如果容忍这样，总是甘居下游了。其五是，有客观原因，如问题过于艰深，明说不合时宜，有主观原因，是才力学力都不够，自知有些地方说得不够明白。这没有办法改善，因为不是不为也，是不能也。

最后说几句近于慨叹的话，是人生，我们时时在其中，像是并不觉得有它；一旦设想跳到其外，绕着它看看，就立刻会发现，它是神异的，或说怪异的。你爱它，它会给你带来苦；你恨它，却又躲不开；你同它讲理，讲不清楚；不讲，决心胡混，又会惹来麻烦。真是难办；难还会殃及池鱼，是我写它的理由也就不易找到。但既然写了，就总当找个理由。搜索枯肠，勉强想到一个，是：生，来于天命，我们抗不了，于是顺；顺之暇，我们迈出几步，反身张目，看看它的脸色，总比浑浑噩噩，交臂失之，或瑟瑟缩缩，不敢仰视，好一些吧？

1992 年 5 月 10 日

图书在版编目 (CIP) 数据

顺生论 / 张中行著. — 北京：北京十月文艺出版
社，2024.10
ISBN 978-7-5302-2287-4

Ⅰ. ①顺… Ⅱ. ①张… Ⅲ. ①人生哲学 Ⅳ.
①B821

中国国家版本馆 CIP 数据核字 (2023) 第 024301 号

顺生论
SHUN SHENG LUN
张中行　著

出　　版	北 京 出 版 集 团
	北京十月文艺出版社
地　　址	北京北三环中路 6 号
邮　　编	100120
网　　址	www.bph.com.cn
发　　行	新经典发行有限公司
	电话 010-68423599
经　　销	新华书店
印　　刷	河北鹏润印刷有限公司
版　　次	2024 年 10 月第 1 版
印　　次	2024 年 10 月第 1 次印刷
开　　本	880 毫米 × 1230 毫米 1/32
印　　张	10.5
字　　数	214 千字
书　　号	ISBN 978-7-5302-2287-4
定　　价	49.00 元

如有印装质量问题，由本社负责调换
质量监督电话　010-58572393